Oh, la Physique !

Consultez nos catalogues sur le Web

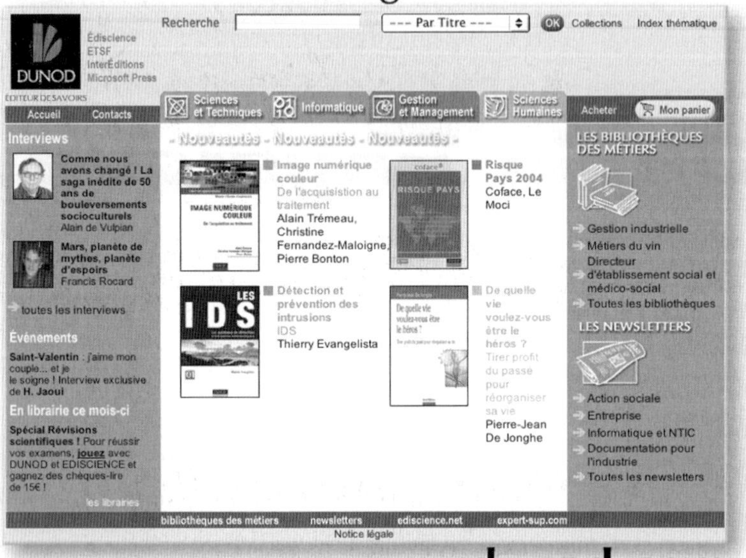

www.dunod.com

Dans la série « Jeux mathématiques et scientifiques »

Oh, encore des nombres ! 54 autres histoires et problèmes "numériques", C.A. Pickover, 2002

Oh, les nombres ! 50 histoires et problèmes "numériques", C.A. Pickover, 2001

Logicologique, jeux et énigmes mathématiques, Eurêka, M. Berrondo, 1996

Par Numerix, jeux et énigmes mathématiques, Eurêka, M. Berrondo, 1996

Faites vos jeux, jeux et énigmes mathématiques, Eurêka, M. Berrondo, 1994

Oh, les Maths ! 200 contes, énigmes et casse-tête pour mourir de rire... et tuer le temps, Y. Perelman, traduit du russe par C. Emeri, 1993

Ça y est, je suis fou, R. Smullyan, traduit de l'américain par A. Vélu, 1993

Le livre qui rend fou, R. Smullyan, traduit de l'américain par J. Marthon, 1984

Quel est le titre de ce livre ?, R. Smullyan, traduit de l'américain par J. Marthon, 1981

Le carnaval de la physique, J. Walker, traduit de l'anglais par J.-B. Yelnik et M. Biezunski, 1980

Yakov Perelman

Oh, la Physique !

250 casse-tête pour tester votre sens physique

Traduit du russe
par Lionel Reynaud et Tatiana Chameeva

DUNOD

Traduction autorisée de l'ouvrage publié en langue russe
sous le titre **ЗНАЕТЕ ЛИ ВЫ ФИЗИКУ?** de Y. PERELMAN
© Nauka Publishers, Moscou, 1992

Illustration de couverture : « Les Shadoks »,
dessin original de Jacques ROUXEL
© aaa, Paris, 2000

Ce pictogramme mérite une explication. Son objet est d'alerter le lecteur sur la menace que représente pour l'avenir de l'écrit, particulièrement dans le domaine de l'édition technique et universitaire, le développement massif du **photocopillage**.

Le Code de la propriété intellectuelle du 1er juillet 1992 interdit en effet expressément la photocopie à usage collectif sans autorisation des ayants droit. Or, cette pratique s'est généralisée dans les établissements d'enseignement supérieur, provoquant une baisse brutale des achats de livres et de revues, au point que la possibilité même pour les auteurs de créer des œuvres nouvelles et de les faire éditer correctement est aujourd'hui menacée.

Nous rappelons donc que toute reproduction, partielle ou totale, de la présente publication est interdite sans autorisation du Centre français d'exploitation du droit de copie (**CFC**, 20 rue des Grands-Augustins, 75006 Paris).

DANGER

LE PHOTOCOPILLAGE TUE LE LIVRE

© Dunod, Paris, 2000 pour la traduction française
ISBN 2 10 004587 3

Toute représentation ou reproduction intégrale ou partielle faite sans le consentement de l'auteur ou de ses ayants droit ou ayants cause est illicite selon le Code de la propriété intellectuelle (Art L 122-4) et constitue une contrefaçon réprimée par le Code pénal. • Seules sont autorisées (Art L 122-5) les copies ou reproductions strictement réservées à l'usage privé du copiste et non destinées à une utilisation collective, ainsi que les analyses et courtes citations justifiées par le caractère critique, pédagogique ou d'information de l'œuvre à laquelle elles sont incorporées, sous réserve, toutefois, du respect des dispositions des articles L 122-10 à L 122-12 du même Code, relatives à la reproduction par reprographie.

Table des matières

Deuxième partie - Les propriétés des liquides

Troisième partie - Les propriétés des gaz

Quatrième partie - Les effets thermiques

Cinquième partie - Le son et la lumière

Sixième partie - Questions diverses

Avant-propos de l'auteur

Ce livre de physique élémentaire s'adresse aux lecteurs qui ont étudié cette science et qui pensent en connaître les bases. Il intéressera également les élèves des collèges et lycées auxquels il démontre que la physique n'est pas une science abstraite.

Mon expérience m'a convaincu que la véritable connaissance de la physique élémentaire est rare. La majorité des gens ne s'intéressent qu'aux dernières découvertes qui sont relatées dans les revues de vulgarisation scientifique. On s'y soucie en général très peu de combler le manque des connaissances de base. Il est désagréable de revenir sur les notions élémentaires de la physique et bien des gens ne gardent d'elle que le vague souvenir pétrifié de ce qu'ils ont pu entendre à l'école.

En un mot, les éléments de base de la physique restent insuffisamment travaillés et il n'est pas rare de constater ce défaut chez des physiciens confirmés.

Cet ouvrage présente la physique comme un grand jeu de « questions-réponses » qui doit permettre au lecteur d'évaluer son véritable niveau en physique. Il ne s'agit pas d'un questionnaire pour un examen dont les questions sont, en général, d'une autre nature. Au contraire, ce livre étudie des exemples concrets souvent délaissés par les professeurs et qui, pourtant, sont directement liés au cours de physique élémentaire. Ne vous fiez pas à l'apparente facilité des questions : vous risqueriez d'avoir de mauvaises surprises ! En effet, certaines ont l'air tellement facile que la réponse que vous allez donner en quelques secondes sera bien souvent fausse !

L'objectif du livre est double : d'une part, faire comprendre au lecteur que le domaine de la physique élémentaire est beaucoup plus riche que certains ne le pensent et, d'autre part, rectifier quelques idées reçues. Il incitera le lecteur à reconsidérer et à vérifier minutieusement ses connaissances en physique.

Yakov Isidorovitch Perelman
(1882-1942)

Avant-propos des traducteurs

Yakov Isidorovich Perelman est un pionnier dans ce nouveau genre qu'est la vulgarisation scientifique. Il ne se contentait pas d'édulcorer les sujets scientifiques en termes accessibles pour le grand public, mais avait le don rare de raconter d'une façon captivante les bases souvent austères de la science, de susciter la curiosité chez ses auditeurs et ses lecteurs et de les amener ainsi sur les premières marches d'une réflexion intelligente.

Perelman sait créer chez son lecteur l'interrogation en lui présentant des événements courants et habituels sous un angle inattendu et paradoxal. Ces explications font le plus souvent appel au bon sens et à un minimum de notions mathématiques pour valider les résultats.

Dans son article «Qu'est-ce que la science captivante ?», Perelman écrit : «Nous cessons trop tôt de nous étonner, nous perdons trop tôt cette capacité qui nous pousse à nous intéresser aux choses qui n'affectent pas directement notre existence… L'eau aurait sans doute été la matière la plus étonnante de la nature et la Lune, le spectacle le plus étonnant du ciel, si l'un et l'autre n'étaient pas si souvent sous nos yeux.»

Pour montrer le quotidien sous une lumière inhabituelle, Perelman a utilisé avec maestria la méthode des comparaisons inattendues. Son immense culture scientifique ainsi que son regard d'enfant sur les phénomènes de tous les jours l'ont conduit à rédiger ces «casse-tête scientifiques» si rafraîchissants pour l'esprit. Une science récréative au service de l'étonnement de l'esprit, tel est le *credo* de Perelman.

Ce sont toutes ces remarques qui nous ont convaincus d'entreprendre la traduction de cet ouvrage en français. La principale difficulté était de conserver l'esprit du livre tout en actualisant les idées et les résultats qui n'étaient pas encore connus à son époque. En particulier, Perelman avait une confiance absolue en la conquête de l'espace et aurait été le premier à applaudir le premier pas de l'Homme sur la Lune. Sa contribution scientifique a d'ailleurs été immortalisée en donnant son nom à un des cratères sur la face cachée de la Lune. L'esprit de Perelman est toujours vivant dans ses ouvrages et les nouvelles générations de lecteurs, les enfants et les petits-enfants de ceux qui l'ont écouté, lisent ses livres avec toujours autant de plaisir et de curiosité.

Les Traducteurs

Note bibliographique sur l'auteur

Yakov Isidorovich Perelman est né le 22 novembre 1882 à Belostock. Son père, Isidor Perelman, était comptable dans une fabrique de draps. Dès son plus jeune âge, sa curiosité pour les phénomènes naturels l'a poussé à trouver des explications simples à ses observations.

Pendant plusieurs années, il donna des cours de physique et de mathématiques dans des établissements moyens et supérieurs, où ses qualités pédagogiques étaient reconnues. Il écrivit son premier livre à l'âge de dix-sept ans et ne s'arrêta pas d'écrire jusqu'à sa disparition. Il mourut d'épuisement le 16 mars 1942 dans la ville assiégée de Leningrad.

La bibliographie de Perelman est impressionnante : pas moins de cent cinq livres et brochures dont quarante-sept ouvrages de vulgarisation et dix-huit manuels scolaires ainsi que des milliers d'articles dans les journaux. Ses ouvrages sont régulièrement réédités (plus de treize millions d'exemplaires ont été vendus dans l'ex-URSS) et ont été traduits dans dix-huit langues.

Perelman n'avait pas de doctorat scientifique, il n'a fait aucune découverte en recherche, ni mis au point de nouveaux procédés. Mais il aimait passionnément la science et, durant toute sa vie, n'eut de cesse de faire partager sa passion autour de lui.

Ce pionnier de la vulgarisation scientifique a donc créé un genre nouveau. On peut dire, sans exagérer, qu'il a trouvé la véritable façon d'intéresser des millions de personnes à la science : il leur a apporté le plaisir de la découverte de la Science.

Note de l'éditeur de l'édition originale

Dans la plupart des manuels et des livres recensant des exercices de physique, russes ou étrangers, « le bon problème » est celui qui n'admet qu'une seule solution obtenue obligatoirement à partir de toutes les données mentionnées dans le problème. De plus, la seule bonne combinaison de ces données peut être facilement trouvée à l'aide de l'analyse dimensionnelle. La physique se réduit donc ici à un simple ordonnancement des valeurs en tenant compte des conditions données. Cette science vivante et riche se trouve escamotée par de simples considérations techniques. Les méthodes d'analyse d'un événement à un niveau accessible à l'étudiant sont remplacées par des schémas, le manuel de physique descendant au niveau d'un livre de recettes de cuisine, ne laissant aucune place à la créativité et ne proposant que des mets prédigérés.

Le livre de Y. Perelman permet de voir la nature d'une façon différente. Il ne s'agit pas simplement de problèmes mais de questions parfois inattendues et très intéressantes. Ce sont des questions sur le monde qui nous entoure, sur les événements qui s'y passent et dont nous sommes souvent les témoins incrédules. Peu de personnes font l'effort de comprendre comment et pourquoi cela se passe ainsi. Ces questions ont été inventées par Y. Perelman.

Note de l'éditeur de la traduction française

La science avance à grands pas et il n'était pas possible de rééditer ce livre de Yakov Perelman, publié pour la première fois dans les années 30, sans prendre de solides garanties sur la pérennité et la validité de son contenu.

C'est pourquoi nous en avons confié la traduction à Lionel Reynaud et à Tatiana Chameeva. M. Lionel Reynaud est titulaire d'un DEA de physique théorique et il a déjà traduit plusieurs livres scientifiques de haut niveau. Mme Tatiana Chameeva, de langue maternelle russe, est professeur de mathématiques dans l'enseignement supérieur à l'université de Bordeaux I.

En outre, M. Sacha Buzdin, qui est également professeur de physique à l'université de Bordeaux, a relu cette traduction française et a participé à sa mise au point.

Tous trois, tout en restant très fidèles au texte russe, ont ajouté commentaires et notes de bas de page pour aider le lecteur français dans sa découverte de ce livre.

Ce livre est un stimulant pour l'esprit qui vous prendra souvent à contre-pied dans vos raisonnements et vous incitera ainsi à réfléchir deux fois plutôt qu'une…

La science avance à grands pas, mais les lois de la physique sont immuables…

Unités

Unités de longueur (mètre : m)

1 angström (Å) = 10^{-10} m
1 micron = 1 micromètre (µm) = 10^{-6} m
1 unité astronomique (u.a.) = $1,49 \times 10^{11}$ m
1 parsec (pc) = $3,09 \times 10^{16}$ m
1 année lumière (al) = $9,46 \times 10^{15}$ m
1 pouce = $2,54 \times 10^{-2}$ m
1 pied = 0,305 m

Unités de surface (mètre carré : m²)

1 are (a) = 10^2 m^2
1 hectare (ha) = 10^4 m^2
1 barn (b) = 10^{-28} m^2

Unités de volume (mètre cube : m³)

1 litre (L) = 10^{-3} m^3

Unités de masse (kilogramme : kg)

1 unité de masse atomique (u.m.a) = $1,66 \times 10^{-27}$ kg
1 gramme (g) = 10^{-3} kg
1 unité de masse technique (u.m.t.) = 9,81 kg
1 tonne (t) = 10^3 kg
1 livre = 0,454 kg
1 quintal = 10^2 kg

Unités de temps (seconde : s)

1 an = $3,16 \times 10^7$ s
1 minute (min) = 60 s
1 jour (J) = 24 h = 86 400 s
1 heure (h) = 3 600 s

Unités de force (Newton : N)

1 dine (din) = 10^{-5} N
1 kilogramme-force (kgf) = 9,81 N
1 tonne-force (tf) = $9{,}81 \times 10^{3}$ N

Unités de vitesse (mètre par seconde : m/s)

1 kilomètre par heure (km/h) = 0,278 m/s

Unités de travail, d'énergie et de quantité de chaleur (joule : J)

1 W · h = 3,6 J
1 calorie (cal) = 4,185 J
1 kilogramme-force par mètre (kgf · m) = 9,81 J
1 litre par atmosphère (L · atm) = $1{,}01 \times 10^{2}$ J
1 cheval-vapeur par heure (CV · h) = $2{,}65 \times 10^{6}$ J
1 erg = 10^{-7} J

Unités de puissance (Watt : W)

1 kilogramme-force mètre par seconde (kgf · m/s) = 9,81 W
1 kilocalorie par heure = 1,16 W
1 cheval-vapeur (CV) = 736 W
1 erg/s = 10^{-7} W

Unités de pression (Pascal : Pa)

1 atmosphère technique (at) = 1 kgf/cm^{2} = $9{,}81 \times 10^{4}$ Pa
1 atmosphère physique (atm) = $1{,}01 \times 10^{5}$ Pa
1 bar = 10^{5} Pa
1 din/cm^{2} = 0,1 Pa
1 kgf/m^{2} = 9,81 Pa
1 kgf/mm^{2} = $9{,}81 \times 10^{6}$ Pa
1 mm d'une colonne de mercure = 113 Pa
1 mm d'une colonne d'eau = 9,81 Pa
1 tonne-force/m^{2} = $9{,}81 \times 10^{3}$ Pa

Unités d'angle sur une surface (radian : rad)

1 degré (1°) = $1{,}75 \times 10^{-2}$ rad
1 minute d'angle (1′) = $2{,}91 \times 10^{-4}$ rad
1 seconde d'angle (1″) = $4{,}85 \times 10^{-6}$ rad
1 tour (t) (angle complet) = 2π rad

Unités de vitesse de rotation (seconde^{-1} = s^{-1})

1 tour par seconde (tr · s^{-1}) = 1 s^{-1}
1 tour par minute (tr · min^{-1}) = 1/60 s^{-1}

Première partie

Mécanique

Questions
1 à 54

1 **La plus petite unité de longueur**
Quelle est la plus petite unité de longueur ? *Solution p. 17*

2 **La plus grande unité de longueur**
Quelle est la plus grande unité de longueur ? *Solution p. 18*

3 **Le métal le moins dense**
Existe-t-il des métaux moins denses que l'eau ? Quel est le métal le moins dense ? *Solution p. 18*

4 **La matière ayant la plus grande densité**
Quelle est la matière la plus dense ? *Solution p. 19*

5 **Sur l'île déserte**
Voici une des célèbres questions du concours d'Edison[1] :
« Imaginez que vous ayez été abandonné sur une île tropicale déserte de l'océan Pacifique sans outillage. Comment pourriez-vous renverser un rocher de granit de 30 mètres de long sur 5 mètres de haut pesant trois tonnes ? » *Solution p. 20*

1. Deux ans avant sa mort, l'inventeur américain Thomas Edison (1847-1931) désira récompenser par une bourse le garçon le plus ingénieux des États-Unis. Les élèves les plus talentueux de tout le pays (un pour chaque État) se sont donc présentés à lui. Une commission spéciale, établie et présidée par Edison, leur proposa de répondre à cinquante-sept questions portant sur la physique, la chimie, les mathématiques et de caractère général. Wilbur Haston de Détroit, alors âgé de seize ans, remporta ce tournoi.

6 Le modèle de la tour Eiffel

La tour Eiffel mesure 320 mètres de haut et pèse 9 000 tonnes. Quel serait le poids d'un modèle réduit de cette tour (Fig. 1) fait avec la même matière et mesurant 32 cm ?

Solution p. 21

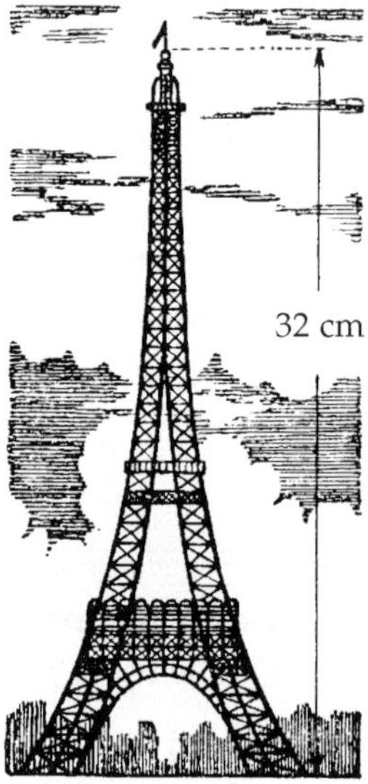

Figure 1. Quel est le poids d'un modèle de la tour Eiffel ?

7 1 000 atmosphères sous le doigt

Pouvez-vous créer une pression de 1 000 atmosphères avec un seul doigt ?

Solution p. 22

8 100 000 atmosphères à la seule force d'un insecte

Un insecte peut-il exercer une pression de 100 000 atmosphères ?

Solution p. 22

9 Le rameur sur la rivière

Un bateau à rames descend la rivière, une bûchette de bois descend à côté. Qu'est-ce qui est le plus facile pour le rameur : prendre 10 m d'avance sur la bûchette, ou être en retard de 10 m ?

Solution p. 24

10 Les drapeaux des aérostats

Un aérostat se déplace avec le vent en direction du Nord. Dans quelle direction les drapeaux sur sa nacelle se dirigent-ils ?

Solution p. 24

11 Les cercles sur l'eau

Un caillou lancé dans l'eau calme crée des vagues en forme de cercles (Fig. 2). Quelle est la forme des vagues créées par le caillou si l'eau est en mouvement ?

Solution p. 24

***Figure 2.** Quelle est la forme des vagues créées par un caillou lancé dans l'eau en mouvement ?*

12 La loi d'inertie et les êtres vivants

Les créatures (les matières) vivantes se soumettent-elles à la loi d'inertie ?

Solution p. 25

13 Le mouvement et les forces intérieures

Un corps peut-il se mettre en mouvement uniquement sous l'action de forces intérieures ?

Solution p. 25

14 La friction vue comme une force

Pourquoi la friction est-elle considérée et appelée force alors qu'elle ne peut créer le mouvement (en fait, elle agit contre le mouvement) ?

Solution p. 26

15 La friction et la marche des animaux

Quel rôle joue la friction lors de la marche des êtres vivants ?

Solution p. 26

16 Sans la friction

Imaginez-vous sur une surface horizontale parfaitement lisse. Comment pourriez-vous alors vous déplacer dans une direction particulière ?

Solution p. 27

17 La tension de la corde

Le problème suivant est extrait du manuel de mécanique de A.V. Tsinger :

« Pour déchirer une corde, un homme la tire avec les mains par les deux bouts dans deux directions opposées. Chaque main exerce une force de 100 N. N'ayant pas réussi à la déchirer de cette manière, l'homme attache un bout de la corde à un clou fixé au mur puis tire l'autre bout avec les deux mains avec une force de 200 N. La corde est-elle plus tendue dans le deuxième cas ? »

Solution p. 27

18 Les demi-sphères de Magdebourg

Otto Herike lors de son expérience dite « des demi-sphères de Magdebourg[1] » avait attelé huit chevaux de chaque côté de la sphère dans laquelle il avait fait le vide. N'aurait-il pas mieux fallu fixer une des demi-sphères à un mur et atteler les seize chevaux à l'autre ? Dans quel cas la traction est-elle la plus forte ?

Solution p. 28

19 La balance (dynamomètre)

Un adulte peut tirer 100 N sur une balance, un enfant 30 N. Qu'indiquera la balance si les deux tirent en même temps dans deux directions opposées ?

Solution p. 28

20 Le mouvement du bateau

Dans un magazine de vulgarisation scientifique allemand, deux modes d'utilisation d'un jet de gaz pour le mouvement d'un bateau sont proposés. Ils sont représentés schématiquement sur la figure 3. Quel est le mode le plus efficace ?

Solution p. 29

Figure 3. *Quel mode d'utilisation du jet de gaz pour pousser le bateau est le plus efficace ?*

21 Le déplacement de la montgolfière

Une échelle de corde est attachée à une montgolfière se tenant immobile dans les airs (Fig. 4). Un homme monte sur l'échelle. Dans quelle direction va se déplacer la montgolfière : vers le haut ou vers le bas ?

Solution p. 29

22 La mouche dans le bocal

Un bocal fermé contenant une mouche est placé sur un des plateaux d'une balance équilibrée très sensible (Fig. 5). La

1. Magdebourg est une ville d'Allemagne orientale sur l'Elbe.

mouche est posée sur la paroi du bocal. Que se passe-t-il lorsque la mouche quitte sa place et commence à voler dans le bocal ?

Solution p. 30

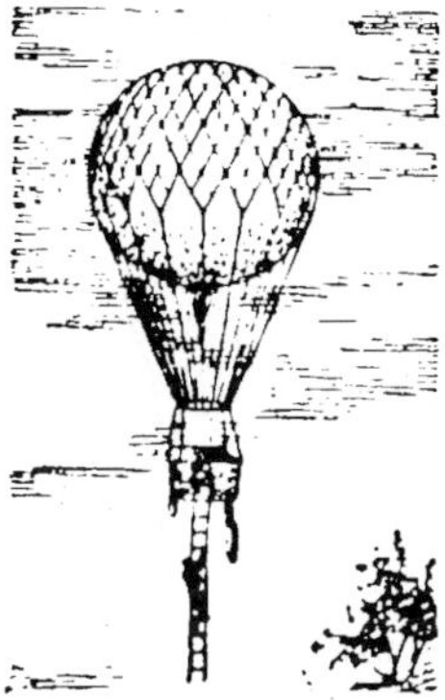

Figure 4. Dans quelle direction va se déplacer la montgolfière ? (Question n° 21)

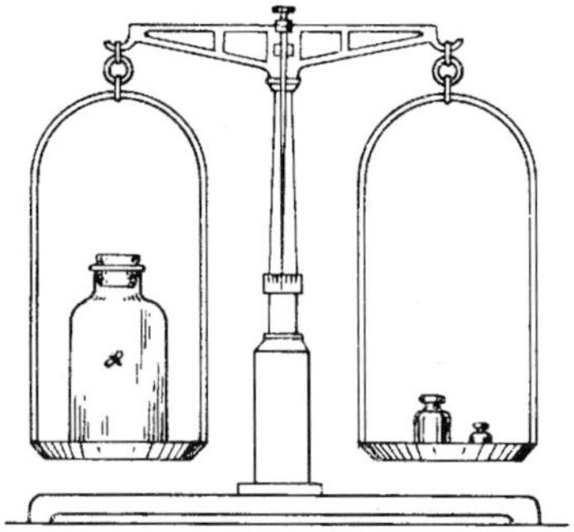

Figure 5. La mouche dans le bocal. (Question n° 22)

23 Le Yo-Yo et le pendule de Maxwell

C'est une bobine qui monte et descend toute seule en enroulant ou en déroulant une corde. Ce jouet, qui n'est pas nouveau, amusait déjà les soldats de Napoléon et même d'après certaines personnes, les héros de Homère !

D'un point de vue mécanique, le Yo-Yo n'est rien d'autre qu'un pendule de Maxwell (Fig. 6). Un petit volant tombe en débobinant les ficelles enroulées sur son axe et acquiert ainsi une énergie cinétique si grande qu'ayant tout déroulé, il commence à remonter en rembobinant les ficelles. Ce faisant, il transforme son énergie cinétique en énergie potentielle ce qui ralentit sa rotation. Enfin il s'arrête pour redescendre à nouveau. Ces montées et descentes du volant se succèdent une multitude de fois jusqu'à ce que sa réserve d'énergie (potentielle) initiale se soit entièrement dissipée en chaleur à cause des frictions sur la corde et dans l'air.

Le dispositif de Maxwell est expliqué ici afin de poser les questions suivantes.

On suppose que les ficelles du pendule de Maxwell sont accrochées à une balance à ressort (Fig. 7). Que se passe-t-il avec l'indicateur de la balance pendant que le volant exécute sa danse vers le haut et vers le bas ? L'indicateur de la balance bouge-t-il ? Si oui, dans quel sens ?

Solution p. 31

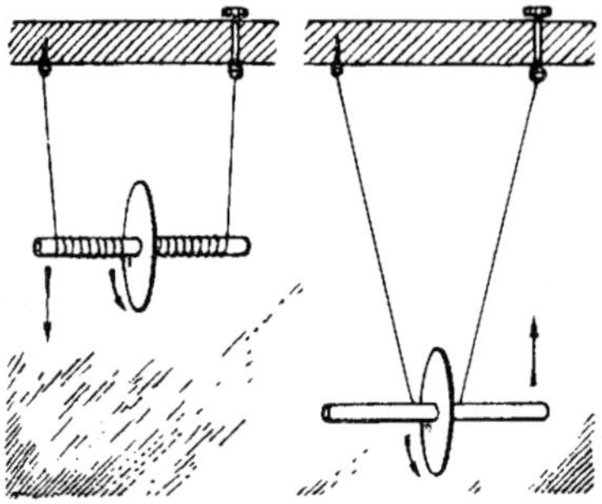

Figure 6. Le pendule de Maxwell.

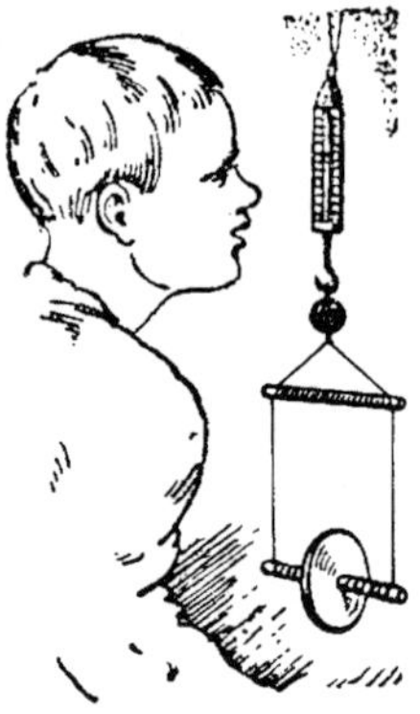

Figure 7. Que montre l'indicateur de la balance ?

24 Le niveau du menuisier dans le train

Est-il possible d'utiliser le niveau du menuisier (avec la bulle d'air) dans un train en mouvement pour mesurer l'inclinaison de la voie ?

Solution p. 31

25 L'inclinaison de la flamme de la bougie

a) En transportant (dans une pièce) une bougie allumée nous remarquons que la flamme s'incline vers l'arrière au début du mouvement. Comment s'incline-t-elle lors d'un transport dans une lanterne fermée ?

b) Supposons que l'on tienne à bout de bras la lanterne contenant la bougie. Que fait la flamme de la bougie lorsqu'on tourne régulièrement sur soi-même ?

Solution p. 32

26 Le bâton courbé sur le pivot

Un bâton homogène est en équilibre sur un pivot s'il y est placé en son milieu (Fig. 8). Que se passe-t-il quand on plie la moitié droite du bâton (Fig. 9) ?

Solution p. 33

Figure 8. Le bâton est en équilibre sur le pivot.

Figure 9. L'équilibre est-il encore possible ?

27 Les deux balances

Laquelle des deux balances à ressort représentées sur la figure 10 qui soutiennent le bâton CD en position inclinée indique la plus grande charge ?

Solution p. 34

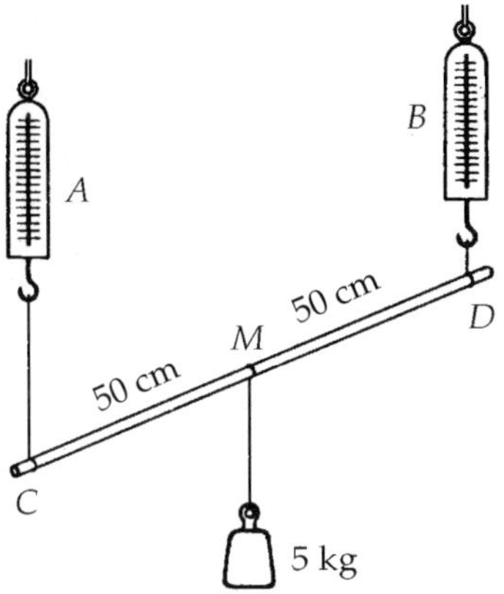

Figure 10. Laquelle des deux balances à ressort indique la plus grande charge ?

28 Le levier

Un levier (supposé sans poids) est plié selon la figure 11. Son point d'appui (axe) est en *B*. On désire déplacer la masse placée en *A* avec le minimum d'effort.

Dans quelle direction faut-il diriger la force au bout du levier *C* ?

Solution p. 34

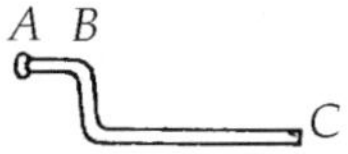

Figure 11. Schéma du levier.

29 Sur la plate-forme

Une personne pesant 60 kg se trouve sur une plate-forme dont la masse est de 30 kg. La plate-forme est suspendue à des cordes passant par des poulies (Fig. 12).

Avec quelle force l'homme doit-il tirer sur le bout *A* de la corde afin d'éviter une chute de la plate-forme ?

Solution p. 34

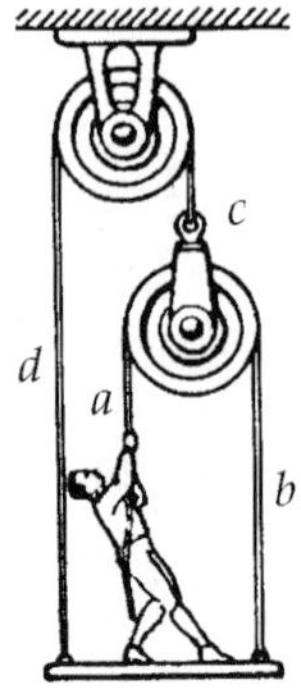

Figure 12. Avec quelle force faut-il tirer pour éviter la chute de la plate-forme ?

30 La corde mal tendue

Avec quelle force doit-on tirer sur une corde pour qu'elle soit parfaitement tendue (Fig. 13) ?

Solution p. 35

Figure 13. Est-il possible de maintenir la corde parfaitement horizontale ?

31 La voiture coincée

Pour sortir une voiture coincée dans un fossé on utilise la technique suivante. On l'attache solidement avec une longue corde résistante à un arbre ou à une souche se trouvant à côté de la route en tendant cette dernière au maximum. Ensuite on tire perpendiculairement au milieu de la corde (Fig. 43). Sous l'action de cette force la voiture commence à se déplacer. Sur quoi repose cette technique ?

Solution p. 35

32 Le frottement et la graisse

On sait que la graisse diminue le frottement. Pouvez-vous préciser combien de fois approximativement ?

Solution p. 36

33 La résistance de l'air et de la glace

Quelle est la manière la plus efficace pour envoyer un glaçon le plus loin possible : en le jetant en l'air ou en le faisant glisser sur la glace (Fig. 14) ?

Solution p. 36

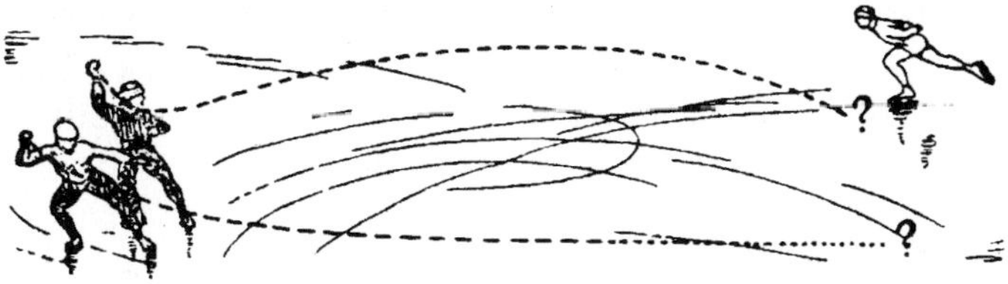

Figure 14. *Dans quel cas le glaçon ira-t-il le plus loin ?*

34 Les dés truqués

Les tricheurs qui utilisent des dés truqués mettent du plomb dedans afin d'obtenir le résultat souhaité. Sur quelle loi physique repose ce truc ?

Solution p. 37

35 Le tic-tac de la chute d'un corps

Approximativement, de quelle hauteur un corps en chute libre tombe-t-il durant le « tic-tac » d'une montre mécanique ?

Solution p. 38

36 Où jeter la bouteille ?

Dans quelle direction faut-il jeter une bouteille d'une fenêtre de train pour que le risque qu'elle se brise au sol soit minimal ?

Solution p. 38

37 Chute du wagon

Dans quel cas une bouteille lâchée d'un wagon touchera le sol le plus vite : quand celui-ci est à l'arrêt ou en mouvement ?

Solution p. 38

38 Les trois obus

Trois obus sont tirés d'un même point sous des angles différents par rapport à l'horizontale : 30°, 45° et 60°. Leurs trajectoires (dans un milieu supposé sans résistance) sont représentées sur la figure 15. Le dessin est-il correct ?

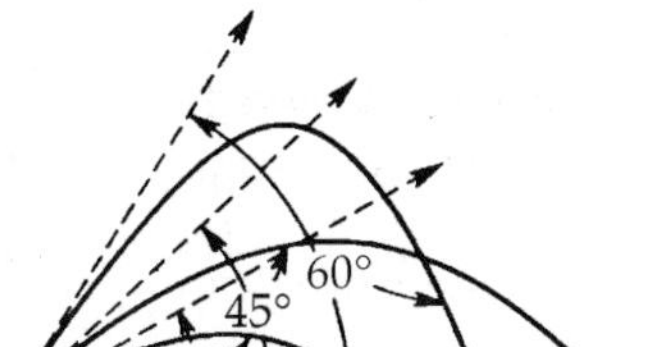

Figure 15. *Le dessin est-il correct ?*

Solution p. 39

39 La trajectoire d'un corps lancé

Quelle courbe décrit un corps lancé avec un angle par rapport à l'horizontale si on suppose que la résistance de l'air est nulle ?

Solution p. 39

40 La vitesse maximale des obus d'artillerie

Les artilleurs disent que l'obus atteint sa vitesse maximale quand il quitte le canon et non pas quand il se trouve encore dedans. Est-ce possible ? Pourquoi ?

Solution p. 40

41 Les sauts dans l'eau

Pour quelle raison est-il dangereux de sauter d'une hauteur importante dans l'eau (Fig. 16) ?

Solution p. 40

42 La boule au bord de la table

Une boule est posée sur le bord d'une table dont le plan est horizontal (Fig. 17). Bouge-t-elle en l'absence de friction ?

Solution p. 40

Figure 16. *Quels sont les risques lors d'un plongeon ? (Question n° 41)*

Figure 17. *Que va faire la boule ? (Question n° 42)*

43 Sur la surface inclinée

Un bout de bois en position *B* (Fig. 18) glisse malgré la friction sur la surface inclinée *MN*. Peut-on être sûr qu'il va glisser s'il est en position *A* (on suppose qu'il ne se renversera pas) ?

Solution p. 41

44 La chute des deux balles

Deux balles sont placées au point *A* (Fig. 19) à une hauteur *h* du plan horizontal *BC*. La première balle roule sur la surface inclinée *AC*, la seconde tombe librement suivant la verticale *AB*. Laquelle des deux balles, à la fin de leur course, aura la vitesse de translation (la vitesse du centre de masse) la plus grande ?

Solution p. 42

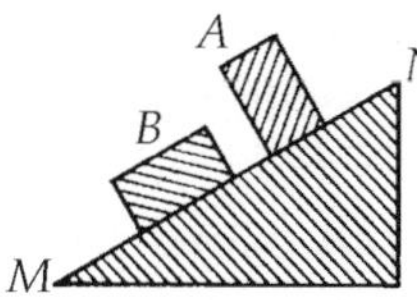

Figure 18. Dans quelle position le bout de bois glissera-t-il le mieux ? (Question n° 43)

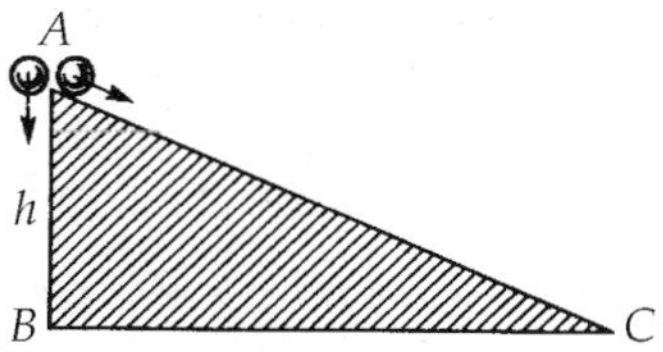

Figure 19. Quelle balle aura la plus grande vitesse ? (Question n° 44)

45 Les deux cylindres

Deux cylindres ont la même forme et la même masse. Mais l'un est en aluminium tandis que l'autre est en liège avec une enveloppe de plomb. Les cylindres sont recouverts d'un papier qui ne peut pas être endommagé. Trouvez un procédé (mécanique) permettant de distinguer le cylindre homogène (en aluminium) de celui qui est composé.

Solution p. 44

46 Le sablier sur la balance

On place, sur l'un des plateaux d'une balance sensible, un sablier de cinq minutes et, sur l'autre, des masses pour atteindre l'équilibre (Fig. 20). Le sablier est retourné. Que se passe-t-il durant les cinq premières minutes (sur la balance) ?

Solution p. 46

47 La mécanique en caricature

La caricature (Fig. 21) reproduite ici à une base mécanique. Que fait la masse lorsque les enfants vont monter à la corde ?

Solution p. 47

Figure 21. Les enfants montent à la corde. (Question n° 47)

Figure 20. Le sablier sur la balance. (Question n° 46)

48 Les poids sur la poulie

Aux deux bouts d'une corde passant par une poulie on accroche deux poids de 1 et 2 kg. La poulie est suspendue à une balance (Fig. 22). Que peut-on lire sur la balance ?

Solution p. 48

49 Le centre de gravité d'un cône tronqué

Un cône en fer plein est coupé en deux et repose sur sa plus grande base (Fig. 23). Comment se déplace son centre de gravité quand on retourne le cône : vers sa plus petite base ou vers sa plus grande base ?

Solution p. 48

50 L'ascenseur en chute libre

Vous vous tenez debout dans la cabine d'un ascenseur (Fig. 24). Brusquement les câbles se rompent et la cabine tombe avec l'accélération d'un corps en chute libre. Vous allez pouvoir en profiter pour faire quelques expériences !

a) Qu'indique alors la balance ?
b) L'eau peut-elle couler d'un pichet retourné (peut-on se servir à boire !) ?

Solution p. 48

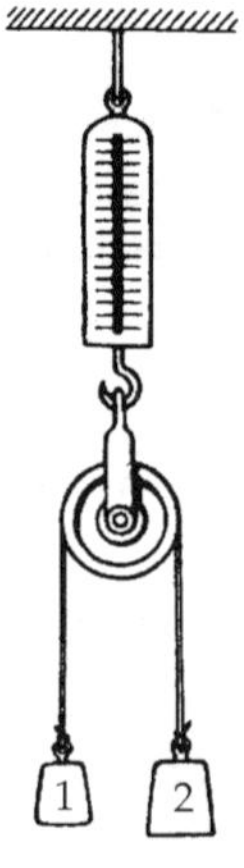

Figure 22. Qu'indique la balance ? (Question n° 48)

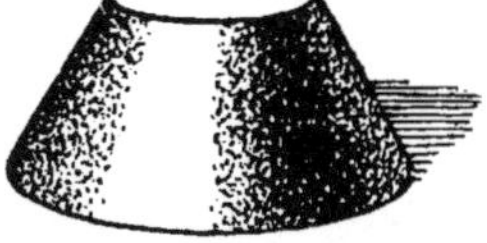

Figure 23. Le problème du cône tronqué. (Question n° 49)

Figure 24. La physique dans un ascenseur en chute libre. (Question n° 50)

51 Les petits morceaux de thé dans l'eau

Remuez du thé avec une petite cuillère dans une tasse, puis sortez la cuillère. Pourquoi les petits morceaux de thé au fond de la tasse commencent-ils par aller aux bords avant de se rassembler au centre ?

Solution p. 49

52 Sur la balançoire

Est-il vrai qu'en étant debout en équilibre sur une balançoire, vous pouvez amplifier vos oscillations par des mouvements particuliers de votre corps (Fig. 25) ?

Solution p. 50

Figure 25. *Comment gagner de l'amplitude sur une balançoire ?*

53 L'attraction entre les objets terrestres et cosmiques

Les objets cosmiques sont beaucoup plus grands que les objets terrestres. Mais leur relatif éloignement dépasse de beaucoup la distance entre les objets terrestres. Comme l'attraction est directement proportionnelle au produit des masses et inversement proportionnelle au carré des distances, il est bizarre que nous ne nous apercevions pas de l'attraction des objets terrestres entre eux, bien que cette attraction domine si visiblement dans l'Univers.
Expliquez ce phénomène.

Solution p. 53

54 La direction du fil à plomb

On considère que tous les fils à plomb à la surface de la Terre pointent vers le centre de celle-ci (si l'on néglige l'écart insignifiant provoqué par la rotation de la Terre). On sait que les objets terrestres sont attirés non seulement par la Terre mais également par la Lune. Il serait donc normal que les objets tombent en direction du centre de masse commun de la Terre et de la Lune, et non vers le centre de la Terre. Ce centre de masse commun ne coïncide pas avec le centre géométrique de la Terre mais se trouve à une distance d'environ 4 800 km.

En effet, la Lune a une masse 80 fois inférieure à celle de la Terre, donc le centre de masse commun est 80 fois plus proche du centre de la Terre que de celui de la Lune. La distance entre les deux corps est égale à 60 rayons terrestres, ce qui veut dire que le centre de masse commun se trouve aux trois quarts (60/80) du rayon terrestre à partir du centre de la Terre.

Puisqu'il en est ainsi, la direction de tous les fils à plomb sur la Terre devrait s'écarter considérablement de la direction du centre de la Terre (Fig. 26). Pourquoi de pareils écarts ne sont jamais observés dans la réalité ?

Solution p. 55

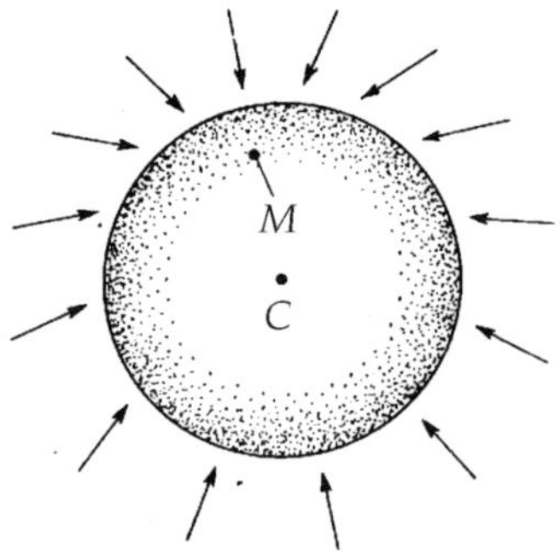

Figure 26. *Illustration de la direction de la chute des objets terrestres.*

Solutions 1 à 54

1 Bien que la millième partie du millimètre, appelée micromètre (μm), soit déjà une unité bien petite dans la vie quotidienne, ce n'est pas, et de loin, la plus petite unité de longueur. Les technologies de pointe utilisent fréquemment la millionième partie du millimètre (le nanomètre) en informatique, en physique des lasers et pour les mesures des longueurs d'onde de la lumière. Il existe également une unité à part : l'angström (Å) qui représente la dix millionième partie du millimètre et constitue l'unité attitrée pour l'étude des atomes. Mais la physique des particules a dû introduire des unités encore plus petites afin de mesurer les noyaux des atomes, 10 000 fois plus petits que l'atome lui-même, ainsi que d'autres particules comme le proton et l'électron[1]. Nous résumons ces unités dans le tableau suivant.

Unité	**Rapport**
Mètre (m)	1
Millimètre (mm)	10^{-3} m
Micromètre (μm)	10^{-6} m
Nanomètre (nm)	10^{-9} m
Picomètre (pm)	10^{-12} m
Femtomètre (fm)	10^{-15} m
Attomètre (am)	10^{-18} m

1. En fait, jusqu'à présent les physiciens n'ont pas pu mesurer le diamètre des particules élémentaires telles l'électron et les quarks. On sait juste qu'il est plus petit que 10^{-18} m et ceci en « supposant que l'électron se soumet aux mêmes lois qu'une boule métallique chargée en laboratoire ».

2 Il n'y a pas si longtemps, la plus grande unité de longueur était l'année-lumière c'est-à-dire la distance parcourue en 1 an par un rayon de lumière dans l'espace. Cela représente une distance d'environ 9,5 billions de kilomètres ($9{,}5 \times 10^{12}$ km). Dans les revues scientifiques, cette mesure a été progressivement remplacée par une autre, trois fois plus grande : le parsec (pc). Le parsec (concaténation des mots « parallaxe » et « seconde ») équivaut environ à 30,9 billions de kilomètres ($30{,}9 \times 10^{12}$ km) soit 3,26 années-lumière. Mais cette unité immense est devenue à son tour trop petite pour mesurer les profondeurs de l'Univers. Les astronomes ont alors introduit le « kiloparsec » soit mille parsecs, puis le « mégaparsec » soit un million de parsecs et enfin le gigaparsec qui remporte aujourd'hui la palme des unités de longueur. À titre d'exemple, l'étoile la plus proche est Proxima du Centaure à 4 années-lumière, le diamètre de notre galaxie (la Voie Lactée) est de 100 000 années-lumière (30,6 kpc), tandis que la galaxie d'Andromède se situe à 2,2 millions d'années-lumière et les quasars les plus lointains à près de 10 milliards d'années-lumière (soit environ 3 gpc).

3 Quand on parle de métal peu dense, on pense souvent à l'aluminium. En fait il existe plusieurs métaux encore moins denses que lui. Par exemple, sur la figure 27, on a représenté des cubes de même masse faits de métaux différents. Voici ci-dessous la liste de quelques métaux avec leurs densités (en g/cm^3) :

Matière	**Densité (g/cm^3)**
Aluminium	2,70
Béryllium	1,85
Magnésium	1,74
Sodium	0,97
Potassium	0,86
Lithium	0,53

Les trois derniers sont donc moins denses que l'eau dont la densité vaut 1 g/cm^3.

Le record appartient au lithium comme indiqué dans le tableau. Il est moins dense que bon nombre de bois, d'ailleurs il flotte dans le pétrole, ne s'immergeant qu'à moitié. Il est 42,6 fois moins dense que le métal le plus dense : l'iridium (voir la réponse suivante).

Parmi les alliages utilisés dans l'industrie moderne, on peut citer par ordre de densité croissante :

1) Le duralumin est un alliage d'aluminium et de cuivre avec de petites quantités de magnésium, de manganèse et de silicium. Avec une densité de 2,6 g/cm^3, il est trois fois moins dense que le fer et pourtant une fois et demie plus dur.
2) Le « durbéryllium[1] », alliage de cuivre et de nickel, est 25 % moins dense que le duralumin et néanmoins 40 % plus solide.
3) L'électron (à ne pas confondre avec la quantité élémentaire d'électricité), alliage de magnésium, d'aluminium, etc., presque aussi solide que l'aluminium, est 30 % moins dense que le duralumin (sa densité est de 1,84 g/cm^3).

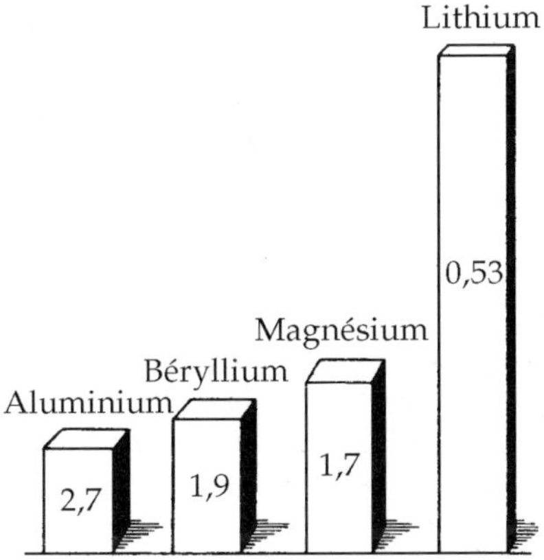

Figure 27. Des cubes de même masse réalisés avec différentes matières.

4 L'iridium (22,60 g/cm^3), l'osmium (22,57 g/cm^3) et le platine (21,45 g/cm^3) sont les matières les plus denses, mais il en existe d'encore plus denses comme par exemple celles qui composent certaines étoiles. Un centimètre cube d'étoiles de Van-Manen que l'on observe dans la constellation des Poissons, a une masse d'environ 400 kg. Donc, cette matière est 400 000 fois plus dense que l'eau et environ 20 000 fois plus dense que le platine. Le moindre plomb de chasse de cette matière (un plomb calibre 12 ayant un diamètre de 1,25 mm) aurait une masse de 400 g, et le quart d'une petite boîte d'allumettes pèserait autant que trois dizaines d'adultes (Fig. 28)[2].

1. Traduction littérale (NdT).
2. Les étoiles à neutrons ont une densité encore plus élevée : 10^{14} g/cm^3 (NdT).

Figure 28. *Le quart d'une petite boîte d'allumettes d'étoiles Van-Manen équilibrant une trentaine de personnes !*

5 « Est-ce qu'il y a des arbres sur cette île tropicale ? » demande l'auteur du livre allemand consacré au concours d'Edison. Cette question est absurde puisqu'aucun arbre n'est nécessaire pour renverser le rocher. En effet, on peut procéder simplement à mains nues.

Calculons tout d'abord l'épaisseur de la roche qui, étonnamment, n'est pas mentionnée dans le problème, et on va comprendre pourquoi. Avec un poids total de la roche de 3 000 N et prenant comme densité du granit 3 g/cm^3, on obtient un volume égal à 1 m^3. Comme la longueur de la roche est de 30 m et sa hauteur de 5 m, on en déduit son épaisseur :

$$\frac{1}{30 \times 5} = 0{,}0066 \text{ m, soit environ 7 mm.}$$

Nous avons donc affaire à un mur de 7 mm d'épaisseur !

Pour renverser ce mur (s'il n'est pas enterré trop profondément), il suffit donc de le pousser avec les mains ou avec l'épaule. Calculons la force nécessaire pour cela, que l'on a représentée sur la figure 29 par le vecteur **AX**. Le point A d'application de cette force se trouve à la hauteur des épaules d'un homme (1,5 m). Elle produit une rotation du mur autour de l'axe O. Le moment de cette force est égal à :

$$\text{Moment } X = 1{,}5 \times \mathbf{AX}$$

Calculons le moment du poids de la roche appliqué au centre de masse C dont l'action vise à maintenir la roche debout. Le moment du poids relativement à l'axe O est égal à :

$$\text{Moment } P = P \,.\, m = 30\,000 \times 0{,}0035 = 105 \text{ N} \,.\, m$$

où m est la demi-épaisseur de la roche. Alors la force **AX** se déduit de l'équation suivante :

$$1,5 \times \mathbf{AX} = 105$$

soit **AX** = 70 N. Donc, en appuyant sur le mur avec une force de seulement 70 N, un homme peut renverser le rocher (cela revient à soulever une masse de 7 kg).

Il est invraisemblable qu'une telle roche puisse rester en position verticale, une simple brise pouvant la renverser. Il est facile de le vérifier par un calcul similaire. Un vent appliquant une pression de 15 N seulement suffirait, si on assimile cette pression à une force appliquée à mi-hauteur du mur. Ainsi, un vent appliquant une pression de 10 N/m^2 pèse sur le mur avec une force totale supérieure à 1 000 N.

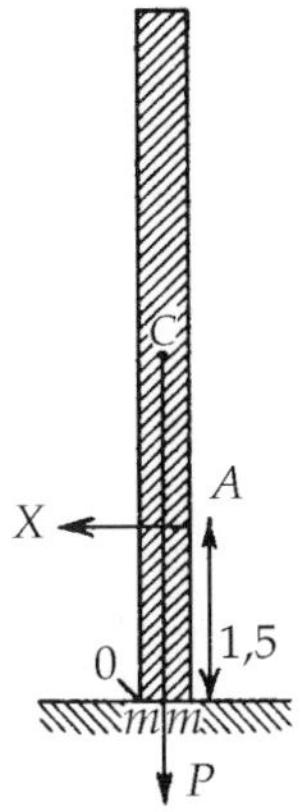

Figure 29. *Comment renverser le rocher d'Edison ?*

6 Ce problème, plutôt géométrique que physique, est très intéressant car il arrive souvent qu'en physique on compare la masse d'objets ayant la même géométrie mais des tailles différentes. En effet il s'agit de comparer les masses d'objets ne différant que par leur taille. Ici, il nous faut déterminer le rapport des masses de deux corps homothétiques de rapport 1 000. Si vous pensiez que la copie de la tour Eiffel a également diminué dans cette proportion et a donc un poids de 9 tonnes, vous vous trompez. Les volumes en géométrie se correspondent comme le cube de leurs dimensions linéaires et par conséquent il en sera de même pour les masses des objets similaires. Le modèle doit ainsi avoir un poids un milliard de fois moindre que celui de la vraie tour, soit :

$$\frac{9 \times 10^9}{10^9} = 9 \text{ g}$$

Ce poids est extrêmement faible pour une maquette en fer d'une hauteur de 32 cm. Cela paraît moins surprenant si l'on calcule l'épaisseur des poutres de la maquette. En effet, celles-ci sont mille fois plus fines que celles de la vraie tour et ont donc l'épaisseur d'un fil à coudre. Le modèle ressemble à une dentelle en fil de fer. Les poutres de la tour Eiffel pesant en moyenne 70 tonnes sont remplacées par des fils de fer d'un poids de 0,07 g. Il n'est alors pas étonnant que la maquette de la tour Eiffel ait une masse si faible.

7 L'affirmation que nous pouvons créer une pression de 1 000 atmosphères avec un seul doigt lorsque nous enfonçons une aiguille dans un tissu est une surprise pour beaucoup de gens. Mais il est facile de le prouver. En mesurant (par exemple avec une balance à lettres) la force avec laquelle le doigt appuie sur l'aiguille, on obtient environ 3 N. Le diamètre du disque sur lequel la pression de la pointe de l'aiguille s'exerce est égal à 0,02 cm environ ; sa superficie vaut alors, en supposant $\pi \approx 3$:

$$3 \times 0{,}01^2 = 0{,}000\,3 \text{ cm}^2$$

Donc, la pression exercée sur 1 cm² correspond à une force de :

$$\frac{3}{0{,}0003} = 10\,000 \text{ N}$$

Comme une atmosphère équivaut à une pression de 10 N/cm², en plantant l'aiguille, on exerce une pression de 1 000 atmosphères. En comparaison, la pression de la vapeur dans le cylindre d'une machine à vapeur est 100 fois plus petite.

Le couturier travaillant avec l'aiguille se sert constamment de centaines d'atmosphères sans s'apercevoir qu'il développe avec ses doigts cette énorme pression. Le coiffeur ne se doute pas non plus qu'en coupant les cheveux au rasoir il exerce une pression de 1 000 atmosphères. En effet, le rasoir appuie sur le cheveu avec une force de quelques centièmes de newton (0,01 N) mais la lame a une épaisseur maximale de 0,000 1 cm et le diamètre d'un cheveu est inférieur à 0,01 cm. Donc la surface, sur laquelle est repartie la pression du rasoir est égale dans ce cas à :

$$0{,}000\,1 \times 0{,}01 = 0{,}000\,001 \text{ cm}^2$$

La pression associée à la force de 0,01 N répartie sur un espace aussi réduit représente :

$$\frac{0{,}01}{0{,}000\,001} = 10\,000 \text{ N/cm}^2$$

c'est-à-dire 1 000 atmosphères. Et comme la main appuie sur le rasoir avec une force supérieure à 0,01 N, la pression du rasoir sur les cheveux atteint des dizaines de milliers d'atmosphères[1] !

8 La force que peuvent exercer les insectes est si faible en valeur absolue que la possibilité pour eux de créer une pression de 100 000 atmosphères semble incroyable. Cependant il y a des insectes capables

1. Dans ce problème, on suppose l'aiguille et le fil du rasoir « indestructibles », car il est bien évident qu'ils ne pourraient résister à de telles pressions. L'aiguille traverse le tissu surtout grâce à sa finesse, en écartant les fibres (NdT).

d'exercer une pression bien supérieure. La guêpe pique sa victime en enfonçant son aiguillon avec une force d'à peu près 10^{-4} N. La taille de son aiguillon est remarquablement fine et ce n'est que récemment que nos technologies avancées[1] ont pu dépasser cette prouesse de la nature. Une observation de la pointe de l'aiguillon avec un microscope grossissant 100 000 fois montre encore un pic de montagne (Fig. 30) tandis que le tranchant d'une lame acérée a déjà l'air d'une scie ou d'une chaîne de montagne (Fig. 31). Le rayon de la pointe de l'aiguillon ne dépasse pas 0,000 01 mm, alors que celui du fil du rasoir est supérieur à 0,000 1 mm et peut atteindre 0,001 mm.

Figure 30. *La pointe de l'aiguillon ressemble à un pic de montagne.*

Figure 31. *La lame acérée du couteau ressemble à une chaîne de montagne.*

1. Actuellement, les pointes des microscopes à effet de champ valent bien l'aiguillon de la guêpe puisqu'il y a un atome unique à l'extrémité de ladite pointe (NdT).

On calcule l'aire du disque sur laquelle se repartit la force de l'aiguillon de la guêpe en supposant pour simplifier que $\pi \approx 3$:

$$3 \times 0{,}000\,001^2 = 3 \times 10^{-12}\ \text{cm}^2$$

La force exercée sur cette aire étant égale à 0,000 1 N, la pression est donc :

$$\frac{0{,}0001}{3 \times 10^{-12}} = \frac{1}{3} \times 10^8\ \text{N/cm}^2 \approx 3\,300\,000\ \text{atm}$$

Avec cette énorme pression (théorique), la guêpe pourrait transpercer le plus solide des blindages en acier si son aiguillon était suffisamment résistant.

9 Même les amateurs de sports nautiques donnent souvent une réponse incorrecte à cette question. Ils croient que ramer à contre-courant est plus difficile que ramer avec le courant. Donc d'après eux, dépasser la bûchette de bois est plus facile que d'être en retard sur elle.

Il est certain que d'accoster en un point quelconque de la rive en ramant à contre-courant est plus difficile que si l'on rame avec le courant. Mais si le point que vous souhaitez atteindre flotte à côté de vous comme la bûchette de bois, le problème change totalement. On doit tenir compte du fait que la barque, déplacée par le courant, est immobile par rapport à l'eau qui la transporte. Dans cette barque, le rameur travaille avec les rames exactement comme s'il était sur un lac sans courant. Il y est facile de ramer dans toutes les directions ; ce sera donc la même chose dans l'eau courante. Il faudra ainsi au rameur autant d'énergie pour dépasser la bûchette de bois que pour prendre du retard sur elle.

10 Si l'aérostat se déplace avec le courant d'air, leurs vitesses sont égales par rapport au sol. L'aérostat et l'air environnant sont immobiles l'un par rapport à l'autre. Les drapeaux pendent donc verticalement, sans mouvement, comme ils le seraient dans un air immobile sans vent. Les passagers dans la nacelle de cet aérostat ne ressentent pas le moindre souffle de vent même s'ils traversent un ouragan.

11 Si l'on ne trouve pas immédiatement la solution exacte à ce problème, on risque facilement de sombrer dans des considérations vaseuses et d'aboutir à la conclusion erronée que dans l'eau courante les vagues doivent s'étirer en forme d'ellipses ou d'ovales s'atténuant contre le courant. Cependant, en regardant attentivement les vagues créées par un caillou lancé dans une rivière nous ne constatons aucun changement de la forme circulaire, et ceci indépendamment de la vitesse du courant.

Il n'y a rien d'extraordinaire à ce phénomène. Une analyse simple va nous mener à la conclusion que les vagues créées par le caillou dans la rivière doivent être circulaires, que l'eau soit immobile ou en mouvement. Supposons qu'une partie de la vague soit un objet ponctuel dont le mouvement peut se décomposer en deux : l'un radial, du centre de l'impact du caillou vers l'extérieur, et l'autre dans le sens du courant. On traite ensuite ces deux mouvements séparément et l'un après l'autre. On commence par jeter le caillou dans une eau immobile, les vagues forment des cercles. Rajoutons maintenant le courant, les cercles se déplacent alors sans altération dans le sens du courant (on suppose que celui-ci à une vitesse uniforme).

12 La raison peut douter que les êtres vivants se soumettent à la loi de l'inertie du fait de la réflexion suivante : les êtres vivants – pensent certains – peuvent se déplacer sans aide extérieure ; or selon la loi de l'inertie, « un corps isolé reste au repos ou continue à se mouvoir régulièrement, jusqu'à ce qu'une action extérieure (une force) change son état » (A.A. Eichnevald, *Physique théorétique*[1]).

Mais le mot « extérieur » dans la loi d'inertie n'est pas du tout nécessaire. En réalité, il est inutile. D'ailleurs, il est absent du livre de Newton sur *Les fondements mathématiques de la philosophie naturelle* (1687) (c'est-à-dire de la physique). En effet, on peut lire : « Chaque corps continue d'être en son état de repos ou de mouvement régulier tant qu'il n'a pas été forcé de changer son état par des forces le contraignant. »

Il n'y a aucune allusion à une cause extérieure agissant sur l'état du corps. D'après cette formulation, il n'y a pas de doute que la loi de l'inertie est effective sur les êtres vivants.

En ce qui concerne la capacité des êtres vivants à se déplacer sans la participation de forces extérieures, le lecteur trouvera d'autres considérations sur ce sujet au cours des problèmes suivants.

13 On pense parfois que les forces intérieures ne sont pas suffisantes pour mettre un corps en mouvement. Ce n'est rien de plus qu'une superstition ! Il suffit de penser à la fusée qui, dans l'espace, se déplace seulement grâce à des forces intérieures. Tous les vols des fusées se basent sur cette fausse impossibilité.

Il est vrai que toute la masse du corps ne peut pas être mise en mouvement identiquement par les forces intérieures. Mais ces forces peuvent

1. Théorétique : contemplatif.

parfaitement donner, par exemple à une partie du corps, un mouvement en avant et, aux autres parties, un mouvement en arrière. C'est ce qui se produit dans le cas de la fusée.

14 Il est vrai que la friction ne peut être la raison directe du mouvement car au contraire elle a plutôt tendance à le gêner. Mais pourquoi l'appelle-t-on quand même force ? Qu'est-ce qu'une force ? Newton en donne la définition suivante :

« La force est l'action s'exerçant sur un corps pour en changer l'état de repos ou de mouvement régulier. »

La friction change le mouvement régulier des corps en le ralentissant. C'est bien une force.

Pour distinguer les forces qui n'accroissent pas le mouvement, on les qualifie de forces *passives* (à opposer aux autres, les forces *actives*). La friction constitue donc une force passive.

15 Examinons un exemple précis : la marche humaine. Il est plaisant de savoir que pendant la marche, la seule force *extérieure* agissant comme force motrice est la friction. Ce point de vue complique pourtant le problème au lieu de l'éclaircir. La friction peut-elle être la cause du mouvement alors que nous avons vu précédemment (question n° 14) qu'elle n'est capable que de s'y opposer ?

Il faut voir le rôle de la friction dans le domaine de la marche de l'être humain et des animaux de la façon suivante. Lorsqu'on marche, il se passe en fait la même chose que lors du déplacement de la fusée. On ne peut porter une jambe en avant que si le reste du corps va en arrière. Sur une surface glissante, il ne se passe rien (vous avez certainement pu constater comme il est difficile d'avancer sur la glace). Mais quand la friction s'avère suffisante, le recul du corps ne se produit pas et le centre de masse du corps se trouve projeté en avant : le pas est fait.

Quelles sont ces forces qui poussent le corps en avant ? C'est la contraction des muscles, c'est-à-dire des forces intérieures. Le rôle de la friction dans ce cas compense exactement l'action des forces intérieures opérant pendant la marche, ce qui permet d'avancer.

La friction agit de même pour la marche de tous les animaux ainsi que pour le déplacement de nos moyens de transport. Tous ces corps se déplacent dans un mouvement de translation grâce à une force intérieure qui s'appuie sur la friction. En s'opposant au mouvement (glissement), la friction crée le mouvement !

16 En l'absence de friction, la marche serait donc impossible : c'est le grand inconvénient de cette situation. Comment se déplacer alors sur une surface absolument lisse ? Pour cela, il vous suffit de jeter quelque chose dans la direction opposée à celle dans laquelle vous souhaitez aller. En effet, d'après la loi de conservation du mouvement, votre corps recevra une poussée compensant exactement celle que vous avez transmise à l'objet et vous poussera ainsi dans la direction désirée. S'il n'y a pas d'objets disponibles, jetez vos vêtements !

Vous procéderez de la même façon pour vous arrêter même si vous n'avez rien à quoi vous raccrocher.

C'est dans ces conditions si inhabituelles que se trouve le voyageur interplanétaire, quand, ayant enfilé son scaphandre, il sort de son vaisseau spatial pour faire une « balade » dans l'espace. Une fois sorti, il suit son vaisseau par inertie. Pour se déplacer autour du vaisseau, il peut par exemple utiliser un pistolet, le recul du tir l'entraînera dans le sens opposé à la direction du tir. Et ce même pistolet pourra être utilisé pour s'arrêter [1].

17 On peut penser que la tension de la corde est la même dans les deux cas : qu'on la tire avec une force de 100 N de chaque côté ou avec une force de 200 N d'un côté en accrochant l'autre au mur. Dans le premier cas, les deux forces de 100 N sur les deux bouts de la corde totalisent une tension de 200 N. Dans le deuxième cas, une tension de 200 N est créée par la force qui tire le seul bout qui n'est pas accroché.

Grave erreur ! La tension dans les deux cas n'est pas du tout égale. Dans le premier cas, la corde est étirée à ses extrémités par deux forces de 100 N, dans le deuxième par deux forces de 200 N également sur ses deux bouts (le clou résiste !). Ainsi, la tension de la corde est le *double* dans le deuxième cas.

Il est facile de commettre une nouvelle erreur en calculant la valeur de la tension de la corde. Imaginons que celle-ci soit coupée en deux afin d'y insérer une balance à ressort, un des bouts ainsi libéré étant attaché à l'anneau, l'autre au crochet. Que lit-on sur la balance dans chaque cas ?

Il ne faut pas croire que dans le premier cas ce sera 200 N et dans le deuxième 400 N. Les deux forces opposées de 100 N tirant les bouts de la corde forment une traction de 100 N (et non de 200 N comme dans

1. Perelman ne spécifie pas le projectile utilisé par son pistolet. L'usage de balles n'est certainement pas recommandé ! En fait, les cosmonautes utilisent de l'air comprimé, ce qui est nettement moins dangereux ! (NdT)

le deuxième cas). Les deux forces opposées de 100 N tirant la corde des deux côtés forment ce que l'on appelle « la force de 100 N ». Il n'y a pas d'autres forces de 100 N : c'est la même force qui agit aux deux bouts. Si parfois il nous semble qu'il n'y a qu'une force isolée qui agit et non pas deux, c'est parce que « l'autre bout » de la force observée se trouve suffisamment loin et échappe à notre vision. Par exemple, lors de la chute d'un corps, il y a la force d'attraction de la Terre sur celui-ci, mais il y a également « de l'autre côté » l'attraction de la Terre par ce même corps, force appliquée au centre du globe terrestre.

Donc, la corde étirée des deux côtés par une force de 100 N subit une tension de 100 N, et la corde tendue par une force de 200 N d'un côté (et donc par une force opposée du côté du clou) subit une tension de 200 N.

18 D'après les explications du problème précédent il devient évident qu'atteler huit chevaux de chaque côté des demi-sphères n'est vraiment pas la meilleure solution. Car huit chevaux pourraient facilement être remplacés par la simple résistance d'un mur ou d'un solide tronc d'arbre (Fig. 32 et 33). Selon les lois de l'action et de la réaction, la force de résistance du mur serait égale à la traction de huit chevaux. Pour augmenter la traction, il serait plus raisonnable d'atteler les huit chevaux ainsi libérés aux huit autres chevaux. Il ne faut pas croire que la traction est doublée dans ce cas, les efforts des chevaux n'étant jamais parfaitement accordés. On n'atteindra pas le cas idéal, mais on aura tout de même une tension nettement supérieure, et surtout il n'y aura pas de « travail inutile » des chevaux.

***Figure 32.** Le dynamomètre indique la force motrice du cheval ou la résistance de l'arbre mais jamais la somme des deux forces.*

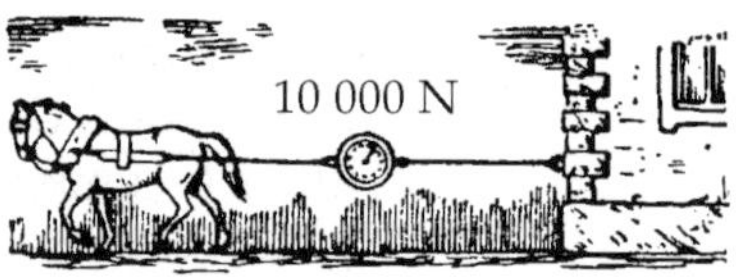

***Figure 33.** Dans ce cas, la résistance du mur joue le rôle de l'arbre.*

19 Il ne faut pas répondre à cette question en disant que si l'adulte tire avec une force de 100 N et l'enfant avec une force de 30 N alors la balance indiquera 130 N.

Ce n'est pas vrai car il n'est pas possible de tirer un corps avec une force de 100 N s'il n'y a pas une réaction équivalente de sa part. Dans ce cas, la force résistante est celle de l'enfant qui ne dépasse pas 30 N. L'adulte ne peut donc tirer la balance qu'avec une force maximale de 30 N (s'il tire plus fort, l'enfant tombe !). La balance indiquera donc 30 N.

Si cela vous paraît invraisemblable, considérez le cas où l'enfant se contente de tenir la balance sans la tirer à lui : l'adulte peut-il alors seulement tirer un gramme sur cette balance ?

20 Le premier mode d'utilisation est le seul valable, à condition que le soufflet soit suffisamment grand et que le jet de gaz s'échappe à grande vitesse. L'action du soufflet rappelle la poussée des gaz d'une fusée : en éjectant l'air d'un côté, le soufflet et, par là même le bateau, seront repoussés dans la direction opposée.

Le deuxième mode plus sophistiqué (l'action d'un jet d'air sur les pales d'une roue qui entraîne l'arbre de l'hélice du bateau) ne peut pas mettre ce dernier en mouvement. La raison en est claire : le jet d'air, qui doit assurer la rotation de l'hélice poussant le bateau vers l'avant, doit repousser ce dernier vers l'arrière ! Ces deux mouvements opposés s'annulent et le bateau demeure immobile. En effet cette méthode (telle qu'elle est présentée sur la figure 3) s'apparente à la méthode anecdotique consistant à gonfler les voiles avec un soufflet pour faire avancer un bateau (Fig. 34).

Figure 34. *Inutile d'essayer de faire avancer un bateau en gonflant ses voiles avec un soufflet !*

21 Non ! le ballon ne reste pas en place. Pendant que l'homme monte à l'échelle, la montgolfière descend. Il se passe la même chose quand on veut descendre d'une barque légère placée au bord de la rive : celle-ci recule sous nos pieds lorsqu'on saute sur la rive. De même, l'échelle poussée vers le bas par les pieds de l'homme qui monte fait descendre la montgolfière (Fig. 35).

D'après les lois de la mécanique, nous devons raisonner de la façon suivante. Le ballon avec l'échelle et l'homme dessus forment un système isolé dont le centre de masse ne peut être déplacé par les forces intérieures. Il doit conserver sa position durant la montée de l'homme à l'échelle ce qui implique que le ballon doit descendre.

En ce qui concerne le déplacement du ballon, il est autant de fois moins important que ne l'est le rapport de la masse de l'homme à celle du ballon.

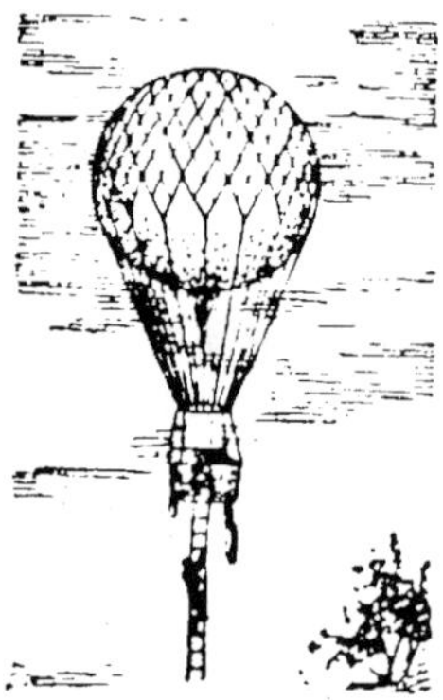

Figure 35. *L'homme monte à l'échelle suspendue sous le ballon.*

22 Quand la question apparue dans le magazine allemand *Umschau*, elle devint le sujet de vives discussions auxquelles participèrent de nombreux ingénieurs. Différents raisonnements furent proposés, maintes formules furent présentées, les solutions données étant toutes différentes : ils n'aboutirent pas à une solution unique !

Il est cependant possible de résoudre ce problème sans faire appel aux équations. Lorsque la mouche quitte la paroi, il nous faut envisager deux cas :

– Soit elle vole horizontalement, à la même hauteur que son point de départ sur la paroi. Elle appuie avec ses ailes sur l'air selon une force égale à sa masse. Cette pression est transmise au fond du bocal comme si elle était toujours sur la paroi. En conséquence, la balance ne bouge pas.
– Soit elle vole en changeant d'altitude et dans ce cas la balance oscille faiblement vers le haut ou le bas suivant le déplacement de la mouche.

Précisons maintenant dans quelle direction part le plateau supportant le bocal. Imaginons tout d'abord que le bocal fermé contenant la mouche se trouve quelque part dans l'espace. Que se passe-t-il quand la mouche bouge ? Comme dans le problème précédent de la montgolfière, nous avons ici un système isolé (bocal + mouche). Si une force intérieure quelconque déplace la mouche vers le *haut*, le centre de masse du système ne conserve sa position que si le bocal se déplace légèrement vers le *bas*. Et à l'inverse, si la mouche descend en se propulsant avec ses ailes et non en tombant (pourquoi à votre avis ?), le bocal doit monter afin que le centre de masse du système (bocal + mouche) reste au même endroit.

Revenons aux conditions réelles dont nous nous sommes éloignés. Le bocal avec la mouche se trouve, non pas dans l'espace, mais sur le plateau de la balance. Il est évident que, si la mouche monte, le plateau va descendre et que la descente de la mouche provoque la montée du plateau.

Il est indispensable d'ajouter que le vol de la mouche, vers le haut ou vers le bas, est supposé *accéléré*. Un mouvement uniforme, c'est-à-dire un mouvement d'inertie (la chute de la mouche), se produit sans l'aide d'une *force intérieure* quelconque et donc ne provoque aucun changement dans la valeur de la pression du bocal et par conséquent aucun mouvement du plateau.

23 Après avoir résolu les problèmes précédents, inutiles de développer de longues explications pour en venir à la solution de cette question. Quand le volant descend, accéléré vers le *bas*, le bâton auquel sont accrochées les ficelles doit *monter*, puisque les fils libérés ne l'entraînent pas vers le bas avec la même force. Quand le volant monte, ralenti, il étire les ficelles qui s'enroulent sur son axe et entraînent ainsi le plateau vers le bas. En résumé, l'indicateur de la balance et le volant se déplacent à la rencontre l'un de l'autre : l'un monte, l'autre descend et vice versa.

24 Dans le train en mouvement, la bulle d'air dans le niveau du menuisier se déplace par rapport au milieu tantôt dans une direction tantôt dans l'autre. Cependant, juger l'inclinaison de la voie par ce phénomène s'avère délicat car les mouvements de la bulle ne sont pas toujours provoqués par l'inclinaison réelle de la voie. Au départ, quand le train accélère ou à l'arrivée quand il ralentit, la bulle d'air se déplace par rapport au milieu même sur une voie horizontale. C'est uniquement au cours d'un mouvement uniforme (sans accélération ni décélération) que le niveau indique correctement les inclinaisons de la voie.

Faisons appel aux figures pour visualiser le phénomène. Soit *AB* le niveau et *P* sa masse dans un train immobile (Fig. 36a). Le train démarre sur une voie horizontale dans la direction *MN*, donc il subit une accélération. Le support sous le niveau se déplace vers l'avant, ce dernier aura donc tendance à glisser vers l'arrière[1]. La force horizontale entraînant le niveau vers l'arrière est représentée sur la figure par

1. On suppose que les frictions entre le niveau et son support sont suffisantes pour empêcher ce dernier de glisser.

le vecteur **OR**. La résultante *Q* des forces *P* et *R* appuie le niveau sur son support et agit sur le liquide à l'intérieur comme un poids. Pour le niveau, la ligne verticale est maintenant dirigée suivant *OQ* et donc la surface horizontale se déplace temporairement suivant *HH*. Il est évident que la bulle va alors se déplacer vers le côté *B*, *soulevée* par rapport à la nouvelle surface horizontale. Ce raisonnement n'a de sens que sur une voie strictement horizontale. Sur une voie inclinée, l'appareil peut même indiquer faussement une voie horizontale ou même une montée – tout dépend de l'importance de l'inclinaison et de l'accélération du train.

Quand le train commence à ralentir, le positionnement des forces change. Maintenant (Fig. 36b) le support sous le niveau va se déplacer vers l'arrière. La force *R'* agit alors sur le niveau en l'entraînant vers l'avant (en l'absence de friction ce dernier glisserait jusqu'au bout du wagon). La résultante *Q'* des forces *P* et *R'* est maintenant dirigée vers l'avant. La surface horizontale temporaire que voit le niveau se déplace en *H'H'*, et la bulle part du côté *A* (on suppose toujours le train sur une voie parfaitement horizontale).

En résumé, si l'on se trouve sur une voie horizontale, le niveau indique une montée lorsque le train accélère et une descente lorsqu'il freine. C'est seulement en l'absence d'accélération (positive ou négative) que le niveau donne des indications fiables.

On ne peut pas non plus se fier à l'inclinaison *transversale* de la voie dans un train en mouvement. En effet, dans les virages, la force centrifuge combinée à la pesanteur peut fausser totalement les indications.

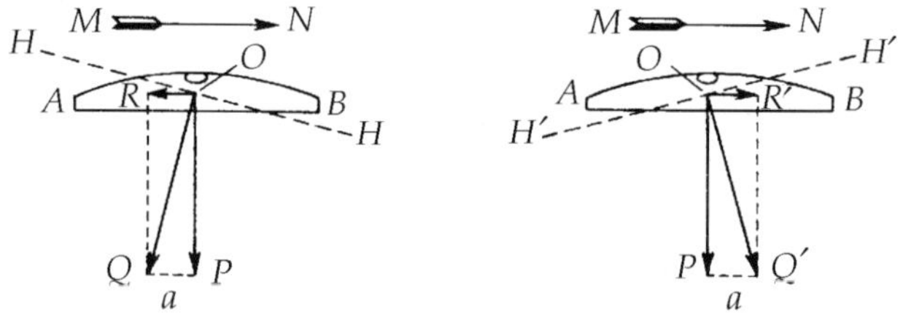

Figure 36. *Le mouvement de la bulle d'air dans un niveau de menuisier lors du déplacement du train.*

25 Celui qui croit que la flamme de la bougie transportée dans une lanterne fermée ne va pas vaciller se trompe ! Faites l'expérience avec une allumette enflammée ; lorsque vous la bougez en la protégeant avec la main, la flamme s'incline vers l'avant et non pas vers l'arrière comme supposé. La raison de l'inclinaison vers l'avant de la flamme est qu'elle possède une densité inférieure à celle de l'air ambiant. Une même force donne une accélération plus faible au corps plus lourd par rapport au corps plus léger. Donc la flamme s'incline vers l'avant car elle se déplace plus vite que l'air dans la lanterne.

C'est la même raison (la densité de la flamme est inférieure à celle de l'air ambiant) qui explique le comportement inattendu de la flamme lors de sa rotation dans la lanterne fermée. La flamme s'incline vers soi et non pas vers l'extérieur comme on aurait pu le supposer en pensant à la force centrifuge. Le phénomène apparaît évident si nous nous souvenons comment un mélange de mercure et d'eau placé dans une centrifugeuse se comporte. Le mercure se déplace le plus loin possible de l'axe de rotation. Il semble alors que l'eau monte vers la surface du mercure, si nous appelons « le bas » la direction opposée à l'axe de rotation (la direction vers laquelle les corps « tombent » sous l'action de la force centrifuge). Ainsi lorsque la lanterne fermée est en rotation, la flamme de la bougie plus légère que l'air ambiant flotte vers « le haut » (c'est-à-dire en direction de l'axe de rotation).

26 Le lecteur qui s'attend à une question piège est prêt à répondre que le bâton, après avoir été plié, reste en équilibre. Et il commet une erreur ! À première vue, il semble que les deux parties du bâton s'équilibrent toujours sur le pivot puisqu'elles ont des masses égales. Mais a-t-on le même point d'application pour le poids sur les deux parties du bâton de part et d'autre du pivot ?

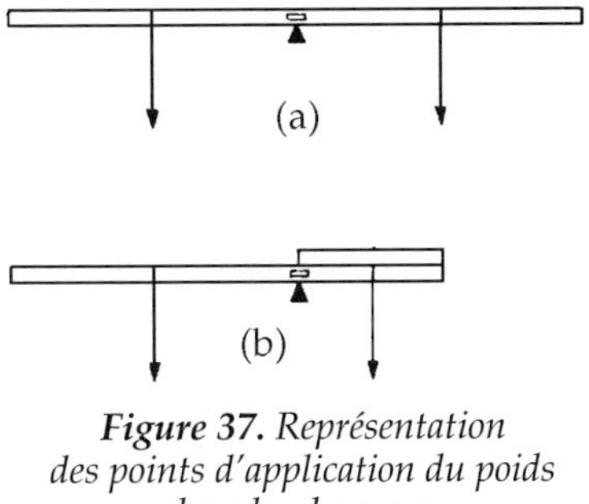

Figure 37. Représentation des points d'application du poids dans les deux cas.

Pour qu'un objet se maintienne en équilibre sur un pivot, il faut que de chaque côté on ait la même valeur pour le produit poids fois la distance du pivot au point d'application du poids. Dans le premier cas sans pliage, le point d'application du poids se trouve de chaque côté au milieu du demi-bâton (Fig. 37a). Une fois le côté droit plié, le point d'application du poids est deux fois plus près du pivot, et donc n'équilibre plus le côté gauche (Fig. 37b). Le côté droit se retrouve « plus léger » que le côté gauche, et finalement le bâton bascule du côté gauche.

27 Les deux balances à ressort indiquent la même charge : 25 N. C'est facile à prouver si l'on décompose le poids R en deux forces P et Q agissant aux points C et D (Fig. 38). Comme $MC = MD$ on a donc $P = Q$. La position inclinée du bâton CD n'apporte rien à l'équilibre de ces forces.

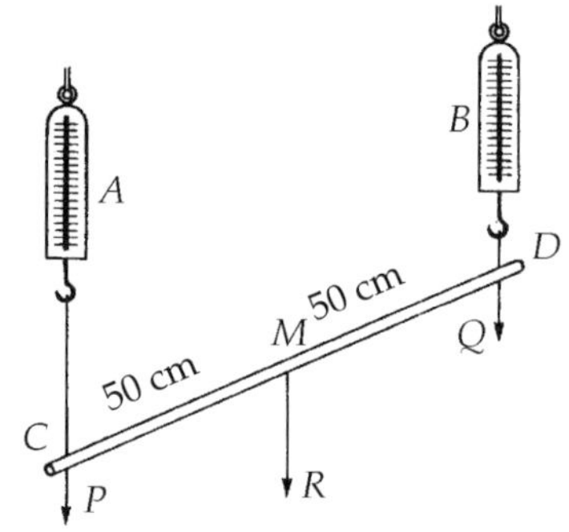

Figure 38. *Les deux balances indiquent le même résultat car P = Q = R/2.*

28 La force F (Fig. 39) doit être dirigée à angle droit par rapport à la ligne BC. Ainsi le couple de cette force (le moment) sera le plus grand et, par conséquent, la force nécessaire plus petite. Ce type de levier est parfois utilisé pour manœuvrer le gouvernail des barques.

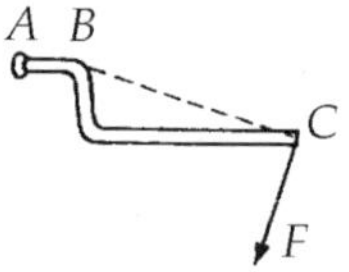

Figure 39. *La force F est perpendiculaire à BC.*

29 Pour déterminer la valeur cherchée, nous pouvons utiliser les arguments suivants (Fig. 40). Si un homme tire la corde a avec une force de x Newtons, la tension de cette corde en a sera la même que celle en b (la poulie transmettant directement l'action).

Quelle est la tension de la corde en c ? Elle doit équilibrer les deux forces parallèles x (de a) et x (de b) : elle vaut donc $2x$ tout comme la tension en d par continuité de la corde.

La plate-forme est suspendue aux deux cordes b et d. La corde a n'est pas fixée sur la plate-forme et donc ne la retient pas. La tension b est égale à x N, la tension d à $2x$ N. Ces deux forces parallèles valant $3x$ N équilibrent le poids de l'homme plus le poids de la plate-forme : 600 + 300 = 900 N. On a :

$$3x = 900$$

soit : $$x = 300 \text{ N}$$

L'homme doit tirer avec une force de 300 N pour se maintenir en place.

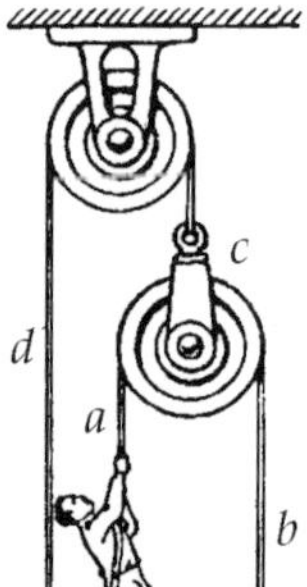

Figure 40. *Illustration de la question n° 29.*

30 Même très tendue, une corde fléchit toujours. La force de gravité provoquant ce fléchissement est dirigée verticalement tandis que la tension de la corde ne possède pas de composante verticale. Par conséquent, ces deux forces ne peuvent sous aucune condition se compenser, c'est-à-dire que leur résultante ne s'annule jamais, d'où l'impossibilité de tendre parfaitement une corde. Tous nos efforts ne pourront que réduire ce fléchissement (Fig. 41).

Par exemple, il s'avère impossible de tendre un hamac de sorte que ses cordes demeurent horizontales. De même, le sommier le mieux tendu des vieux lits s'incline sous le poids de ses occupants. Comparativement, le hamac dont la tension supportée par les cordes est beaucoup plus faible que celle du fer se transforme rapidement en sac pendu (Fig. 42)[1] !

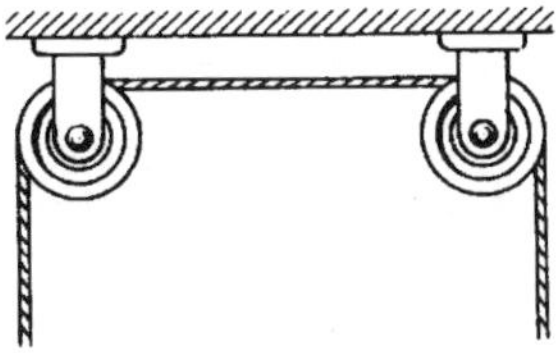

Figure 41. *Impossible de tendre parfaitement la corde entre les deux poulies.*

Figure 42. *Un hamac confortable !*

31 Avec ce procédé enfantin, la force d'un seul homme s'avère souvent suffisante pour tirer une lourde voiture. La corde, fortement ou faiblement tendue, plie sous l'action d'une force modérée faisant un angle par rapport à sa direction. La raison est la même que celle qui fait pendre n'importe quelle corde tendue, l'homme jouant le rôle de la gravité.

Les forces mises en jeu sont illustrées sur la figure 43. La force *CF* de la traction de l'homme se partage en deux : *CQ* et *CP* dirigées le long de la corde. La force *CP* tire l'arbre qui lui résiste complètement s'il est assez solide. Quant à la force *CQ*, nettement supérieure à *CF*, elle permet de sortir la voiture du fossé. Le gain de force augmente d'autant plus que l'angle *PCQ* est obtus c'est-à-dire que la corde est tendue.

1. Ajoutons que n'importe quel matériau (une poutre en acier, un pont, etc.), aussi dur soit-il, subit un fléchissement.

Figure 43. Comment peut-on sortir une voiture coincée dans un fossé ?

32 La graisse diminue le frottement d'un facteur 10 environ.

33 Comme la résistance de l'air est inférieure à la friction sur la glace, on peut croire que le glaçon ira plus loin en volant qu'en glissant sur la glace. Cette conclusion s'avère pourtant fausse : elle ne tient pas compte de la pesanteur qui incline vers le bas la trajectoire du projectile (on parle de tir parabolique). Le glaçon ne peut donc être jeté très loin.

Faisons le calcul et, pour simplifier les formules, négligeons la résistance de l'air. En réalité, cette résistance est vraiment petite pour les vitesses que le corps atteint en étant jeté à la main. La plus grande distance serait obtenue si l'on jetait le corps dans le vide avec un angle de 45° par rapport à l'horizontale. Cette distance se détermine par la formule de mécanique suivante :

$$L = \frac{v^2}{g}$$

où v est la vitesse initiale et g l'accélération de la pesanteur.

Si le corps glisse sur une surface (de la glace dans notre cas), l'énergie cinétique reçue au départ $\left(\frac{1}{2}mv^2\right)$ est dépensée pour surmonter l'action de la force de friction $f = \mu mg$, où μ est le coefficient de friction et mg le poids du corps (produit de la masse du corps m par l'accélération de la pesanteur g). Le travail de la force de friction après avoir parcouru une distance L' vaut $\mu mgL'$. La distance maximale atteinte par le glaçon s'obtient lorsque toute l'énergie cinétique de départ est dépensée en frottement, soit :

$$\frac{mv^2}{2} = \mu mgL'$$

d'où la distance maximale atteinte par le glaçon :

$$L' = \frac{v^2}{2\mu g}$$

Sachant que le coefficient de friction de la glace sur la glace μ est égal à 0,02, nous obtenons :

$$L' = \frac{25\,v^2}{g}$$

En comparant avec la distance atteinte par le glaçon jeté dans l'air (v^2/g), on en déduit que nous pouvons envoyer le glaçon 25 fois plus loin (!) en le faisant glisser sur la glace.

34 Les tricheurs qui dissimulent du plomb dans les dés supposent probablement qu'en lestant un côté particulier du dé, celui-ci va tomber plus souvent sur ce côté-là. Ils se trompent et sont donc de mauvais tricheurs !

Quand les dés tombent d'une hauteur insuffisamment grande, la résistance de l'air n'a aucune influence sur la vitesse du mouvement. Tous les corps tombent ainsi avec la même accélération sans que la résistance de l'air ne joue un rôle particulier. Donc le côté le plus lourd du dé ne tourne pas en l'air. La tricherie se révèle être une tentative infructueuse.

On peut se demander si le corps, en tournant sur son axe, n'amènerait pas vers le bas son côté le plus lourd. Dans ce cas, il n'y a plus de chute libre du corps, les conditions d'action des forces diffèrent, tout comme le résultat final.

L'erreur des tricheurs de dés reflète une mauvaise interprétation des lois de la mécanique. À titre d'anecdote, voici une bien curieuse théorie d'un visiteur inconnu qui est venu chez moi pour me faire partager sa « découverte ». Il a découvert « la vraie raison de la rotation de la Terre » : toutes les évaporations produites sur la partie de la Terre où il fait jour se rassemblent sur la partie où il fait nuit. Donc la demi-sphère de nuit (la demi-sphère sombre) devient plus lourde et est plus attirée par le Soleil que la demi-sphère de jour. Cette demi-sphère plus lourde se tourne ainsi vers le Soleil et c'est la vraie raison de la rotation de notre Terre ! Je n'ai pas réussi à persuader l'auteur de l'absurdité de sa théorie !

35 Quoique cela paraisse étonnant, il ne s'écoule pas une seconde entre le « tic » et le « tac » d'une montre mécanique mais 0,4 seconde ! En mécanique, la hauteur de chute est déterminée par la formule suivante :

$$h = \frac{gt^2}{2}$$

où g est la constante d'accélération de la gravité (9,8 m.s^{-2} sur Terre). Donc durant l'instant d'un tic-tac, la distance parcourue lors de la chute du corps est de :

$$(9{,}8 \times 0{,}4^2)/2 = 0{,}784 \text{ m}$$

c'est-à-dire presque 80 cm.

36 Comme il y moins de dangers à sauter d'un train vers l'avant (c'est-à-dire dans le sens de la marche), on peut penser qu'il en sera de même pour la bouteille. Ce n'est pas vrai ! Il faut jeter les objets vers l'arrière. En effet, par rapport au sol, la vitesse de la bouteille est égale à la vitesse du train moins celle qu'on lui a communiquée au lancement. La bouteille percute ainsi le sol avec une vitesse réduite. On peut même arriver à compenser exactement la vitesse du train. En revanche, en jetant la bouteille vers l'avant il se produit le phénomène contraire : les vitesses s'ajoutent ce qui accentue le choc.

Pour l'homme, il y a tout de même moins de danger à sauter vers l'avant que vers l'arrière. Mais cela s'explique par des raisons tout à fait différentes : en tombant en avant nous nous faisons moins mal que lorsque nous tombons en arrière[1].

37 Un corps jeté avec une vitesse quelconque dans n'importe quelle direction est soumis à la même force de pesanteur qu'un corps tombant sans aucune vitesse initiale. La composante verticale de l'impulsion de départ va seulement augmenter (ou réduire) l'accélération de la gravité. Dans notre cas, le corps est lâché sans vitesse initiale donc l'accélération de la chute est la même dans les deux cas et les deux corps vont toucher terre simultanément[2]. Le temps de chute de la bouteille sera le même, que le wagon soit en marche ou à l'arrêt : la bouteille touchera le sol au même moment (le wagon se déplaçant parallèlement au sol !).

1. Cela dit, il n'est pas recommandé de sauter d'un train en marche, ni de jeter quoi que ce soit par la fenêtre !
2. Le temps de chute sera évidemment différent si la vitesse initiale à une composante verticale (NdT).

38 Le dessin est faux. La distance parcourue par les obus tirés avec des angles de 30° et de 60° doit être égale (comme ce doit être le cas lorsqu'on a des angles complémentaires). Cette règle n'est pas respectée sur le dessin (Fig. 44).

En ce qui concerne l'obus lancé sous un angle de 45°, il est montré très justement que sa portée est la plus grande. Cette distance maximale est 4 fois plus grande que la distance entre le sol et le point le plus haut de la trajectoire de l'obus, ce qui est aussi à peu près respecté sur le dessin.

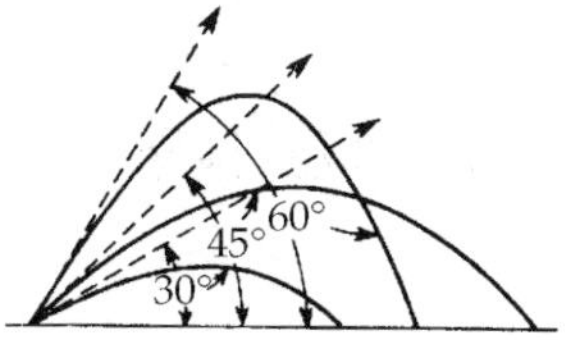

Figure 44. *Les trajectoires ayant comme angle de départ 30° et 60° devraient être égales.*

39 La plupart des livres affirment sans réserve qu'un corps lancé dans le vide avec un angle relativement à l'horizontale suit une trajectoire parabolique. Il est rare de trouver la remarque que l'arc de la parabole n'est qu'une approximation de la vraie trajectoire du corps et ne s'applique que si le corps a été lancé avec une vitesse faible. En effet, tant que le corps ne s'éloigne pas trop de la surface terrestre, on peut négliger la diminution de la force de pesanteur.

Si le projectile se déplace dans un espace où la force de pesanteur est constante, sa trajectoire est effectivement parfaitement parabolique. Mais dans les conditions réelles, la force d'attraction diminue inversement au carré de la distance au centre de la Terre. Le projectile soumis aux lois de Kepler suit ainsi une ellipse dont un des foyers est le centre de la Terre (Fig. 45).

Donc pour être exact, chaque corps lancé de la surface de la Terre avec un angle par rapport à l'horizon se déplace non pas selon un arc de parabole, mais suivant un arc d'*ellipse*. Avec les vitesses des pièces d'artillerie classiques, la différence entre les deux arcs n'est pas grande. Mais avec l'ère des missiles intercontinentaux et des fusées, il n'est plus possible de supposer paraboliques leurs trajectoires hors de l'atmosphère.

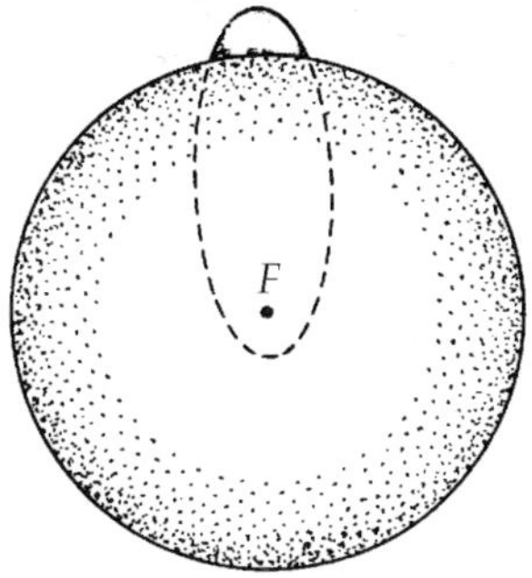

Figure 45. *La trajectoire d'un corps lancé dans le vide suit une ellipse dont l'un des foyers F est le centre de la Terre.*

40 La vitesse de l'obus d'artillerie augmente constamment tant que la pression des gaz produite par la poudre derrière lui dépasse la résistance de l'air devant lui. Et cette pression des gaz de la poudre ne cesse pas dès la sortie de l'obus du canon : les gaz poussent encore l'obus même en dehors du canon avec une force qui, durant quelques instants, dépasse celle de la résistance de l'air. La vitesse de l'obus continue ainsi de s'accroître, le temps que les gaz se dispersent dans l'air.

La vitesse de l'obus commence à diminuer lorsque la pression des gaz derrière lui devient plus faible que celle de la résistance de l'air devant lui. L'obus atteint donc sa vitesse maximale un peu après avoir quitté le canon, et non pas dans le canon.

41 Le danger d'un saut dans l'eau d'une grande hauteur provient principalement du fait que la vitesse acquise durant la chute est ramenée à zéro sur une distance bien trop courte. Soit par exemple un nageur sautant de 10 m et descendant à une profondeur de 2 m. La vitesse accumulée sur 10 m de chute libre est réduite à zéro sur une distance de 2 m. La décélération à la traversée de l'eau doit donc être 5 fois plus grande que l'accélération du corps en chute libre. Pendant la descente dans l'eau, le nageur ressent une pression de résistance de l'eau (pardessous) 5 fois plus grande que la pression normale produite par la masse de son corps. Autrement dit, pour un nageur ayant une masse de 70 kg, son poids passe de 700 N à 3 500 N. Un si grand poids, agissant même pendant une très courte durée (la durée de la descente), peut occasionner de graves lésions pour l'organisme (écrasement du corps).

Les graves conséquences du saut sont atténuées si la profondeur atteinte dans l'eau est plus grande. En effet, la vitesse acquise durant la chute se dissipe plus lentement et la décélération est plus faible. En s'efforçant de minimiser la surface de pénétration dans l'eau (ne pas faire un plat !), on augmente la profondeur atteinte.

42 Si la surface de la table est perpendiculaire à la ligne verticale passant par son milieu (Fig. 47), les bords de la table se situent alors plus *haut* que le milieu. En l'absence totale de friction, la boule roulerait du bord de la table vers le milieu de celle-ci (Fig. 46 et 47). Mais, elle ne pourrait jamais s'arrêter, l'énergie cinétique accumulée durant sa descente l'entraînant jusqu'au point ayant la même altitude de l'autre côté de la table. Puis elle reviendrait à son point de départ et ainsi de suite. En résumé, en l'absence idéale de friction avec la surface de la table et de résistance de l'air, une boule posée sur le bord d'une table posséderait un mouvement perpétuel.

Un Américain proposa de se baser sur ce principe pour créer un *mouvement perpétuel*. Son projet est représenté sur la figure 48. Il était juste dans l'idée et aurait effectué un mouvement éternel s'il eut été possible de se débarrasser complètement de la friction. Par ailleurs, on peut obtenir le même résultat en balançant une masse suspendue au bout d'une corde en l'absence de frottement sur le point d'ancrage et de résistance de l'air : cette masse se balancerait éternellement[1]. Cependant, ce genre d'appareils est incapable de fournir le moindre travail.

Figure 46. *La balle se déplace vers le milieu de la table.*

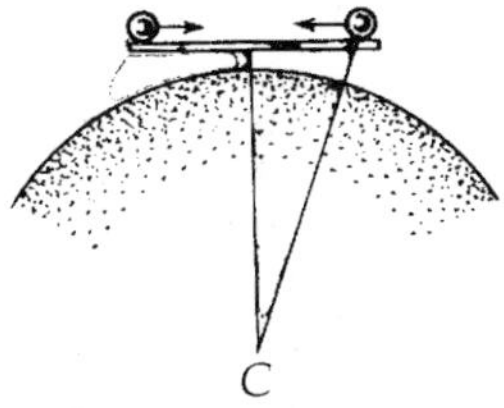

Figure 47. *Les bords de la table sont plus hauts que son centre.*

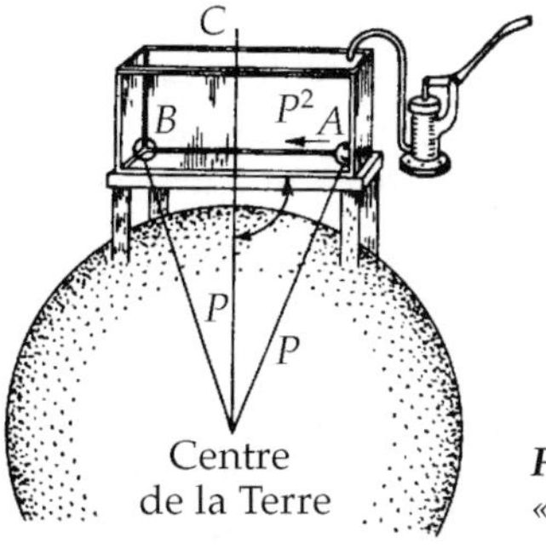

Figure 48. *Un projet de mouvement « perpétuel ».*

43 Il ne faut pas croire qu'en position *A*, le bout de bois, exerçant sur la surface d'appui *MN* une pression plus grande, subit une friction plus grande. La valeur de la friction ne dépend pas de l'aire des surfaces en contact mais de leurs constitutions. Donc, si le bout de bois glisse en position *B* en surmontant la friction, il glissera également en position *A* (Fig. 49).

1. À l'Observatoire de Paris, on a effectué une expérience sur un pendule se balançant dans un espace sans air avec un frottement minimal au point d'accrochage : le pendule s'est balancé pendant trente heures.

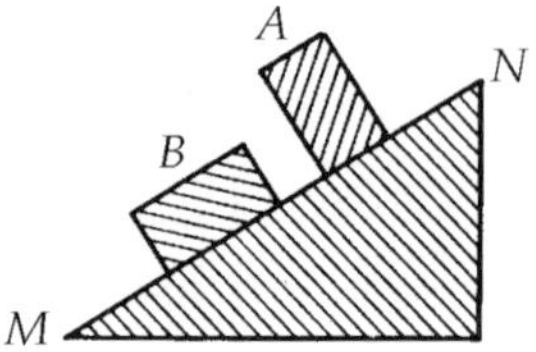

Figure 49. Les deux blocs glissent de la même manière.

44 En résolvant ce problème on commet souvent l'erreur suivante : on ne prend pas en compte le fait que la balle tombant verticalement se déplace *uniquement* dans un mouvement de translation alors que celle qui *roule* sur la surface inclinée exécute en même temps un mouvement de translation *et* un mouvement de rotation (Fig. 50).

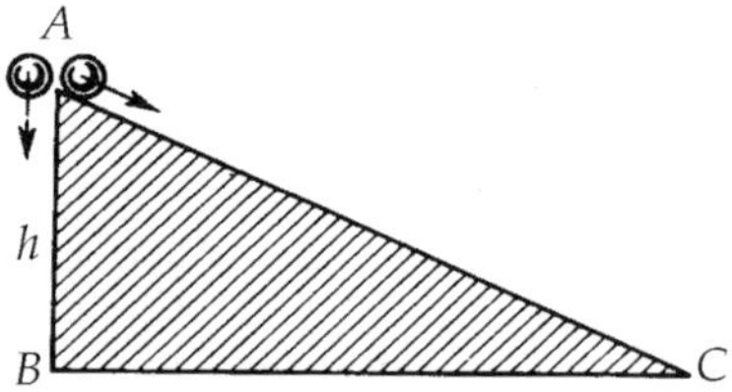

Figure 50. La vitesse sera-t-elle maximale en B ou en C ?

Au début, les balles ne possèdent que de l'énergie potentielle fonction de la hauteur h à laquelle elles se trouvent. Cette énergie vaut mgh, c'est-à-dire le produit du poids $m.g$ par la hauteur. À la fin, cette énergie est entièrement transformée en énergie cinétique. Pour la balle tombant en chute libre, l'énergie cinétique provient du seul mouvement de translation et nous avons la relation :

$$mgh = \frac{mv^2}{2}$$

Il est alors facile de trouver la vitesse v de cette balle en B :

$$v = \sqrt{2gh}$$

On constate que cette vitesse ne dépend pas de la masse de la balle, peu importe alors que ce soit une boule de pétanque ou une balle de ping-pong. À l'arrivée, elles auraient la même vitesse, ayant négligé les frottements de l'air.

Il en va différemment pour la balle roulant sur le plan incliné. Dans ce cas, la même énergie potentielle mgh se transforme en somme de deux énergies cinétiques : une de translation avec une vitesse v_1 et une autre de rotation avec une vitesse angulaire ω. La valeur de la première énergie cinétique vaut :

$$\frac{mv_1^2}{2}$$

La seconde, égale au demi-produit du moment d'inertie J de la balle par le carré de sa vitesse angulaire ω, s'écrit :

$$\frac{J\omega^2}{2}$$

Nous avons donc l'équation suivante :

$$mgh = \frac{mv_1^2}{2} + \frac{J\omega^2}{2}$$

En mécanique, nous savons que le moment d'inertie J d'une bille homogène de masse m et de rayon R relativement à l'axe passant par son centre, correspond à $(2/5)mR^2$. Puis il est facile de deviner que la vitesse angulaire ω de cette bille, roulant avec une vitesse de translation v_1, est v_1/R. Finalement, l'énergie cinétique due au mouvement de rotation est :

$$\frac{J\omega^2}{2} = \frac{1}{2} \times \frac{2}{5} mR^2 \cdot \frac{v_1^2}{R^2} = \frac{mv_1^2}{5}$$

Notre égalité précédente devient alors :

$$mgh = \frac{mv_1^2}{2} + \frac{mv_1^2}{5} = \frac{7}{10} mv_1^2$$

d'où la vitesse de translation pour la balle roulant sur le plan incliné :

$$v_1 = \sqrt{\frac{5}{7}}\sqrt{2gh} \approx 0{,}84\sqrt{2gh}$$

La comparaison avec la vitesse de la balle tombant en chute libre montre une nette différence. La balle qui roule se déplace avec une vitesse de 16 % inférieure à celle de la balle qui tombe en chute libre.

Celui qui connaît l'histoire de la physique, sait que Galilée a trouvé les lois de la chute des corps en effectuant des expériences avec des boules qu'il lâchait au sommet d'une gouttière inclinée (12 coudes de longueur, 1 à 2 coudes de hauteur). Les calculs que nous venons de faire peuvent cependant nous faire douter de la justesse de sa méthode d'investigation. Un instant seulement, car la balle qui roule (avec son mouvement de translation) se déplace avec une accélération régulière. Ainsi, en chaque point de la gouttière inclinée, la vitesse de la balle constitue la même côte part (0,84) de la vitesse de la balle qui tombe et qui se trouve à la même hauteur. La *forme* de la dépendance entre la distance franchie et la vitesse reste la même que pour le corps en chute libre. C'est pour cela que Galilée a pu déduire correctement les lois de la chute des corps de ses expériences sur une gouttière inclinée.

« En lâchant la boule, écrivait-il, sur une longueur égale *au quart* de la gouttière, j'ai trouvé que le temps du trajet est égal *à la moitié* du temps nécessaire pour parcourir la gouttière en entier… Des expériences refaites cent fois, j'ai toujours trouvé que les trajets effectués correspondent les uns aux autres comme les carrés des temps de parcours. »

45 La solution de ce problème est « soufflée » par celle qui précède. On devine que pour différencier le cylindre homogène en aluminium du cylindre composé, dont la plupart de la masse se concentre en périphérie, le plus facile consiste à profiter de leurs moments d'inertie différents. Si on les fait rouler sur une surface inclinée, nous obtiendrons des vitesses de translation différentes.

Le moment d'inertie J du cylindre homogène par rapport à son axe longitudinal est égal à :

$$J = \frac{mR^2}{2}$$

Quant au cylindre hétérogène, le calcul s'avère plus difficile. Définissons d'abord le rayon et la masse de sa partie cylindrique homogène en liège. Désignons par x le rayon cherché. Soit R le rayon du cylindre et h sa hauteur. En utilisant le tableau suivant de la densité des matériaux (en g/cm^3) :

Matière	Densité (g/cm^3)
Liège	0,2
Plomb	11,3
Aluminium	2,7

nous pouvons écrire l'égalité suivante :

$$0{,}2\pi x^2 h + 11{,}3(\pi R^2 h - \pi x^2 h) = 2{,}7\pi R^2 h$$

Elle signifie que la somme des masses des deux parties du cylindre hétérogène est égale à celle du cylindre homogène en aluminium. En simplifiant, nous arrivons à :

$$11{,}1\, x^2 = 8{,}6\, R^2$$

d'où :

$$x^2 = 0{,}77\, R^2$$

Plus tard, nous aurons justement besoin de la valeur de x^2, c'est pour cela que nous ne poursuivons pas le calcul en extrayant la racine carrée.

La masse de la partie en liège du cylindre composé est donc égale à :

$$0{,}2\pi x^2 h = 0{,}2\pi \times 0{,}77\, R^2 h = 0{,}154\pi\, R^2 h$$

La masse de l'enveloppe de plomb vaut :

$$2{,}7\pi R^2 h - 0{,}154\pi R^2 h = 2{,}55\pi R^2 h$$

Le liège ne représente donc que 6 % de la masse totale contre 94 % pour le plomb.

Calculons maintenant le moment d'inertie J_1 du cylindre composé. Il est égal à la somme des moments d'inertie de ses deux parties : le cylindre en liège et l'enveloppe en plomb.

Le moment d'inertie du cylindre en liège de rayon x et de masse 0,06 m, m étant la masse du cylindre en aluminium, est égal à :

$$\frac{1}{2} M x^2 = \frac{1}{2} 0{,}06\, m \times 0{,}77\, R^2 = 0{,}023\,1\, m R^2$$

Le moment d'inertie de l'enveloppe cylindrique en plomb, avec des rayons compris entre x et R et une masse de 0,94 m, est égal à :

$$M \frac{x^2 + R^2}{2} = 0{,}94m \frac{0{,}77\, R^2 + R^2}{2} = 0{,}832 m R^2$$

Le moment d'inertie J_1 du cylindre composé vaut alors :

$$J_1 = 0{,}023\,1\, m R^2 + 0{,}832\, m R^2 \approx 0{,}86\, m R^2$$

Les vitesses de translation des cylindres roulant sur une surface inclinée sont déterminées en utilisant la même méthode que pour les balles de la question précédente. Dans le cas du cylindre homogène, nous avons l'équation :

$$mgh = \frac{mv_1^2}{2} + \frac{mv_1^2}{4}$$

d'où :

$$gh = \frac{3}{4} v_1^2$$

soit

$$v_1 = 0{,}8\sqrt{2gh}$$

Pour le cylindre non homogène, nous trouvons :

$$mgh = \frac{mv_2^2}{2} + \frac{0{,}86 m R^2\, v_2^2}{2R^2}$$

d'où :

$$gh = 0{,}5\, v_2^2 + 0{,}43\, v_2^2 = 0{,}93\, v_2^2$$

soit

$$v_2 = 0{,}73\sqrt{2gh}$$

La comparaison des vitesses des deux cylindres :

$$v_1 = 0{,}8\sqrt{2gh} \quad \text{et} \quad v_2 = 0{,}73\sqrt{2gh}$$

montre que la vitesse de translation du cylindre composé est 9 % plus faible que celle du cylindre homogène. On reconnaît ainsi le cylindre en aluminium de celui en liège avec du plomb car il atteint le premier le bas d'une surface inclinée.

Nous proposons au lecteur de résoudre lui-même une variante de ce problème : le cylindre composé est cette fois constitué d'un axe en plomb enveloppé de liège. Arrive-t-il au bas de la surface inclinée avant ou après le cylindre en aluminium ?

46

Certains grains de sable ne touchant pas le sablier au cours de leur chute, ils n'exercent aucune pression sur le sablier. On peut alors penser que la balance verra son plateau contenant le sablier un peu plus léger durant les cinq minutes pendant lesquelles le sable s'écoule, et donc qu'il montera. L'expérience montre un effet plus complexe. Le plateau avec le sablier monte un court instant puis redescend en position d'équilibre, et reste ainsi sans bouger durant cinq minutes pour enfin se déplacer au dernier moment légèrement vers le bas pour revenir immédiatement sur sa position d'équilibre initiale.

Pourquoi la balance reste-t-elle en équilibre durant cinq minutes alors qu'une partie du sable, en tombant, n'exerce aucune pression sur le fond du sablier ? Il faut remarquer qu'à chaque seconde une même quantité de sable passe d'une partie du sablier vers l'autre et qu'une quantité égale atteint le fond du sablier. Si l'on suppose qu'il y a plus de grains de sable touchant le fond que tombant, d'où sortent ces grains supplémentaires ? Et *a contrario* où partent les grains manquants ? À chaque instant, pour tout grain de sable passant « en apesanteur », il en est un qui « retrouve son poids » par un choc avec le fond du sablier.

Vérifions maintenant cela par un petit calcul. Soit h la hauteur de laquelle tombe un grain de sable. De l'équation

$$h = \frac{1}{2} g t^2$$

où g est l'accélération de la gravité et t la durée de la chute, nous obtenons :

$$t = \sqrt{\frac{2h}{g}}$$

Durant ce laps de temps, le grain de sable n'applique aucune pression sur le plateau de la balance. Ainsi durant t secondes, le plateau voit son poids diminuer d'une quantité égale à celui du grain de sable. Ce qui revient à dire que le plateau subit une force dirigée vers le haut égale au poids p du grain. L'action de cette force est mesurée par son impulsion :

$$j = pt = mg\sqrt{\frac{2h}{g}} = m\sqrt{2gh}$$

Pendant ce même instant, un grain de sable se cogne au fond du sablier avec une vitesse $v = \sqrt{2gh}$. L'impulsion j_1 de cette collision équivaut à la quantité de mouvement mv du grain de sable :

$$j_1 = mv = m\sqrt{2gh}$$

Nous voyons que $j = j_1$: les deux impulsions sont égales. Le plateau soumis à des forces égales et contraires reste donc en équilibre.

Néanmoins, au premier et au dernier instant de ces cinq minutes, l'équilibre de la balance (si la balance est assez sensible) est rompu. Au début parce que les premiers grains de sable ayant quitté la partie supérieure du sablier n'ont pas leur poids compensé par d'autres touchant le fond. Le plateau *monte*. De même à la fin, pour la raison inverse : l'action des derniers grains percutant le fond n'étant plus compensée par d'autres en apesanteur, le plateau *descend*.

47 Ce problème représente une variante du célèbre problème avec le singe de Lewis Carroll[1]. Il proposa un dessin (Fig. 51) et posa cette question : « Dans quel sens va se déplacer la charge, si le singe se met à grimper à la corde ? »

Figure 51. *Le célèbre « problème du singe » de Lewis Carroll.*

Les réponses fusèrent sans jamais s'accorder. Pour les uns, lorsque le singe monte ou descend sur la corde, cela n'a aucun effet sur la charge qui ne bouge pas. Pour d'autres, lorsque le singe monte, la charge descend. Enfin, pour une très faible minorité, lorsque le singe monte, le poids monte aussi, donc la charge se déplace vers le singe.

La dernière réponse est la seule correcte : la montée d'un singe ou d'un homme

1. Dodgson Charles dit Lewis Carroll (1832-1898). Écrivain anglais et mathématicien à Oxford, auteur d'*Alice au pays des merveilles*.

provoque la montée et non pas la descente du poids. Quand l'homme monte, la corde sous l'action de ses mains et de son poids descend (à comparer avec la montée d'un homme sur l'échelle accrochée sous un ballon dans la question n° 21). Mais la corde en descendant entraîne la charge vers le haut, la poulie transmettant le mouvement.

48 La charge de 2 kg va, bien entendu, descendre, non pas avec l'accélération g d'un corps en chute libre mais avec une autre plus petite : a. Comme la force de déplacement est ici égale à $(2 - 1)g$, c'est-à-dire 10 N et que la masse mise en mouvement est de 1 + 2 = 3 kg, l'accélération du corps en mouvement, sera trois fois plus petite que la normale :

$$a = \frac{g}{3}$$

Puis, connaissant l'accélération et la masse du corps, on calcule la force F créant le mouvement :

$$F = ma = \frac{mg}{3} = \frac{P}{3}$$

où P désigne le poids de la charge, égal à 20 N. Aussi la charge de 2 kg descend avec une force de 20/3 N.

Telle est la force de tension de la corde et telle est la force qui tire également vers le haut la masse de 1 kg. D'après la troisième loi de Newton, c'est avec la même force que le poids de 1 kg tire sur la corde. Ainsi, il y a deux forces parallèles de 20/3 N qui agissent sur la poulie. La force résultante vaut leur somme :

$$\frac{20}{3} + \frac{20}{3} = \frac{40}{3}\ \text{N}$$

La balance à ressort indique donc $\frac{40}{3}$ N, ce qui correspond à $\frac{4}{3}$ kg.

49 Le centre de masse ne change pas de position à l'intérieur du cône coupé. C'est une des propriétés du centre de masse : sa position se déduit uniquement de la répartition des masses à l'intérieur du corps et ne change pas avec le déplacement du corps.

50 L'espace à l'intérieur de la cabine en chute libre représente en soi un « monde » particulier avec des propriétés extraordinaires (Fig. 52). Tous les corps posés dans la cabine descendent avec une vitesse strictement égale à celle de leur point d'appui, et tous les corps suspendus tombent avec la même vitesse que leur point de suspension. C'est pour cela que les premiers n'appuient plus sur leur point d'appui et que les seconds ne tirent plus sur leur point de suspension. Autrement dit, ils deviennent tous semblables à des corps sans poids.

Les corps libres dans cet espace perdent eux aussi leur poids : un objet lâché ne tombe plus vers le sol de la cabine, mais reste à l'endroit où on l'a « abandonné ». Il ne se rapproche pas du sol de la cabine car celle-ci tombe à la même vitesse que lui et avec la même accélération. En résumé une cabine en chute libre constitue brièvement un monde en apesanteur : un endroit rêvé pour effectuer des expériences physiques dont les résultats sont habituellement faussés par la force de la pesanteur (mais dure sera la fin de la chute !).

Il est maintenant plus aisé de répondre aux questions du problème :

a) La balance indique zéro car vous cessez d'appuyer sur son ressort : vous n'avez plus de poids mais bien sûr toujours une masse !

b) L'eau ne s'écoulerait pas d'un pichet retourné : impossible de se servir à boire pour fêter l'événement !

Les effets décrits ci-dessus apparaissent non seulement dans une cabine en chute libre mais également dans une cabine librement jetée en l'air, ainsi que dans une cabine se déplaçant par inertie dans un champ de gravitation. Tous les corps tombant avec la même accélération, la force de la pesanteur communique la même accélération à tous les corps de la cabine ainsi qu'à la cabine elle-même. Les objets ne changent donc pas leurs positions relatives comme si la force de pesanteur n'agissait plus sur eux. Cet environnement inhabituel sera également présent dans les futurs vaisseaux spatiaux lors des voyages interplanétaires mais aussi *planétaires* comme par exemple la traversée de l'Atlantique d'un continent à l'autre : les objets et les passagers seront en apesanteur[1].

Figure 52. *La chute de l'ascenseur.*

51 Les morceaux de thé se rassemblent au centre de la tasse car la rotation des niveaux inférieurs de l'eau est freinée par la friction sur le fond de la tasse. L'action de la force centrifuge éloignant les particules du

1. Perelman avait tout à fait raison en ce qui concerne les voyages dans l'espace. Qui n'a pas vu ces joyeux cosmonautes se promener librement dans leurs vaisseaux ? En revanche, on n'en est pas encore au voyage orbital pour relier deux points du globe. On peut d'ailleurs se demander si les passagers apprécieront tout le temps de se retrouver ainsi en apesanteur car cela pose tout de même beaucoup de problèmes pratiques... (NdT).

liquide de l'axe de rotation se trouve donc être plus forte dans les couches supérieures que dans les couches inférieures. Il y a une plus grande quantité d'eau qui vient près des bords en haut qu'en bas ; donc inversement il y aura plus d'eau allant près de l'axe en bas qu'en haut.

Il apparaît un mouvement de tourbillons dans la tasse, dirigé, en surface, du centre vers les bords, et au fond, des bords vers le centre, ce qui entraîne les morceaux de thé des bords de la tasse vers son centre et qui les remonte légèrement du fond (Fig. 53).

Le même effet, mais à une plus grande échelle, produit les courbes des rivières. D'après la théorie proposée par A. Einstein, ce phénomène explique le creusement des rivières et l'apparition des méandres.

La figure 54 faisant le lien entre les deux phénomènes est extraite de l'article d'Einstein « Les raisons de l'apparition des courbes dans les lits des rivières et la loi de Baire » (1926).

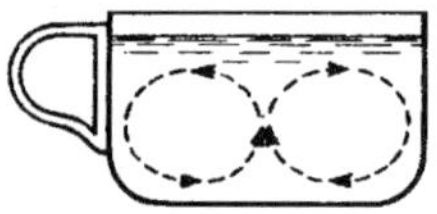

Figure 53. *Les tourbillons dans une tasse de thé.*

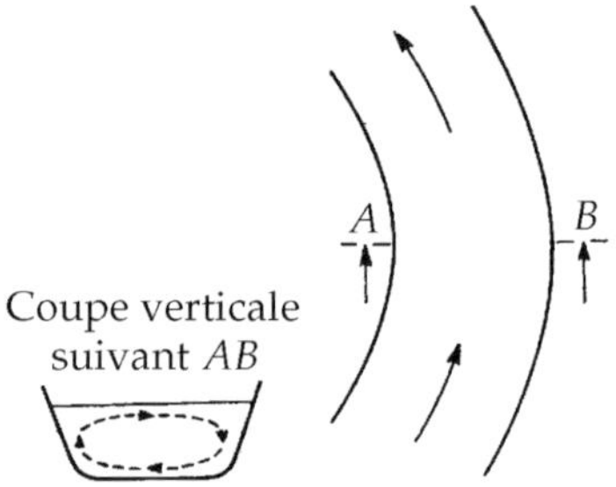

Figure 54. *Illustration de l'article d'Einstein sur la formation des courbes dans les lits de rivières. La coupe AB de la rivière indique le sens de rotation de l'eau.*

52 Debout sur une balançoire, on peut en augmenter les oscillations et obtenir l'amplitude souhaitée par des mouvements particuliers du corps.

1) Lorsqu'on se trouve au point le plus haut, il faut s'accroupir et rester ainsi jusqu'à ce que la balançoire atteigne son point le plus bas (la planche est alors en position horizontale et les cordes de la balançoire forment les lignes verticales).
2) Lorsqu'on se trouve au point le plus bas, il faut se redresser et rester ainsi jusqu'à ce que la balançoire atteigne son point le plus haut.

En résumé, il faut descendre accroupi et monter debout. On fait donc *deux* mouvements du corps durant *une* oscillation de la balançoire.

L'explication mécanique de ces prises vient de ce que la balançoire est l'analogue d'un pendule (physique), dont la longueur est mesurée du point de suspension au centre de masse de la charge. En se redressant l'homme monte le centre de masse, en descendant il l'abaisse. Donc la longueur du pendule change deux fois par mouvement : tantôt elle augmente, tantôt elle diminue.

Voyons comment se balance un tel pendule de longueur variable. Soit un pendule AB passant par la position AB', puis accéléré jusqu'en AC (Fig. 55). Comme la charge de la balance descend d'une hauteur DB', elle accumule une énergie cinétique qui la ramène symétriquement à une même hauteur. Mais la charge est montée du point B' au point C' sans toucher à cette énergie puisque ce travail ne s'est pas fait avec son aide (c'est l'homme qui fournit l'énergie nécessaire). La charge continue alors sa course jusqu'au point C tel que $C'H$ vaut $B'D$. En effet, l'énergie ne permet de monter la charge que d'une hauteur $B'D$. Il n'est pas difficile de s'assurer, avec un peu de trigonométrie, que le nouvel angle b de la déclinaison du pendule est supérieur à l'angle initial a :

$$DB' = AB' - AD = AB\,(1 - \cos a)$$
$$HC' = AC' - AH = AC\,(1 - \cos b)$$

Comme $DB' = HC'$, nous avons :

$$AB\,(1 - \cos a) = AC\,(1 - \cos b)$$

d'où :

$$\frac{AC}{AB} = \frac{1 - \cos a}{1 - \cos b}$$

En utilisant la relation trigonométrique : $\cos(2a) = 1 - 2\sin^2 a$, on peut modifier les expressions de $1 - \cos a$ et $1 - \cos b$ pour obtenir :

$$\frac{AC}{AB} = \frac{1 - \cos a}{1 - \cos b} = \left(\frac{\sin \frac{a}{2}}{\sin \frac{b}{2}}\right)^2$$

Mais dans notre cas $AC < AB$, donc :

$$\sin \frac{a}{2} < \sin \frac{b}{2}$$

Et comme les deux angles sont aigus :

$$a < b$$

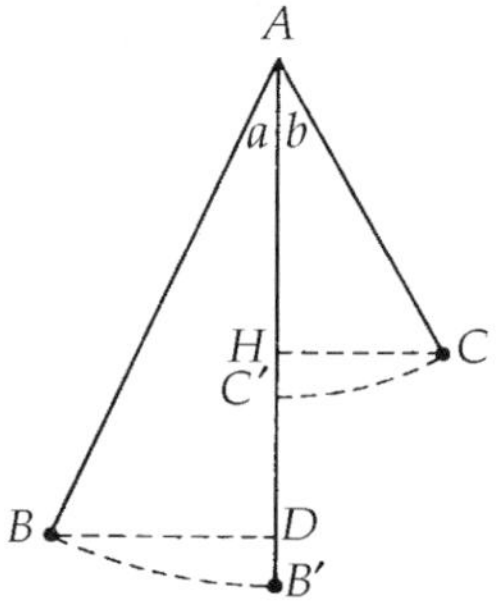

Figure 55. *Le mouvement de gauche à droite du pendule.*

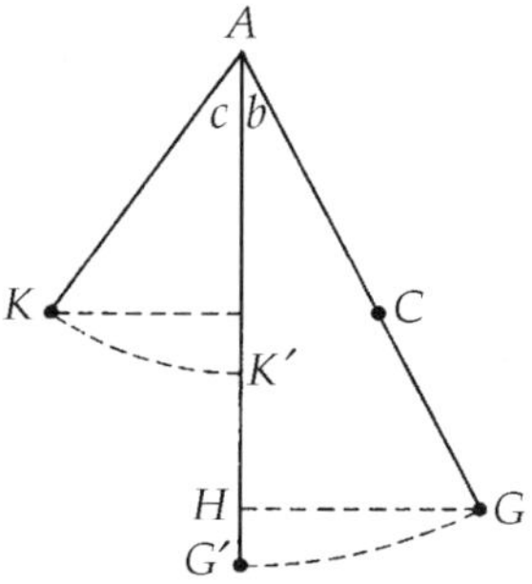

Figure 56. *Le mouvement de droite à gauche du pendule.*

Ainsi, le fil du pendule (ou la corde de la balançoire) se balance de sa position verticale vers un point se trouvant plus haut que celui duquel il était parti. Tel est l'effet du redressement de l'homme sur la balançoire lors de la remontée de celle-ci.

Suivons maintenant le mouvement inverse. La charge du pendule passe d'une position latérale la plus élevée à la position la plus basse, sachant que la longueur du pendule a augmenté : la charge au point C passe au point G. Quand le pendule passe de la position AG (Fig. 56) à la position AG', la charge en descendant d'une hauteur HG' acquiert une énergie cinétique qui permet au pendule dans la suite du mouvement de remonter à la même hauteur. Mais comme dans la position AG' la charge en G' monte à K' sans perte d'énergie, le mouvement du pendule l'entraîne jusqu'à K avec un angle c, supérieur à b, pour la même raison que dans le cas précédent. Ainsi :

$$c > b > a$$

L'angle d'inclinaison du fil du pendule, et donc celui des cordes de la balançoire, augmente ainsi à chaque mouvement, et avec le temps on atteint l'amplitude souhaitée.

En inversant l'ordre des mouvements, on peut diminuer cet angle et ainsi ralentir la balançoire jusqu'à l'arrêter.

Le professeur A.A. Eihenvald dans son ouvrage *La physique théorétique*[1] propose une expérience plus simple afin d'observer ce phénomène sans recourir à une balançoire. Il « suspend une charge m à un fil que l'on a fait passer par un anneau immobile O (Fig. 57). En bougeant de droite à gauche l'autre bout du fil a, on peut changer périodiquement

1. Théorétique : contemplatif.

la longueur du pendule Om. Si l'on bouge l'extrémité a avec une fréquence deux fois plus grande que celle des mouvements du pendule et en se mettant en phase avec les mouvements, on peut accélérer très rapidement le pendule. »

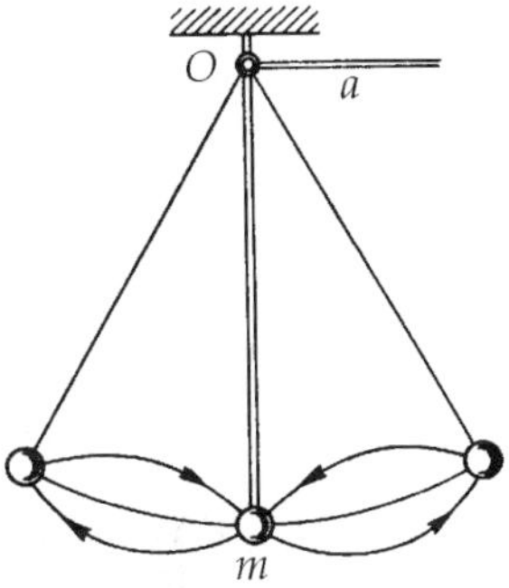

Figure 57. *L'expérience du professeur A.A. Eihenvald illustrant le fonctionnement de la balançoire.*

53 Les énormes distances entre les objets dans l'espace diminuent significativement l'amplitude de leur force d'attraction. Mais si ces distances sont grandes, les objets le sont aussi. Nous avons tendance à sous-estimer la valeur des masses cosmiques. Même les corps cosmiques que les astronomes appellent « très petits », comme les satellites de Mars ou les « petits » astéroïdes, possèdent pourtant une masse gigantesque à notre échelle humaine.

Le plus petit de tous les astéroïdes connus a un volume compris entre 10 et 15 km^3. Imaginons-nous la masse de 1 km^3 de matière, même si sa densité est égale à celle de l'eau ? Faisons un calcul rapide. Dans 1 km^3, il y a $(10^5)^3 = 10^{15}$ cm^3. Un centimètre cube d'eau pesant un gramme, cette quantité d'eau a donc une masse de 10^{15} g c'est-à-dire 10^9 tonnes. Mille millions de tonnes ! La masse totale de tous les objets transportés par an sur les chemins de fer de l'ancienne Union soviétique n'en représente même pas la moitié[1] ! Quant aux corps cosmiques moyens, ils contiennent des centaines de millions, des milliards de kilomètres cubes de matières bien plus denses que l'eau.

La force d'attraction engendrée par de telles masses ne devient pas négligeable même sur des distances astronomiques. La Terre et la Lune s'attirent mutuellement avec une force de 2×10^{20} N. En revanche, deux personnes se trouvant à une distance d'un mètre (Fig. 58) ne s'attirent qu'avec une force de 3×10^{-7} N, et deux vaisseaux de ligne distants d'un kilomètre (Fig. 59) de 0,04 N. De telles forces ne peuvent bien sûr ni arracher l'homme de son cheval ni vaincre la résistance de l'eau.

1. À l'époque de Perelman. Difficile de dire ce qu'il en est maintenant (NdT).

Voilà pourquoi l'attraction régit le ballet des objets cosmiques (étoiles, planètes, etc.) mais ne se manifeste pas de façon remarquable dans les interactions des corps sur Terre.

Que pensez-vous de cet extrait d'un article d'une revue de vulgarisation dans laquelle l'auteur se lamente sur la trop grande faiblesse de la force d'attraction :

« Nous ne nous imaginons pas combien est petite la force d'attraction. Il a été calculé qu'entre deux masses de 500 000 tonnes chacune, se trouvant à 4 km l'une de l'autre, il y avait une force d'attraction d'environ 1 N ; si de tels corps se trouvaient éloignés l'un de l'autre d'une distance égale à celle du rayon de l'orbite lunaire (380 000 km), la force d'attraction entre eux serait égale à $1{,}15 \times 10^{-10}$ N. Voilà comment est petite la force contrôlant le mouvement d'un corps de 500 000 tonnes. »

Cet auteur est tombé dans le piège de l'influence trompeuse des échelles terrestres. Qu'est-ce que c'est que 500 000 tonnes, voire même un million de tonnes ? Un corps de masse semblable, s'il n'était pas plus dense que l'eau occuperait un espace de cinq millièmes de km^3 c'est-à-dire aurait une taille plus que ridicule à l'échelle astronomique. Ces deux corps, éloignés l'un de l'autre d'une distance Terre-Lune, tels deux grains de poussière spatiaux, se déplaceraient par rapport à leur centre de masse avec une telle lenteur[1] que personne ne s'étonnerait de la petitesse de la force contrôlant leurs mouvements.

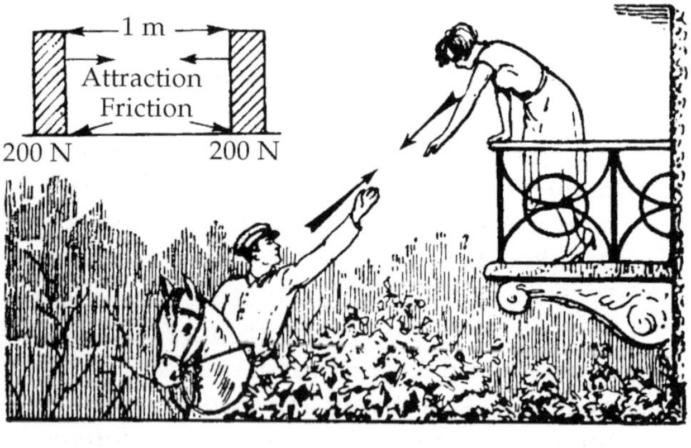

Figure 58. Exemple d'attraction « physique » entre deux personnes séparées par une distance de 1 m. Cette attraction est négligeable comparée aux forces de friction de 200 N.

1. La vitesse de déplacement serait d'environ 0,01 mm/s.

Figure 59. Les deux vaisseaux de 20 000 tonnes chacun séparés de 1 km s'attirent mutuellement avec une force de 0,04 N.

54 On s'en doute, le raisonnement tenu dans le problème est faux, cependant l'erreur ne saute pas aux yeux immédiatement. On la voit plus clairement si l'on applique le même raisonnement à la Terre et au Soleil :

« Tous les objets terrestres ne sont pas seulement attirés par la Terre, mais également par le Soleil et doivent donc tomber vers le centre de masse commun de la Terre et du Soleil. Ce point se trouve *dans* le globe solaire car la masse du Soleil est 330 000 fois plus grande que celle de la Terre et leur distance relative vaut environ 200 rayons solaires. Nous avons donc la solution : tous les fils à plomb sont dirigés vers… le Soleil ! »

L'absurdité de cette conclusion facilite la recherche de l'erreur dans le raisonnement. Le Soleil attire effectivement tous les objets terrestres, mais il attire aussi le globe terrestre en entier. Les accélérations communiquées par le Soleil à chaque gramme de la planète ainsi qu'aux objets qui s'y trouvent sont identiques. La Terre et ses objets subissent les mêmes déplacements vers le Soleil. Autrement dit, la Terre et ses objets restent dans un repos relatif. C'est pour cela que l'attraction solaire ne produit aucun effet sur la chute des corps terrestres, comme si elle n'existait pas.

Cette règle s'applique également entre la Terre et la Lune dont les corps ne tombent pas vers la Terre. De plus, les corps terrestres tombent vers le centre de la Terre comme s'il n'y avait pas d'attraction lunaire. L'attraction lunaire oblige assurément tous les corps terrestres à se déplacer vers elle, mais la Terre y est obligée aussi. Par conséquent, l'attraction lunaire n'affecte pas la direction de la chute des corps terrestres : l'attraction commune entre les corps terrestres et la Terre se passe comme si la Lune n'existait pas.

Deuxième partie

Les propriétés des liquides

Questions 55 à 77

55 **L'eau et l'air**

L'atmosphère de la Terre est-elle plus lourde que toute l'eau contenue dans tous ses océans ? Dans quelle proportion relative ?

Solution p. 67

56 **Le liquide le moins dense**

Indiquez le liquide le moins dense.

Solution p. 67

57 **Le problème d'Archimède**

L'histoire légendaire du problème d'Archimède (287-212 av. J.-C.) avec la couronne d'or est connue avec de nombreuses variantes. L'architecte romain Vitruve[1] en donne la version suivante :

« Hiéron[2] ayant accédé au pouvoir royal souhaita en remerciement offrir à un des temples une couronne d'or. Ordonnant qu'on la fabrique, il en donna la matière nécessaire à un artisan. Dans le délai fixé, l'artisan ramena la couronne. Hiéron fut très content : le poids de la couronne correspondait à celui de la matière donnée. Mais par la suite, une rumeur populaire suggéra que l'artisan avait échangé une partie de l'or par de l'argent. Hiéron, fâché d'avoir pu être trompé, demanda à Archimède de trouver un moyen de déceler le forfait sans détruire la couronne. »

1. Marcus Pollio Vitruve (Ier siècle av. J.-C.). On lui doit un remarquable traité sur l'architecture de son époque.
2. Hiéron (265-215 av. J.-C.). Roi de Syracuse.

« Plus tard, toujours préoccupé par ce problème, Archimède s'en alla aux thermes. Entrant dans l'eau, il s'aperçut que celle-ci débordait au fur et à mesure de son immersion. Ayant deviné la raison de ce fait, il sauta hors de l'eau et couru nu à la maison en criant : "Eurêka !" (J'ai trouvé). »

« Puis, profitant de son observation, il réalisa l'expérience suivante, avec deux objets de même masse que la couronne, l'un en or, l'autre en argent. Il remplit à ras bord un profond récipient avec de l'eau et y plongea le morceau d'argent. Ensuite il le ressortit et compléta le niveau du récipient en mesurant la quantité d'eau nécessaire. Il en déduisit alors le volume correspondant à la masse du morceau d'argent. Il répéta l'opération avec le morceau d'or et constata qu'il fallait moins d'eau pour compléter celle qui s'était déversée. Il en conclut donc qu'à masse égale, le volume de l'or est plus faible que celui de l'argent (l'or est plus dense que l'argent). Enfin il plongea la vraie couronne dans le récipient et s'aperçut qu'il s'écoulait plus d'eau qu'avec le morceau d'or pur. À l'aide de la différence d'eau écoulée, il évalua la proportion d'argent ajoutée à la couronne d'or et démasqua l'artisan. »

Était-il possible de calculer la quantité d'or remplacée par de l'argent dans la couronne ?

Solution p. 68

58 La compressibilité de l'eau

Lequel des deux se comprime-t-il le plus : l'eau ou le plomb ?

Solution p. 68

59 On tire sur l'eau

Une boîte ouverte, en bois contre-plaqué, mesurant 20 cm de longueur sur 10 cm de largeur et 10 cm de hauteur est remplie d'eau (la boîte est imperméabilisée avec de la paraffine). On place la boîte à une certaine distance et on tire dessus avec un fusil. Celle-ci s'éparpille en miettes et l'eau se transforme en un nuage de gouttelettes d'eau (Fig. 60).

Comment expliquer un tel effet du tir ?

Solution p. 69

Figure 60. *Tir dans la boîte remplie d'eau.*

60 Une ampoule électrique sous le poids d'une voiture !

Une ampoule électrique est placée dans un récipient rempli d'eau auquel on applique une pression par l'intermédiaire d'un piston mû par une voiture de 500 kg (Fig. 61). Le diamètre du piston est de 16 cm. L'ampoule résistera-t-elle ?

Solution p. 69

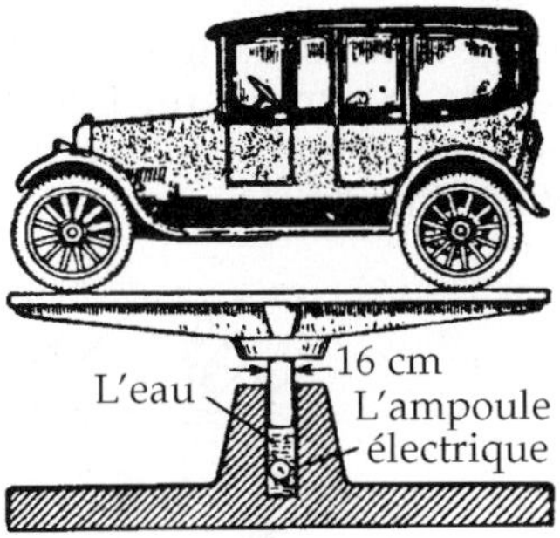

Figure 61. *L'ampoule électrique supportera-t-elle le poids de la voiture ?*

61 Flotter dans le mercure

Deux cylindres pleins, de masse et de diamètre égaux, l'un en aluminium, l'autre en plomb, flottent verticalement dans du mercure. Lequel est le plus immergé ?

Solution p. 70

62 Le sable mouvant

Peut-on utiliser la loi d'Archimède pour les corps en poudre ? On pose une boule de bois sur du sable sec immobile. À quelle profondeur va-t-elle s'enfoncer ? Un homme peut-il être entièrement englouti par des sables mouvants ?

Solution p. 71

63 Le liquide en boule

Les liquides en apesanteur prennent la forme d'une sphère parfaite. Quelle est la meilleure preuve qu'on puisse en donner sur Terre ?

Solution p. 73

64 La goutte d'eau

Dans quel cas les gouttes tombant du robinet du samovar[1] sont-elles les plus lourdes : quand l'eau est chaude ou quand elle s'est refroidie ?

Solution p. 74

1. Sorte de bouilloire russe à cheminée centrale intérieure (NdT).

65 La montée capillaire

a) À quelle hauteur l'eau monte-t-elle dans un tube de verre de 1 µm de diamètre ?
b) Quel est le liquide qui monte le plus haut ?
c) De l'eau chaude ou de l'eau froide, laquelle va monter le plus haut dans un tube capillaire ?

Solution p. 74

66 Dans un tube incliné

Dans un tube capillaire plongé dans un récipient, le liquide monte de 10 mm au-dessus de la surface du liquide. Sur quelle hauteur monte-t-il si l'on incline le tube d'un angle de 30° par rapport à la surface (Fig. 62) ?

Solution p. 75

Figure 62. Dans quel tube capillaire l'eau monte-t-elle le plus haut ?

67 Les gouttes en mouvement

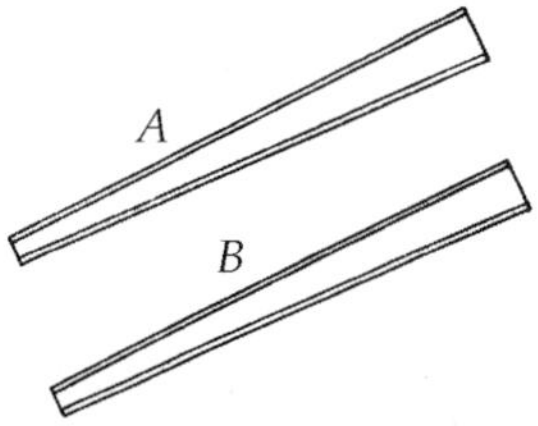

Figure 63. Deux tubes coniques étroits.

On a deux tubes étroits en verre dont le diamètre augmente avec la longueur (Fig. 63). Une goutte de mercure est placée dans le premier tube au niveau du point A et une goutte d'eau dans le second au point B. On remarque que les gouttes ne restent pas immobiles et se déplacent dans le tube. Pourquoi ?

Dans quelle direction les gouttes avancent-elles : vers le bout large ou vers le bout étroit des tubes ?

Solution p. 75

68 La plaquette au fond d'un récipient contenant un liquide

Une plaquette *de bois* posée sur le fond d'un récipient en verre rempli d'eau remonte immédiatement à la surface. On réalise la même expérience avec une plaquette *de verre* dans un récipient rempli de mercure. La plaquette ne remonte pas. Pourtant, le rapport de densité mercure sur verre est beaucoup plus grand que celui du verre sur du bois. Pouvez-vous expliquer cet apparent paradoxe ?

Solution p. 76

69 L'absence de tension superficielle

Quelle est la température d'un liquide quand sa tension superficielle s'annule ? *Solution p. 76*

70 La pression de surface

Quelle est approximativement la force de compression que subit un liquide par la couche supérieure de sa surface ? *Solution p. 76*

71 Le robinet d'eau

Pourquoi est-il préférable d'utiliser des robinets à vis plutôt que des vannes (Fig. 64) ? *Solution p. 77*

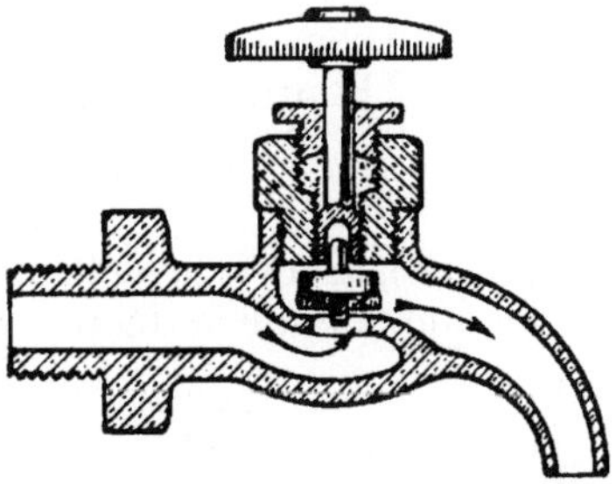

Figure 64. *Un robinet à vis.*

72 La vitesse d'écoulement

On remplit deux entonnoirs à la même hauteur, l'un avec de l'eau, l'autre avec du mercure. Quel liquide s'écoulera le plus vite ? *Solution p. 79*

73 Le casse-tête de la baignoire

Une baignoire se remplit à ras bord en 8 minutes avec l'eau du robinet, et se vide totalement en 12 minutes par l'orifice d'évacuation, le robinet d'eau étant bien fermé (Fig. 65).

a) En combien de temps sera-t-elle remplie à ras bord si l'on ne ferme pas le trou d'évacuation ?

b) On suppose qu'elle se vide en 8 minutes à la place de 12. Peut-il rester de l'eau dans la baignoire si l'on laisse couler le robinet sans fermer le trou d'évacuation ?

Figure 65. *Le « casse-tête » de la baignoire !*

c) Même question qu'en (b) mais avec une durée de vidage de 6 minutes.

d) Même question qu'en (b) mais avec une durée de remplissage de la baignoire d'une demi-heure et une durée de vidage de 5 minutes.

e) La baignoire se vide plus vite qu'elle ne se remplit avec le robinet d'eau. Est-il possible qu'il reste un peu d'eau dans la baignoire si on la remplit en laissant ouvert le trou d'évacuation ?

Solution p. 79

74 Les vortex dans l'eau

En vidant une baignoire, on voit souvent se former un tourbillon. Est-ce qu'il tourne dans le sens des aiguilles d'une montre ou dans le sens contraire ? Pourquoi ?

Solution p. 88

75 La crue et la décrue

Pourquoi, lors d'une crue (Fig. 66), la surface de l'eau d'une rivière est-elle concave, alors que, lors de la décrue, elle est convexe (Fig. 67) ?

Solution p. 90

Figure 66. *La surface concave de l'eau lors d'une crue.*

Figure 67. *La surface convexe de l'eau lors de la décrue.*

76 Les vagues

Pourquoi les crêtes des vagues de l'océan roulent-elles à l'approche des côtes (Fig. 68) ?

Solution p. 90

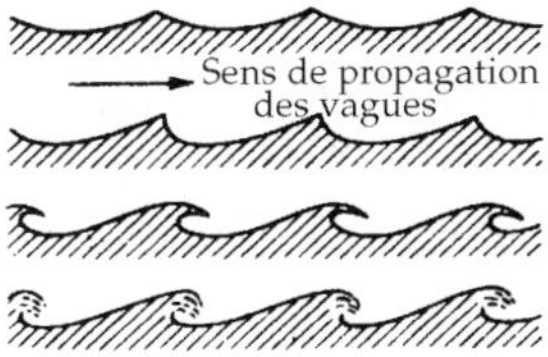

Figure 68. Les crêtes des vagues roulent à l'approche des côtes.

77 Le problème de Colladon

Voici une question posée par le physicien Colladon[1] aux élèves de l'École centrale de Paris il y a près de cent cinquante ans :

« Un navire a remonté le Rhône de Marseille à Lyon. Il s'est ainsi élevé de 170 m. En calculant le travail nécessaire pour ce transport, faut-il tenir compte du produit du poids du navire par la hauteur d'élévation en plus de la résistance du courant ? »

Avez-vous la bonne réponse ?

Solution p. 90

1. Daniel Colladon, physicien suisse (1802-1893). Il étudia les liquides et mesura la vitesse du son dans l'eau.

Solutions 55 à 77

55 Un calcul facile fournit à peu près la différence entre la masse de l'atmosphère et la masse de tous les océans. La masse de l'atmosphère est égale à une colonne d'eau de 10 m (0,01 km) environ couvrant uniformément toute la surface de la Terre. Soit R le rayon de la Terre (en km), alors la masse de l'atmosphère (en milliards de tonnes, puisque 1 m^3 d'eau pèse 1 tonne) est :

$$4\pi R^2 \times 0{,}01 = 0{,}04\pi R^2$$

Les océans occupent presque les trois quarts de la surface de la planète, avec une profondeur moyenne de 4 km. Donc la masse de toute l'eau (en milliards de tonnes) est :

$$\frac{3}{4} \times 4\pi R^2 \times 4 = 12\pi R^2$$

Le rapport cherché est donc :

$$\frac{12\pi R^2}{0{,}04\pi R^2} = 300$$

Ainsi toute l'eau de la Terre est 300 fois plus lourde que toute son atmosphère (plus précisément 270 fois avec des données exactes).

56 Le liquide ayant la plus faible densité est l'hydrogène liquide (– 256 °C sous 1 atm) avec 0,07 g/cm^3. Il est ainsi 14 fois moins dense que l'eau, soit à peu près dans le même rapport que l'eau avec le mercure. La deuxième place revient à l'hélium liquide (l'isotope ^{4}He à – 273 °C sous 1 atm)[1] avec une densité de 0,15 g/cm^3.

1. L'isotope ^{3}He est également un liquide ayant une très faible densité (0,08 g/cm^3) (NdT).

57 Avec les données dont il disposait, Archimède était seulement en droit d'affirmer que la couronne n'était pas en or pur. Il ne pouvait préciser la quantité d'or que l'artisan avait remplacée par de l'argent. Cela n'est possible que si le volume de l'alliage d'or et d'argent est strictement égal à la somme des volumes des deux constituants. La légende veut qu'Archimède adoptât cette hypothèse qui est également partagée par de nombreux auteurs de manuels.

En réalité, il n'existe qu'un très petit nombre d'alliages possédant cette propriété. Dans notre cas le volume de l'alliage est inférieur à la somme des volumes des matériaux qui le composent. Autrement dit, la densité d'un tel alliage est supérieure à celle calculée selon les règles d'un corps simple (masse divisée par le volume d'eau déplacé). Il n'est pas difficile de deviner qu'en calculant la quantité d'or remplacée sur la base de son expérience, Archimède aurait trouvé un résultat trop petit : l'excédent d'eau ne rend pas compte de la totalité de la quantité d'or remplacée par de l'argent. Il ne pouvait trouver la quantité d'or dont s'était emparé l'artisan.

Comment faut-il donc faire pour résoudre le problème d'Archimède ?

Le professeur Menchoutkine dans son *Cours de chimie générale* indique la méthode.

«On recherche non seulement la densité des corps purs (or et argent), mais aussi des différents alliages possibles de composition connue. On reporte sur un graphique ces diverses densités en fonction des proportions de chaque composant. Dans le cas présent, nous avons une ligne droite : la densité varie linéairement avec la composition. Ayant trouvé la densité de la couronne, nous la plaçons sur notre diagramme de densité du système or-argent, et nous en déduisons les proportions relatives des deux composants de la couronne.»

Si l'or avait été remplacé par du cuivre, la méthode d'Archimède aurait donné un résultat correct. En effet, le volume de l'alliage or-cuivre est la somme des volumes des deux constituants.

58 L'incompressibilité des liquides est tellement mise en relief par les auteurs de manuels scolaires, que l'on finit par croire les liquides véritablement incompressibles, ou tout du moins, qu'ils se soumettent moins à la compression que les solides. En réalité, l'«incompressibilité» des liquides souligne uniquement leur très faible compressibilité relativement aux gaz et non par rapport aux solides. Si l'on compare la compressibilité des liquides par rapport à celle des solides, on trouve qu'un liquide se comprime beaucoup mieux qu'un solide.

Sous une pression d'une atmosphère, le métal qui se soumet le mieux à la compression est le plomb : il diminue son volume de 0,000 6 %. Dans les mêmes conditions, l'eau diminue son volume de 0,005 %, c'est-à-dire se comprimant environ 8 fois mieux. En comparaison, l'acier se comprime 70 fois moins bien que l'eau[1].

L'azote liquide (– 196 °C) se révèle également un liquide très compressible : il diminue son volume de 0,034 % (sous une pression de 1 atm), c'est-à-dire 500 fois mieux que l'acier.

Ainsi, par rapport aux gaz qui peuvent être fortement comprimés (des centaines de milliers de fois), la compressibilité des liquides apparaît vraiment faible.

59 L'effet s'explique par la faible compressibilité de l'eau en plus d'une grande rigidité lors d'un choc des liquides. La balle arrive si vite dans l'eau que son niveau n'a pas le temps de monter. L'eau est alors obligée de se comprimer afin de ménager une place à la balle. L'énorme pression ainsi créée déchiquette la boîte et pulvérise l'eau.

Une estimation simple donne une idée de l'importance de cette pression. La boîte contient $20 \times 10 \times 10 = 2\,000$ cm^3 d'eau et supposons le volume de la balle de 1 cm^3. Le volume laissé à l'eau diminue donc de 1/2 000 (0,05 %). Sous une pression de 1 atm, l'eau se comprime de 0,005 % c'est-à-dire dix fois moins. L'eau crée donc une pression de 10 atm sur les parois de la boîte qui subissent des forces de 10 000 à 20 000 N.

Cela explique la puissance de destruction des charges explosant sous l'eau. « Si la charge explose à une assez grande profondeur pour que la puissance de l'explosion ne se dissipe pas à la surface, un sous-marin, même à 50 mètres, est irrémédiablement détruit » (Millikan).

60 Calculons la pression sur les parois de l'ampoule. La surface du piston est égale à :

$$S = \pi \times \left(\frac{16}{2}\right)^2 = 201 \text{ cm}^2$$

Comme le poids de la voiture est d'environ 5 000 N, la pression vaut :

$$\frac{5\,000}{201} \approx 25 \text{ N/cm}^2$$

Une ampoule normale peut supporter une pression un peu plus élevée (jusqu'à 27 N/cm^2), donc l'ampoule ne sera pas écrasée.

1. Sous une pression de 25 000 atm, une colonne d'eau de 1 m se comprime jusqu'à une hauteur de 65 cm (expériences de James Basset, 1933).

Cette question est importante pour les travaux s'effectuant sous l'eau. Supportant une pression de 2,7 atm, une ampoule normale ne peut s'utiliser que pour des profondeurs inférieures à 17 m (on utilise des ampoules spéciales pour de plus grandes profondeurs).

61 Il ne faut pas imaginer que le piège de cette question se cache dans la verticalité des cylindres, comme si un corps cylindrique ne pouvait flotter en position verticale et devait forcément basculer sur un côté. Ce n'est pas vrai : un cylindre flotte en position verticale stable si son diamètre est assez grand par rapport à sa hauteur.

Le problème en lui-même n'est pas difficile mais induit souvent de fausses considérations. Les cylindres ayant même masse et même diamètre, celui en aluminium est environ 4,2 fois plus long que celui en plomb (densité en g/cm^3 : Al 2,7 et Pb 11,3). Ainsi on peut croire que le cylindre en aluminium flottant debout doit descendre plus profondément que celui en plomb. Par ailleurs, le plomb étant plus dense que l'aluminium, il devrait s'enfoncer plus profondément dans un liquide.

Aucune de ces considérations n'est juste : les deux cylindres ont la même partie immergée. La raison est évidente : ils ont la même masse donc, d'après la loi d'Archimède, ils déplacent un même volume de liquide. Comme leurs diamètres sont égaux, la longueur de la partie immergée dans le mercure des deux cylindres est identique, sinon ces deux parties ne pourraient déplacer des volumes de mercure égaux.

À propos, de combien le cylindre d'aluminium s'élève-t-il au-dessus du mercure par rapport à celui en plomb ? La densité du mercure est de 13,5 g/cm^3. Déterminons pour l'aluminium et le plomb, le rapport des longueurs émergée sur immergée. Soit h la longueur de la partie immergée et x celle de la partie émergée. Nous avons les relations suivantes :

$$\text{densité aluminium} \times (x_{\text{Al}} + h) = \text{densité mercure} \times h$$

et
$$\text{densité plomb} \times (x_{\text{Pb}} + h) = \text{densité mercure} \times h$$

d'où :
$$x_{\text{Al}} = \left(\frac{\text{densité mercure}}{\text{densité aluminium}} - 1\right) \times h = \left(\frac{13{,}5}{2{,}7} - 1\right) \times h = 4h$$

et
$$x_{\text{Pb}} = \left(\frac{\text{densité mercure}}{\text{densité plomb}} - 1\right) \times h = \left(\frac{13{,}5}{11{,}3} - 1\right) \times h = 0{,}19h$$

Le rapport des longueurs émergées vaut donc $x_{\text{Al}}/x_{\text{Pb}} = 21{,}05$. Le cylindre en aluminium s'élève au-dessus du niveau du mercure environ 21 fois plus que celui en plomb.

Ce problème est un cas particulier de la théorie isostatique qui étudie la structure du globe terrestre. Cette théorie affirme que les parties solides de l'écorce terrestre étant plus légères que les masses visqueuses du dessous, elles flottent sur ces dernières. L'écorce terrestre est considérée comme un ensemble de prismes de même section et de même masse mais de hauteurs différentes en fonction des densités des matériaux. Les parties supérieures du globe correspondent, dans ce cas, aux prismes les moins denses, et les parties inférieures aux prismes de plus grandes densités. En fait, cette théorie est statique ; or on sait que les plaques continentales se déplacent et se chevauchent selon des phénomènes de *subduction*. C'est la théorie de la tectonique des plaques plus générale que la précédente.

62 Rappelons d'abord la loi d'Archimède :

«Tout corps plongé dans un liquide reçoit de la part de celui-ci une poussée verticale dirigée de bas en haut égale au poids du volume de liquide déplacé par ce dernier.»

On ne peut pas appliquer à la lettre la loi d'Archimède aux corps en poudre, car les «grains» d'un tel corps sont soumis à la friction, négligeable dans le cas des liquides. Cependant, si l'on place un corps en poudre dans des conditions telles que la liberté de mouvement des «grains» n'est pas entravée par leur friction réciproque, alors la loi d'Archimède s'applique parfaitement. Pour obtenir un tel état, il suffit par exemple de prendre du sable sec que l'on soumet à d'incessantes secousses, ce qui permet aux grains de sable de se déplacer suivant la force de pesanteur. Gouck, un contemporain de Newton travaillant sur ces phénomènes, écrivait :

«On ne peut pas enterrer un corps léger, un bouchon par exemple, dans du sable sec soumis à de fréquentes secousses : il "refait surface" après quelques instants. En revanche, un corps lourd s'ensevelit jusqu'au fond du récipient.»

H. Bragg, grand physicien anglais du XXe siècle, répéta ces expériences avec une centrifugeuse spéciale[1] (Fig. 69 et 70).

Mais revenons au destin de notre boule posée sur du sable immobile. Précisons d'abord que la «densité» du sable est d'environ 1,7 g/cm^3 déduite de la masse de 1 cm^3 de sable très fin. Elle est donc trois fois supérieure à celle du bois.

1. Henry Bragg (1862-1942), lauréat du prix Nobel. On doit à Bragg et à son fils, Laurent (1890-1971), les bases de l'analyse radio, la structure des cristaux ainsi que plusieurs livres de vulgarisation scientifique dont *Sur la nature des choses*. Bragg a emprunté ce titre à un poème du poète et philosophe romain Tite Lucrèce Care qui vécut au Ier siècle av. J.-C.

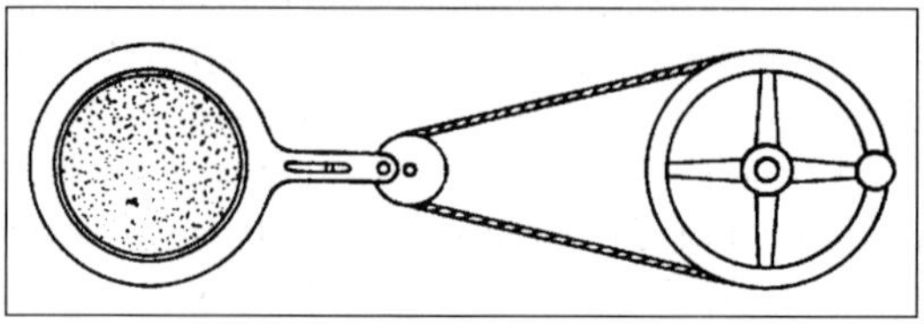

Figure 69. *La machine à secouer le sable sec.*

Figure 70. Une petite figurine, lestée avec une petite charge à ses pieds et enfouie dans le sable, sort la tête quand la machine est mise en marche.

Découpons mentalement un volume sphérique de sable équivalant à notre boule de bois. Ce volume de sable est retenu en équilibre par deux forces :

1) la friction des grains de sable entre eux ;
2) le poids du sable environnant qui soutient notre volume en agissant par friction sur sa surface.

À l'équilibre, la résultante de ces deux forces doit être égale au poids de notre volume de sable. Si maintenant, nous remplaçons la boule de sable imaginaire par la boule de bois, plus légère, la pression s'appliquant sous la boule l'emportera sur son poids. La boule de bois ne peut donc s'enfoncer complètement dans le sable sous l'effet de la seule force de pesanteur.

La profondeur maximale d'immersion dans le sable est atteinte lorsque le poids du sable déplacé par la partie immergée égale le poids de la boule. Cela ne veut pas dire pour autant que la boule s'enfoncera obligatoirement à cette profondeur : nous avons seulement ainsi défini la profondeur maximale d'immersion dans le sable sous l'action de sa propre masse. Cela ne signifie pas non plus que la boule ensevelie au-delà de cette limite va remonter d'elle-même à ce niveau : la friction l'en empêche.

La densité moyenne du corps humain est inférieure à celle du sable sec, un homme ne peut donc être entièrement englouti par des sables mouvants (secs).

Le fait que la loi d'Archimède s'applique au sable remué trouve des applications dans l'industrie. On s'en sert par exemple pour séparer les impuretés du charbon. Le charbon humide est jeté sur du sable dont la densité est ajustée afin d'être inférieure à celle de ce dernier, mais supérieure à celle des impuretés présentes. On souffle constamment sur le sable par en dessous, à travers un tamis, pour le mettre en mouvement. La densité du sable dépend de la pression de cet air insufflé, c'est-à-dire de la vitesse du courant d'air créé pour écarter les grains les uns des autres. En se retrouvant sur le sable en mouvement, le charbon reste à la surface, se séparant de ses impuretés qui «coulent» dans le sable. Le fonctionnement de l'appareil est illustré sur la figure 71.

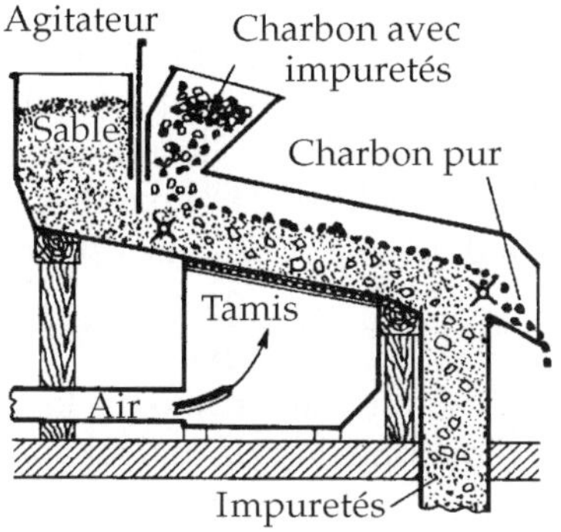

Figure 71. *Schéma de la machine à purifier le charbon.*

63 La propriété qu'ont les liquides à se mettre en boule est bien illustrée par la célèbre expérience de Plateau[1] : de l'huile d'olive, introduite dans un mélange d'eau et d'alcool de même densité, forme une ou plusieurs bulles sphériques.

Cependant on ne peut affirmer, sans mesure précise, que la sphère obtenue soit géométriquement parfaite. En cela, l'expérience de Plateau ne donne qu'une preuve approximative de la conclusion qui nous intéresse. La preuve incontestable provient d'un phénomène bien différent : l'arc-en-ciel.

En effet, la théorie de l'arc-en-ciel indique que sa forme provient de la parfaite sphéricité des gouttes d'eau. La moindre déformation des gouttes déformerait l'arc-en-ciel au point de le supprimer. Comme une goutte en chute libre est en apesanteur (voir question n° 50), nous en déduisons la preuve recherchée[2].

1. Joseph Plateau, physicien belge. Il y a également le whisky du capitaine Haddock dans l'épisode de Tintin «On a marché sur la Lune» (NdT) !
2. De nombreuses expériences se sont également déroulées en apesanteur dans la station orbitale Mir et la navette spatiale américaine, en particulier avec du mercure (NdT).

64 Le poids de la goutte dépend de la tension superficielle du liquide : la goutte tombe quand elle est assez lourde pour se rompre le « cou » (Fig. 72). Soit r le rayon du cou de la goutte, m sa masse et σ (N/m) le coefficient de tension superficielle, la goutte se détache lorsque :

$$2\pi r\sigma = mg$$

d'où la masse de la goutte :

$$m = \frac{2\pi r\sigma}{g}$$

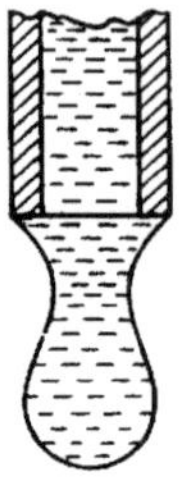

Figure 72. *La goutte est retenue par la tension superficielle.*

Plus la tension superficielle est grande, plus la goutte sera lourde. Or, on sait que la tension superficielle diminue lorsque la température du liquide augmente. Pour l'eau, elle diminue de 0,23 % par degré. À 100 °C, elle est donc 23 % moindre qu'à 0 °C, et à 20 °C, elle est 4,6 % moindre. Ainsi, on a $m_{100} = m_0 \times \frac{77}{100}$ et $m_{20} = m_0 \times \frac{95,4}{100}$ où m_0 est la masse à 0 °C.

Donc, pendant le refroidissement de l'eau dans le samovar de 100 à 20 degrés (la température moyenne dans la maison), la masse des gouttes augmente de :

$$\frac{m_{20} - m_{100}}{m_{100}} = \frac{95,4 - 77}{77} = 0,24$$

soit de 24 %, ce qui n'est pas négligeable.

65 Selon la loi (linéaire) de Borelli, la hauteur de montée des liquides mouillant les parois d'un tube par capillarité est inversement proportionnelle à son diamètre. Dans un tube de verre de 1 mm de diamètre, l'eau monte de 1,5 cm ; c'est-à-dire que dans un tube de 1 µm de diamètre, l'eau montera 1 000 fois plus haut, soit de 15 m !

C'est le sodium fondu (fusion : 97,8 °C, ébullition : 882,9 °C à la pression atmosphérique) qui monte le plus haut dans les tubes capillaires comparativement aux autres liquides : dans un tube de 1 mm de diamètre le sodium monte de 10 cm. Avec un diamètre de 1 µm, la montée serait égale à 0,1 × 1 000 = 100 m.

Dans un tube de ce diamètre, le liquide monte plus haut quand sa tension superficielle est plus grande et sa densité plus petite. Cette relation s'exprime par la formule :

$$\rho g h = \frac{2\sigma}{r}$$

où h est la hauteur de montée, σ le coefficient de tension superficielle, r le rayon du tube et ρ la densité du liquide. Lorsque la température augmente, la tension superficielle baisse plus vite que la densité du liquide : la hauteur h diminue. Ainsi, plus un liquide est chaud moins il monte dans les tubes capillaires.

66 La hauteur à laquelle le liquide monte dans le tube capillaire ne dépend pas de l'angle d'inclinaison de celui-ci. Dans tous les cas, la hauteur de la montée, c'est-à-dire la distance verticale du ménisque à la surface du liquide est la même. Ici, la longueur du liquide dans le tube incliné à 30° sera deux fois plus longue par rapport à sa position verticale, mais la hauteur du ménisque au-dessus du niveau du liquide dans le récipient restera inchangée.

67 Le mercure ne mouille pas les parois de verre par capillarité. La goutte de mercure voit alors ses deux ménisques, qui ne sont pas en contact avec la paroi, former deux surfaces convexes. Le ménisque du côté étroit du tube présente un rayon de courbure plus petit que celui du côté opposé ; donc sa pression sur le mercure est plus forte (question n° 65), et la goutte se déplace vers le côté le plus large.

L'eau mouillant les parois de verre par capillarité, la goutte d'eau possède deux ménisques concaves. Le ménisque du côté étroit du tube a un rayon de courbure plus petit que dans la partie large. Le ménisque le plus courbé entraîne le liquide plus fortement et la goutte d'eau se déplace donc vers le bout étroit du tube.

Les gouttes de liquide bougent dans le tube suivant des directions opposées : le mercure vers la partie la plus large, et l'eau vers la partie plus étroite (Fig. 73).

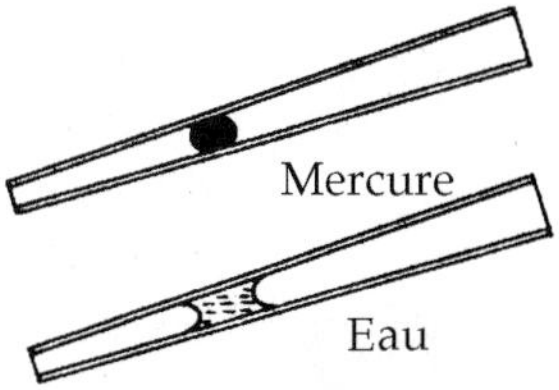

Figure 73. La goutte de mercure bouge dans le tube vers la partie la plus large alors que la goutte d'eau bouge vers la partie la plus étroite.

La capacité de l'eau à passer des tubes larges aux tubes étroits s'avère très importante pour la conservation de l'humidité de la terre. Considérons une tranche de terre constituée de deux couches. La première est dense, la seconde, plus friable. La première contient donc des fissures plus étroites que la seconde couche. L'eau aura ainsi tendance à circuler de la première couche vers la seconde. Nous pouvons ainsi limiter le dessèchement du sol : il suffit de labourer régulièrement le sol pour le rendre friable. Si la couche supérieure de la terre (sur une profondeur d'au moins 2 cm) est friable, elle va rapidement se dessécher, mais elle ne permettra pas à l'eau de remonter à la surface, préservant l'humidité du sous-sol.

Voici une illustration d'un résultat pratique obtenu grâce à la bonne compréhension d'un phénomène physique.

68 La plaquette de bois au fond du récipient rempli d'eau remontera à la surface parce que l'eau s'infiltre par-dessous. Il reste à expliquer pourquoi l'eau réussit à pénétrer sous la plaquette en bois alors que le mercure n'arrive pas à passer sous la plaquette en verre.

La solution vient de ce qu'il reste toujours un espace très fin entre la plaquette et le fond. Dans le premier cas, l'eau mouille le bois et le verre. Par capillarité, il se forme entre la plaquette et le fond un ménisque concave qui entraîne l'eau sous la plaquette (Fig. 74). L'eau passe sous la plaquette qui remonte alors puisque sa densité est la plus faible.

Pour le mercure et la plaquette en verre, il en va différemment. Le mercure ne mouille pas le verre. Le ménisque qui se forme entre la plaquette et le fond est convexe ce qui empêche le mercure de se faufiler sous la plaquette (Fig. 75). La plaquette reste plaquée au fond même si sa densité est plus faible que celle du mercure.

Ce problème est à rapprocher du précédent.

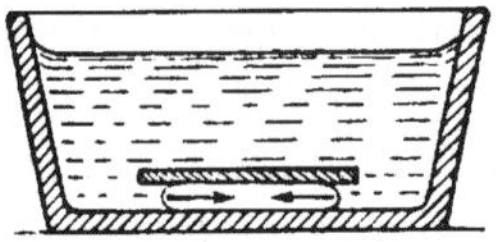

Figure 74. *L'eau pénètre sous la plaquette de bois posée au fond du récipient.*

Figure 75. *Le mercure ne pénètre pas sous la plaquette de verre posée au fond du récipient.*

69 La tension superficielle d'un liquide disparaît complètement à sa température critique : le liquide perd sa capacité à se maintenir en gouttes et se transforme en vapeur. Cette température critique existe toujours et dépend de la pression. Par exemple, à pression ambiante, la température critique (d'ébullition) de l'eau est de 100 °C.

70 Malgré son exceptionnelle finesse (environ 5×10^{-8} cm), la couche supérieure de la surface d'un liquide appuie sur celui-ci avec une pression énorme. En effet, la cohésion du liquide est assurée par les forces intermoléculaires. Pour une molécule se trouvant dans le liquide, la somme des composantes des forces appliquées est nulle. En revanche, ce n'est plus le cas pour les molécules se trouvant à la surface. Ces dernières sont donc soumises à une force dirigée vers l'intérieur du liquide. Cette force assimilable à une pression peut atteindre des dizaines de milliers d'atmosphères pour certains liquides, c'est-à-dire des dizaines de tonnes par centimètre carré.

L'existence de cette pression superficielle explique la faible compressibilité des liquides : les liquides sont déjà très comprimés, et l'addition de cent ou mille atmosphères ne change rien à l'affaire.

71 À première vue, il semble plus facile d'utiliser des vannes plutôt que des robinets qui nécessitent de nombreux tours avant d'arrêter l'écoulement d'eau. Pourtant, on ne procède pas ainsi car les vannes mettraient rapidement hors d'usage le système d'alimentation d'eau de la maison. La fermeture trop brutale de la vanne, c'est-à-dire l'arrêt brutal de la circulation d'eau dans le circuit, provoque un dangereux *choc hydraulique*. A.V. Deichas, auteur d'un manuel d'hydraulique, compare le choc hydraulique aux chocs des voitures d'un train à l'arrêt lors de l'accrochage de la motrice :

« Sous le choc, les amortisseurs de la première voiture se compriment en raison de l'inertie des voitures suivantes. Puis, les ressorts des amortisseurs de cette première voiture tentent de se redresser en repoussant la seconde voiture dont les amortisseurs se compriment à leur tour. La vague des ressorts successivement comprimés et décomprimés se transmet ainsi de la première à la dernière voiture. Celle-ci n'ayant personne à pousser va percuter en retour la précédente et l'onde de compression réfléchie retournera à la première voiture. Les oscillations s'amortiront peu à peu par frottements après de multiples aller-retour entre la dernière voiture et la locomotive. La première vague de compression s'avère la plus dangereuse pour les ressorts des amortisseurs de toutes les voitures et pas seulement pour la première. »

« Bien que l'eau soit peu compressible, lorsque nous fermons brutalement la vanne, nous créons une surpression due à la poussée de l'eau dans le tuyau. Comme dans le cas du choc des wagons, cette surpression se propage à une vitesse légèrement inférieure à celle du son dans l'eau, tout le long du tuyau, jusqu'à se disperser totalement. Elle peut éventuellement se réfléchir sur un obstacle et revenir dans le circuit. On comprend ainsi pourquoi ce choc s'avère non seulement dangereux au début du tuyau, mais peut aisément faire éclater une partie fragilisée ou un mauvais raccord, briser des soudures. La pression de ce choc augmente de 60 à 100 fois la pression hydrostatique normale. »

Le choc est d'autant plus fort que le tuyau est long et le débit important. C'est le «bang» caractéristique des mauvaises installations, que l'on appelle également «coup de bélier». Pour éviter cela, il faut arrêter l'eau *progressivement*, comme c'est le cas avec un robinet classique qui bouche l'orifice du tuyau plus lentement qu'une vanne. Plus le tuyau est long, plus la durée de fermeture doit être importante.

La force du choc hydraulique est directement proportionnelle à la longueur du tuyau et au temps mis pour fermer le robinet : plus on ferme vite, plus le choc sera puissant. À partir d'expériences, on trouve la formule suivante pour calculer la pression du choc, exprimée comme la pression d'une colonne d'eau (en m) :

$$h = 0{,}15 \frac{vl}{t} \text{ (par m)}$$

où v est la vitesse de l'eau dans le tuyau (en m/s), l la longueur du tuyau (en m), t le temps de fermeture du robinet (en s) et h la hauteur de la colonne d'eau par mètre (h = 10 m équivaut à 1 atm).

Par exemple, si l'on ferme en 1 s un tuyau mesurant 1 000 m dans lequel l'eau s'écoule à 1 m/s, on obtient :

$$h = 0{,}15 \times \frac{1 \times 1\,000}{1} = 150 \text{ m}$$

soit une augmentation de la pression de 15 atm sous l'effet du choc hydraulique.

L'effet du choc hydraulique peut être observé sur l'expérience de la figure 76. Le siphon en verre descend du réservoir d'eau, et passe à l'horizontale. À l'extrémité de ce tuyau, on installe un robinet *H*, et non loin, un branchement *S* avec un petit trou. Quand le robinet est fermé, la hauteur de la fontaine qui s'échappe du branchement ne dépasse pas le niveau d'eau du réservoir. Si maintenant on ouvre le robinet puis on le referme brutalement, on constate pendant un bref instant que la hauteur de la fontaine est *plus haute* que le niveau d'eau du réservoir, ce qui prouve bien que la pression dans le tube dépasse largement la pression hydrostatique normale.

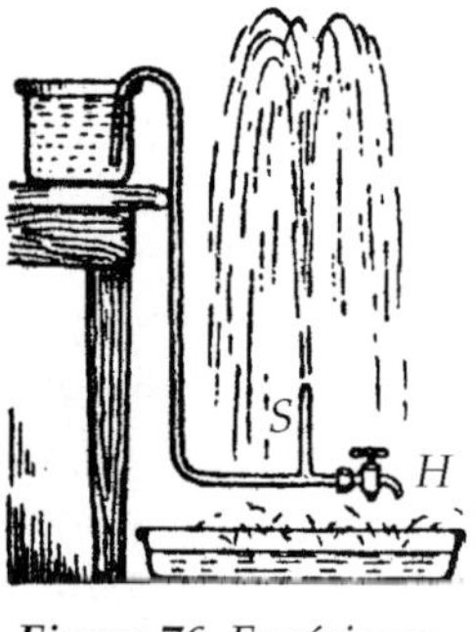

Figure 76. *Expérience simple illustrant le choc hydraulique.*

Il ne faut pas croire que ce phénomène enfreint la loi de conservation de la masse : c'est l'excès d'eau dans le tube qui, par surpression, est éjecté par la fontaine.

Sur ce principe du choc hydraulique est basé un système permettant de faire monter l'eau : le «bélier hydraulique» (Fig. 77). Pour activer le bélier, on ferme brutalement le robinet *U*. Dans le tuyau *F* se crée alors un choc hydraulique. La surpression apparue ouvre le clapet *Z* qui laisse passer un peu d'eau avant de se refermer. L'air comprimé dans le bocal *W* propulse l'eau dans le tuyau *R* et remplit ainsi le réservoir du haut. Le choc passé, on ouvre à nouveau *U*, la coulée d'eau *F* repart. Il ne reste plus qu'à refermer *U* pour créer un nouveau choc hydraulique et le cycle recommence.

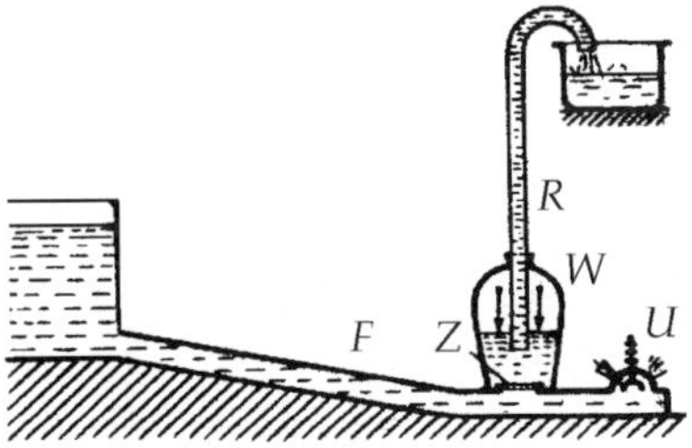

Figure 77. *Le «bélier hydraulique» permettant de faire remonter l'eau.*

72 Le mercure étant beaucoup plus dense que l'eau, on peut penser qu'il s'écoule plus vite. Torricelli[1] a pourtant infirmé cette hypothèse : la vitesse d'écoulement v ne dépend pas de la densité du liquide. Elle est définie par sa formule :

$$v = \sqrt{2gh}$$

où g est l'accélération de la pesanteur et h la hauteur du niveau du liquide dans le récipient. Comme on le voit, la densité n'intervient pas dans la formule.

Cette loi paradoxale de l'écoulement se comprend si l'on considère la force qui met le liquide en mouvement : le poids de la partie du liquide qui est au-dessus. Dans le cas d'un liquide dense, cette force est plus grande que dans le cas d'un liquide moins dense ; mais la masse mise en mouvement dans le premier cas est également autant de fois plus grande. Il ne faut pas s'étonner si l'accélération, et donc la vitesse, sont égales dans les deux cas.

73 Voici résumé dans un tableau, les réponses aux cinq questions. Une seule colonne contient les réponses justes d'un point de vue physique.

1. Evangelista Torricelli (1608-1647). Physicien italien, élève de Galilée. On lui doit l'invention du baromètre ainsi que l'étude des effets de la pression atmosphérique.

Laquelle est-ce ?

a	La baignoire se remplira à ras bord en 24 minutes.	La baignoire ne se remplira jamais à ras bord.
b	Non, la baignoire restera vide.	Oui, la baignoire se remplira jusqu'au quart de sa hauteur.
c	La baignoire restera vide.	La baignoire se remplira jusqu'au 9/64 de sa hauteur.
d	La baignoire restera vide.	La baignoire se remplira jusqu'au 1/144 de sa hauteur.
e	Il ne restera pas d'eau dans la baignoire.	Il restera un peu d'eau dans la baignoire.

Les réponses de la colonne de gauche paraissent correctes. Mais en fait, ce sont les réponses de la colonne de droite qui sont justes et j'admets volontiers qu'elles semblent complètement bizarres. Considérons chaque problème séparément :

a) La baignoire se remplit plus vite qu'elle ne se vide. Néanmoins, nous trouvons dans la colonne de droite l'affirmation que la baignoire ne se remplira jamais à ras bord. Pourquoi ? Il semble pourtant facile de calculer au bout de combien de minutes la baignoire commence à déborder. En effet, à chaque minute, la baignoire se remplit de 1/8 et se vide de 1/12. La quantité d'eau restante par minute dans la baignoire est égale à :

$$\frac{1}{8} - \frac{1}{12} = \frac{1}{24}$$

du volume de la baignoire complète. Ainsi, il est évident qu'en 24 minutes la baignoire sera remplie à ras bord…

b) La durée de remplissage de la baignoire est égale à la durée de vidage. La quantité d'eau rentrante chaque instant égale la quantité d'eau sortante. Logiquement, il ne devrait jamais rester une seule goutte d'eau quel que soit le moment où l'on regarde dans la baignoire. Nous voyons pourtant dans la colonne de droite que la baignoire se remplira jusqu'au quart de sa hauteur…

c), d) et e) Dans ces trois cas, le débit d'évacuation de la baignoire est supérieur à celui du robinet. La baignoire devrait être constamment vide. La colonne de droite affirme encore le contraire, en maintenant que dans les trois cas il restera de l'eau dans la baignoire…

Les solutions certifiées correctes apparaissent absurdes ! Pour prouver qu'elles sont effectivement correctes, j'invite le lecteur à me suivre dans une assez longue suite de considérations. Commençons par le premier problème qui est une version de la fameuse question posée par Géron d'Alexandrie avec des bassins. Pendant près de deux mille ans, il a hanté les manuels scolaires d'arithmétique. Cependant, d'un point de vue physique, la solution traditionnelle est fausse. La solution usuelle se base sur une hypothèse fausse : l'écoulement de l'eau d'un réservoir a un débit constant quel que soit le niveau d'eau.

Cette hypothèse est contraire à une loi physique (de Torricelli) qui énonce que le débit diminue avec l'abaissement du niveau d'eau dans le réservoir. On ne peut dire, comme les écoliers, que si la baignoire se vide en 12 minutes, alors, à chaque minute, 1/12 de son volume s'écoule. L'écoulement se passe différemment : au début, quand le niveau d'eau est assez haut, durant chaque minute il s'écoule *plus* de 1/12 de son volume et quand le niveau devient assez bas, il s'écoule chaque minute *moins* de 1/12 de son volume. Donc, la quantité d'eau s'écoulant chaque minute n'est égale qu'*en moyenne* à 1/12 du volume de la baignoire pleine mais presque jamais à 1/12 exactement.

Cette présentation de l'écoulement de la baignoire ressemble beaucoup au fonctionnement de la montre de Mark Twain[1] dans ses drôles d'aventures : elle marchait assez bien «*en moyenne*» effectuant consciencieusement le bon nombre de tours par jour. Mais pendant la première partie de la journée elle avançait inexorablement, tandis que dans la deuxième partie, elle retardait constamment.

Résoudre notre problème en s'appuyant sur la *vitesse moyenne* d'écoulement de l'eau revient à utiliser la montre de Mark Twain pour mesurer l'heure.

Les solutions à nos questions s'avèrent donc bien moins simples qu'il n'y paraissait de prime abord. Reprenons les questions dans l'ordre :

a) Au début du remplissage, l'eau s'écoule avec un débit (par minute) inférieur à 1/12 du volume de la baignoire puis, lorsque le niveau d'eau est assez haut, avec un débit supérieur à 1/12. Ainsi la quantité d'eau s'écoulant chaque minute peut devenir égale à 1/8 du volume (le débit du robinet). À partir de ce moment-là, le niveau d'eau ne monte plus : la balance des entrées et sorties d'eau s'équilibre. Le niveau ainsi stabilisé à une certaine hauteur, la baignoire ne débordera pas et

1. Samuel Langhorne Clemens, dit Mark Twain (1835-1910). Humoriste américain auteur des *Aventures de Tom Sawyer*.

ne sera même jamais pleine. On verra par la suite une démonstration mathématique confirmant la justesse de cette conclusion.

b) Dans ce cas, on comprend bien ce qui se passe. Au début, le débit d'évacuation étant inférieur à 1/8, l'eau va pouvoir s'accumuler dans la baignoire jusqu'au moment où il sera égal au débit du robinet. La situation sera alors équilibrée et la baignoire contiendra toujours une certaine quantité d'eau. Nous le prouverons bientôt en montrant que, dans ce cas-là, la hauteur du niveau d'eau atteinte vaut le quart de la hauteur de la baignoire.

c), d) et e) La durée de vidage, dans ces trois cas, est inférieure à la durée du remplissage. On ne peut pas remplir la baignoire à ras bord, mais on peut toujours y maintenir un certain niveau d'eau. En effet, au début, le débit d'évacuation reste toujours inférieur au débit du robinet. Donc avant que les débits d'entrées et de sorties ne s'équilibrent, il y a un temps pour que la baignoire se remplisse un peu. En d'autres termes, et à l'encontre du «bon sens», il restera toujours un fond d'eau dans la baignoire !

Il est maintenant nécessaire pour préciser nos réponses de faire intervenir les mathématiques. Nous allons constater que ces problèmes, proposés comme de très simples exercices d'arithmétique, sont en réalité des problèmes dépassant largement ces notions.

Établissons pour un récipient de section constante (un cylindre vertical) la dépendance entre la durée T de son remplissage, la durée T_l de son vidage et la hauteur l de son niveau constant atteint par le liquide lorsque le récipient est rempli avec le trou d'évacuation ouvert. Introduisons les grandeurs suivantes :

H la hauteur du niveau du liquide pour le récipient plein (la hauteur du récipient)
T la durée du remplissage jusqu'au niveau H
T_l la durée du vidage du récipient à partir du niveau H
S la section du récipient
c la section de l'orifice d'évacuation
w la vitesse d'abaissement du niveau
v la vitesse d'écoulement à travers l'orifice d'évacuation
l la hauteur du niveau d'eau constant lorsque le trou d'évacuation est ouvert

Comparons les volumes d'eau s'écoulant. Si le niveau du liquide s'abaisse en une seconde de w, alors la couche de liquide de volume

Sw doit s'écouler par l'orifice d'évacuation dans le même temps. Ainsi le volume Sw est égal au volume de la colonne cv du filet d'eau s'écoulant :

$$Sw = cv$$

d'où :

$$w = v\frac{c}{S}$$

Mais la vitesse v est déterminée par la fameuse formule de Torricelli : $v = \sqrt{2gl}$ où l est la hauteur du liquide dans le récipient et g la constante d'accélération de la gravité. Par ailleurs, la vitesse d'augmentation du niveau du liquide lorsque l'orifice est fermé vaut H/T. Le niveau d'eau est constant quand la vitesse d'abaissement égale la vitesse d'augmentation, c'est-à-dire lorsque :

$$\frac{H}{T} = w = \frac{c}{S}\sqrt{2gl}$$

d'où la hauteur l du niveau de stabilisation :

$$l = \frac{H^2S^2}{2gT^2c^2}$$

C'est donc la hauteur maximale que peut atteindre le liquide dans le récipient lorsque le trou d'évacuation est ouvert.

On peut simplifier cette formule si l'on élimine les grandeurs S, c et g. L'abaissement du niveau dans le récipient (avec des parois verticales et le robinet fermé) est un mouvement dont l'accélération est constante avec une vitesse initiale w et finissant à zéro. L'accélération a de ce mouvement est déterminée par l'équation[1] :

$$w^2 = 2aH$$

d'où :

$$a = \frac{w^2}{2H}$$

En substituant la valeur de w par son expression $\frac{cv}{S}$ et en tenant compte de $v = \sqrt{2gH}$, nous obtenons :

$$a = \frac{c^2v^2}{2S^2H} = \frac{c^2 2gH}{2S^2H} = g\frac{c^2}{S^2}$$

Ainsi, on relie le temps T_l au niveau H concerné[2] :

$$H = \frac{aT_l^2}{2} = \frac{gc^2T_l^2}{2S^2}$$

1. Équation obtenue par analogie avec la chute d'un corps lâché d'une altitude h sans vitesse initiale : $v = \sqrt{2gh}$ (NdT).
2. Équation obtenue comme précédemment par analogie avec la chute d'un corps : $h = \frac{1}{2}gt^2$ (NdT).

d'où : $$T_l^{\,2} = \frac{2HS^2}{gc^2}$$

La substitution dans la première formule donnant l permet d'obtenir :

$$l = \frac{H^2S^2}{2gT^2c^2} = \frac{H \times HS^2}{2T^2 \times gc^2} = \frac{HT_1^{\,2}}{4T^2}$$

soit finalement : $$\frac{l}{H} = \frac{T_l^{\,2}}{4T^2}$$

Ainsi, le niveau du liquide dans le récipient se stabilise à une certaine hauteur définie par cette dernière formule.

Appliquons maintenant ce résultat à nos problèmes.

a) Durée de remplissage $T = 8$ min, durée de vidage $T_l = 12$ min. La hauteur l du niveau limite par rapport à la hauteur H du récipient est donc :

$$\frac{l}{H} = \frac{12^2}{4 \times 8^2} = \frac{9}{16}$$

La baignoire se remplira seulement au 9/16 de sa hauteur. Peu importe combien de temps dure l'expérience, le niveau ne montera pas plus haut.

b) Dans ce cas, $T = T_l = 8$ min, soit :

$$\frac{l}{H} = \frac{8^2}{4 \times 8^2} = \frac{1}{4}$$

La baignoire se remplira au quart de sa hauteur.

c) Ici $T = 8$ min et $T_l = 6$ min donnent :

$$\frac{l}{H} = \frac{6^2}{4 \times 8^2} = \frac{9}{64}$$

La baignoire se remplira au 9/64 de sa hauteur.

d) Avec $T = 30$ min et $T_l = 5$ min, on trouve :

$$\frac{l}{H} = \frac{5^2}{4 \times 30^2} = \frac{1}{144}$$

La baignoire se remplira au 1/144 de sa hauteur.

e) Dans ce dernier cas, on a $T_l < T$ sans plus de précision. Voyons quand l peut s'annuler :

$$\frac{l}{H} = \frac{T_l^{\,2}}{4T^2}$$

Cette expression peut être nulle seulement à deux conditions :

1) $T_l = 0$ et $T \# 0$ c'est-à-dire que la baignoire se vide instantanément : cas peu probable !
2) $T_l \# 0$ et $T = \infty$. La durée de remplissage de la baignoire avec l'orifice d'évacuation fermé est infiniment longue. C'est-à-dire que l'arrivée d'eau par seconde est quasiment égale à zéro, donc que l'eau n'arrive pas. On peut imaginer que c'est ce qui se produit lorsque le robinet présente une très légère fuite, l'eau s'écoulant goutte à goutte.

Donc, à part ces deux cas, l n'est jamais nulle. La couche d'eau dans la baignoire a toujours une hauteur finie.

Quelles sont les conditions pour que la baignoire se remplisse à ras bord ? À l'évidence quand $l = H$, donc :

$$\frac{T_l^2}{4T^2} = 1 \text{ soit } T_l = 2T$$

La baignoire se remplit à ras bord si le temps de vidage est le double de celui de remplissage. C'est une valeur limite : si $T_l > 2T$, la baignoire déborde, sinon le niveau d'eau se stabilise à une certaine hauteur.

Il peut être intéressant de calculer le temps nécessaire pour qu'un niveau constant soit atteint. Ce problème ne peut être résolu par des moyens mathématiques élémentaires ; il requiert l'utilisation de calculs intégraux. Le lecteur qui n'est pas familier avec ces notions peut se reporter directement à la formule finale.

La vitesse d'augmentation du niveau d'eau dans le récipient ayant son trou d'évacuation ouvert est donnée par la différence entre la vitesse d'augmentation du niveau du récipient fermé (H/T) et la vitesse d'abaissement du niveau w à un niveau x. Donc, la vitesse d'augmentation du niveau est :

$$\frac{dx}{dt} = \frac{H}{T} - \frac{c}{S}\sqrt{2gx}$$

d'où :

$$dt = \frac{dx}{\frac{H}{T} - \frac{c}{S}\sqrt{2gx}}$$

Soit Θ le temps nécessaire pour que le liquide atteigne le niveau $x = h$. Alors :

$$\int_0^\Theta dt = \int_0^h \frac{dx}{\frac{H}{T} - \frac{c}{S}\sqrt{2gx}}$$

et, après intégration, nous obtenons la formule suivante[1] :

$$\Theta = -\frac{S}{gc}\left[\sqrt{2gh} + \frac{HS}{Tc}\ln\left(1 - \frac{cT}{SH}\sqrt{2gh}\right)\right]$$

(ln est le logarithme népérien en base e = 2,718 24...)

On peut simplifier cette expression. À partir des égalités $wS = vc$ et $v = \sqrt{2gh}$, nous pouvons exprimer la vitesse d'abaissement du niveau w d'une hauteur h par :

$$w = \frac{dh}{dt} = \frac{c}{S}v = \frac{c}{S}\sqrt{2gh}$$

Ainsi :

$$dt = \frac{S}{c\sqrt{2g}}\frac{dh}{\sqrt{h}}$$

Or T_l est le temps nécessaire pour atteindre le niveau H :

$$\int_0^{T_l} dt = \frac{S}{c\sqrt{2g}}\int_0^{H}\frac{dh}{\sqrt{h}}$$

d'où :

$$T_l = \frac{2S}{c}\sqrt{\frac{H}{2g}}$$

Nous obtenons finalement l'expression suivante pour Θ :

$$\Theta = -T_l\left[\sqrt{\frac{h}{H}} + \frac{T_l}{2T}\ln\left(1 - \frac{2T}{T_l}\sqrt{\frac{h}{H}}\right)\right]$$

On constate que les paramètres S et c du récipient n'interviennent plus directement mais plus intéressant est l'absence d'accélération g de la gravité. La durée de remplissage du récipient doit être la même sur n'importe quelle planète.

Si nous voulons trouver les temps nécessaires pour atteindre les niveaux limites nous aboutissons à la conclusion que cela ne peut se faire que sur une durée infiniment longue, c'est-à-dire jamais ! Cette conclusion n'est pas surprenante si l'on prend le temps d'y réfléchir un peu. Lorsqu'on se rapproche du niveau limite, la vitesse de son augmentation diminue d'autant ; plus proche sera le liquide du niveau limite, plus lentement il s'en rapprochera. Il est évident que dans ces conditions, il ne pourra jamais l'atteindre.

1. En utilisant $\int dx/(a - b\sqrt{x}) = -2/b(\sqrt{x} + a/b\ \ln\ (1 - b/a\sqrt{x}))$ (NdT).

Cela est un raisonnement mathématique ; or, dans la pratique, ce résultat n'est guère satisfaisant. En effet, il nous est égal que le liquide atteigne le niveau limite avec une énorme précision. On peut considérer que le niveau est atteint par exemple à 1 % près de sa hauteur, c'est-à-dire pour $h = 0{,}99l$. En utilisant la relation obtenue pour le rapport l sur H, on a :

$$h = 0{,}99 \frac{HT_l^2}{4T^2}$$

Le temps nécessaire sera alors donné par notre formule simplifiée :

$$\Theta = -\frac{T_l^2}{2T}(\sqrt{0{,}99} + \ln(1 - \sqrt{0{,}99})) = 2{,}15 \frac{T_l^2}{T}$$

Voyons ce que donne cette formule pour nos questions du début :

a) $T = 8$ min et $T_l = 12$ min :

$$\Theta = 2{,}15 \frac{12^2}{8} = 38{,}7 \text{ min}$$

Le niveau constant est atteint en un peu moins de 39 minutes.

b) $T = T_l = 8$ min :

$$\Theta = 2{,}15 \frac{8^2}{8} = 17{,}2 \text{ min}$$

Le niveau constant est atteint en un peu plus de 17 minutes.

c) $T = 8$ min et $T_l = 6$ min :

$$\Theta = 2{,}15 \frac{6^2}{8} = 9{,}7 \text{ min}$$

Le niveau constant est atteint en un peu moins de 10 minutes.

d) $T = 30$ min et $T_l = 5$ min :

$$\Theta = 2{,}15 \frac{5^2}{30} = 1{,}8 \text{ min}$$

Le niveau constant est atteint en un peu moins de 2 minutes.

Enfin, pour le remplissage du récipient à ras bord avec le trou d'évacuation ouvert, suivant la condition $T_l = 2T$:

$$\Theta = 2{,}15 \frac{(2T_l)^2}{2T_l} = 4{,}3T_l = 8{,}6T$$

Et nous voilà à la fin de notre longue discussion sur les problèmes de baignoire. J'espère que le lecteur est maintenant convaincu du drame que provoquent, en classe, pareils problèmes !

74 C'est une question classique, régulièrement posée. Voilà ce qu'en disait un mathématicien russe qui s'est intéressé à la question[1] :

« Si l'on vide un réservoir de son liquide par un trou situé en son fond, alors on voit se créer un vortex qui, dans l'hémisphère Nord, tourne dans le sens opposé aux aiguilles d'une montre et, dans l'hémisphère Sud, dans la direction opposée. Chaque lecteur peut expérimenter ce fait élémentaire en vidant sa baignoire. Pour mieux observer cet effet, on peut jeter des petits morceaux de papier dans l'eau. On obtient alors une expérience intéressante et facile à réaliser, prouvant la rotation de la Terre. »

De ce fait acquis, ce scientifique tire des conclusions pratiques[2] : « Nous pouvons maintenant faire des conclusions importantes concernant les turbines à eau. Si une turbine à eau placée horizontalement tourne dans la direction opposée à celle des aiguilles d'une montre, la rotation de la Terre aidera la rotation de la turbine ; si, au contraire, la turbine tourne dans le sens des aiguilles d'une montre, la rotation de la Terre freinera son travail. »

Ces conclusions semblent tout à fait vraisemblables. La rotation de la Terre intervient effectivement dans de nombreux phénomènes tels les cyclones, les courants marins… On pourrait donc s'attendre à ce que la Terre influence également les tourbillons d'eau dans les réservoirs et les turbines à eau de la façon indiquée dans la figure 78.

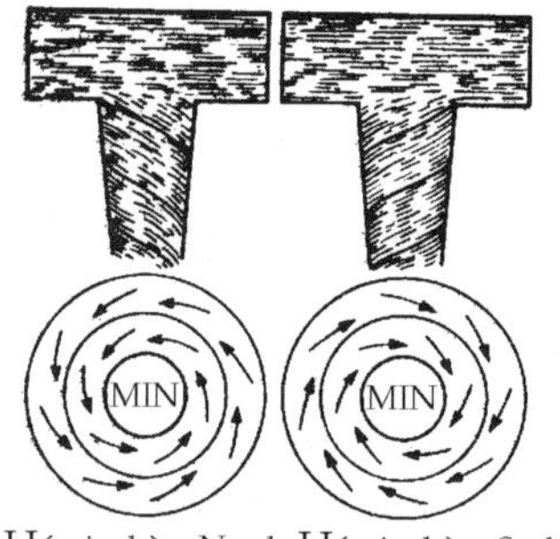

Figure 78. *Illustration (en coupe et de profil) de l'effet « probable » de la rotation de la Terre sur l'écoulement en vortex d'un liquide et du déplacement d'un cyclone.*

Il ne faut cependant pas se fier à cette première impression. L'observation du vortex dans une baignoire peut être facilement vérifiée et ne confirme pas toujours la théorie ! Le vortex tourne parfois dans le sens des aiguilles d'une montre et parfois dans l'autre. Non seulement il n'y a pas de sens privilégié, mais il n'y a même pas de tendance vers

1. Il s'agit de D. Grave, membre de l'Académie des sciences d'Union soviétique à l'époque où Perelman a écrit ce livre.
2. Extrait du journal *Je veux tout savoir* (1931), n° 4, « Rotation de la Terre, vortex et fonctionnement des turbines ».

l'une ou l'autre possibilité, en particulier si les observations sont faites dans des réservoirs de formes différentes[1].

Un calcul permet de préciser le résultat des observations. Il montre que l'influence de la rotation de la Terre est dérisoire dans ce genre de phénomène. Pour cela, on utilise la relation suivante :

$$a = 2\omega\, v \sin \varphi$$

où a est l'accélération de rotation, v la vitesse du corps en mouvement, ω la vitesse angulaire de rotation de la Terre et φ la latitude du lieu. Par exemple, à la latitude de Saint-Pétersbourg avec une vitesse de l'eau de 1 m/s, $\omega = \dfrac{2\pi}{86\,400}\, s^{-1}$ et $\sin \varphi = \sin 60 \approx 0{,}87$ nous avons :

$$a = \frac{2 \times 2\pi \times 0{,}87}{86\,400} \approx 0{,}000\,1 \text{ m/s}^2$$

Comme l'accélération de la pesanteur est égale à 9,81 m/s^2, l'accélération de rotation est environ 100 000 fois plus petite. Il est évident que la moindre irrégularité, la moindre dissymétrie du réservoir par rapport au trou va beaucoup plus influer sur l'écoulement de l'eau que la rotation de la Terre. Si l'on fait un grand nombre d'observations sur un même réservoir, on finit par obtenir un sens privilégié. Mais ce fait n'atteste nullement la règle de rotation dont on parle, elle prouve seulement une propriété de la forme du réservoir sur le sens de rotation du vortex.

Il est donc impossible de prédire le sens de rotation du vortex près de l'orifice dans un réservoir d'eau : il est défini par les caractéristiques de ce dernier. De plus, les vortex qui pourraient être créés dans les liquides par la rotation de la Terre doivent avoir, selon les calculs, des diamètres beaucoup plus grands que les tourbillons dans les réservoirs. Par exemple, à Saint-Pétersbourg, avec une vitesse de l'eau de 1 m/s, le vortex doit avoir 18 m de diamètre.

Disons encore quelques mots au sujet du rôle de la rotation de la Terre sur le fonctionnement des turbines à eau. Théoriquement, on peut prouver que toute roue en mouvement est affectée par la rotation de la Terre qui l'incite à prendre une position dans laquelle l'axe de la roue soit parallèle à celui de notre planète et dont la direction de rotation soit la même. Mais cette incitation est aussi faible que celle calculée

1. Perelman a organisé auprès de ces lecteurs une expérience visant à vérifier le phénomène. « Chaque participant devait re-vérifier une dizaine de fois le sens du vortex se formant lorsqu'on vide une baignoire, un lavabo ou tous autres réservoirs, puis envoyer leurs résultats. Même si cette enquête ne regroupait qu'un petit nombre de lecteurs, en unissant le matériel obtenu, on ne pouvait pas affirmer que l'eau tournait d'une manière générale dans le sens inverse des aiguilles d'une montre. »

ci-dessus. Le moindre défaut dans la construction de la turbine a plus de conséquences sur sa rotation. Il ne faut donc rien attendre de «l'aide que pourrait donner la rotation de la Terre à nos mécanismes tournants», comme le pensait notre mathématicien dans l'article cité.

75 La concavité de la surface de la rivière lors d'une crue provient d'une plus grande vitesse de l'eau en son milieu que sur ses parties latérales. En effet, l'eau a tendance à être ralentie par les rives, l'arrivée massive d'eau lors de la crue, nécessitant un écoulement plus rapide, fait gonfler le centre de la rivière (Fig. 60). Au contraire, lors de la décrue, les rives retenant toujours un peu l'eau, la rivière se vide plus rapidement en son centre et la surface devient convexe.

Cet effet est d'autant plus marqué sur les grandes rivières. Sur le Mississippi, la concavité transversale de la surface de la rivière lors de la crue est en moyenne égale à 1 m. Les bûcherons qui transportent le bois connaissent bien ce phénomène : lors de la crue le bois se rapproche de la rive, alors que pendant la décrue il se déplace vers le milieu.

76 Le roulement des vagues à l'approche des côtes est dû au fait que la vitesse de déplacement de celles-ci dans un lieu peu profond dépend directement de la racine carrée de la profondeur. La crête d'une vague se trouvant alors sensiblement plus haute que le creux par rapport au fond de l'eau, elle se déplace plus vite que le creux. La crête s'incline finalement vers l'avant jusqu'à s'effondrer en roulant.

De la même façon, on explique que par temps de tempête les vagues qui s'écrasent contre la côte lui sont toujours parallèles. Si les vagues arrivaient sous un certain angle par rapport à celle-ci, les vagues se retrouvant plus près de la côte, les premières, en eau moins profonde, ralentiraient jusqu'à être rattrapées par les dernières. La rangée des vagues tourneraient alors, se retrouvant parallèle à la côte.

77 Comme la rivière représente une surface inclinée, on peut penser que la remontée du navire nécessite un travail, tout comme si l'on tirait vers le haut un corps posé sur une surface lisse, dure et inclinée. Mais il ne faut pas oublier que le poids du navire est exactement compensé par la poussée d'Archimède de l'eau. On ne fournit ainsi aucun travail pour élever le navire, tout comme dans une écluse. Le travail de cette montée reste égal à zéro, et n'est pas à prendre en compte.

Parmi tous les étudiants auxquels le problème fut proposé, le seul qui trouva la bonne réponse devint un célèbre ingénieur de la voirie française.

Troisième partie

Les propriétés des gaz

Questions 78 à 110

78 Le troisième composant de l'air

Citez le troisième composant, constant en quantité, de l'air atmosphérique.

Solution p. 101

79 Le gaz le plus lourd

À température et pression normales, quel est l'élément gazeux le plus dense ?

Solution p. 101

80 Est-il possible que nous supportions une masse de 20 tonnes ?

Si la superficie du corps humain est de 2 m^2, est-il possible que la pression atmosphérique totale agissant sur lui soit de 20 tonnes (200 000 N) (Fig. 79) ?

Solution p. 101

***Figure 79.** « Vingt tonnes sur nos épaules ! C'est la charge de la colonne de 300 km d'air au-dessus de notre tête. Nous ne sentons pas cette charge car elle n'agit pas seulement d'en haut mais aussi d'en bas et de l'intérieur et se trouve ainsi équilibrée. » Cette figure et sa légende sont extraites d'un livre de vulgarisation scientifique.*

81 La pression de l'expiration et du souffle

Par rapport à une atmosphère, quelles pressions représentent l'air expiré et l'air soufflé ?

Solution p. 102

82 La pression des gaz de combustion de la poudre

Quelle pression subit un boulet de canon sous l'effet des gaz de combustion de la poudre ?

Solution p. 103

83 La mesure de la pression atmosphérique

Quelles sont les unités de mesure de la pression de l'air ?

Solution p. 103

84 L'eau dans le verre renversé

Si l'on remplit un verre d'eau et que l'on pose dessus une feuille de papier, il est possible de retourner le verre sans que l'eau tombe. Cette expérience bien connue (Fig. 80) est décrite dans de nombreux livres de vulgarisation. L'explication proposée est généralement la suivante : de l'extérieur, l'air appuie sur le bout de papier avec une force de 1 atm : de l'intérieur, c'est l'eau qui appuie sur ce même bout de papier avec une pression moindre (dans le même rapport qu'une colonne d'eau de 10 m correspond à 1 atm, soit moins de 1 %). La différence de pression maintient le papier contre les bords du verre.

Figure 80. *Pourquoi le bout de papier ne tombe-t-il pas ?*

Si une telle explication est correcte, le papier doit être plaqué contre le verre avec une force de presque 1 atm (0,99 atm). Avec un verre de 7 cm de diamètre, la force sera :

$$0{,}99 \times 10 \times \left(\pi \times \left(\frac{7}{2}\right)^2\right) \approx 380 \text{ N}$$

car 1 atm = 10 N/cm^2. On sait, cependant, que pour séparer le bout de papier du verre dans cette expérience une telle force n'est pas nécessaire. La même expérience réalisée avec une fine plaque de verre ou de métal (de quelques dizaines de grammes) à la place du bout de papier montre qu'elle se détacherait du verre sous la simple action de la force de la pesanteur. L'explication est donc incorrecte.

Quelle est alors la bonne explication ?

Solution p. 103

85 L'ouragan et la vapeur

Comparez la pression créée par un ouragan et la pression normale dans un cylindre d'une machine à vapeur. Combien de fois, à peu près, l'une est-elle plus grande que l'autre ?

Solution p. 105

86 Le souffle de la cheminée d'une usine

Comparez la pression de l'air expulsé par la bouche avec celle d'une cheminée d'usine de 40 m (Fig. 81). Si l'on exprime chacune de ces valeurs en millimètres de mercure, quel est environ le ratio ?

Solution p. 105

Figure 81. Le problème de la force motrice de la cheminée d'usine.

87 Où y a-t-il le plus d'oxygène ?

Quel air est le plus riche en oxygène : celui que l'on respire ou celui que les poissons respirent ?

Solution p. 106

88 Les bulles dans l'eau

Lorsqu'on transporte un verre d'eau froide du robinet dans une pièce à 20 °C, on voit des bulles se former sur les parois intérieures du verre. Quel est ce phénomène ?

Solution p. 106

89 Les nuages

Pourquoi les nuages ne tombent-ils pas ?

Solution p. 106

90 La balle et le ballon

Sur qui la résistance de l'air agit-elle le plus : sur une balle de fusil ou sur un ballon que l'on a lancé ?

Solution p. 107

91 Pourquoi peut-on mesurer la masse des gaz ?

La physique affirme que les molécules de gaz se trouvent en perpétuel mouvement. De quelle façon le poids des molécules, volant dans le vide, se transmet-il au fond du récipient ? Pourquoi considérons-nous le poids obtenu lors de la pesée du gaz comme la somme des poids de toutes ses molécules ?

Solution p. 109

92 Ne suivons pas l'exemple de l'éléphant !

Solution p. 110

L'éléphant peut rester sous l'eau en respirant par sa trompe demeurée à la surface (Fig. 82). Quand un homme essaya de suivre son exemple, en remplaçant la trompe de l'éléphant par un tuba, il commença à saigner du nez, des oreilles, et il y eut même, dans certains cas, des morts tragiques de plongeurs. Pourquoi ?

Figure 82. Pourquoi l'homme ne peut-il pas suivre cet exemple ?

93 La pression dans une cabine stratosphérique

Lors de ses vols dans la stratosphère, le professeur Piccard[1] se mettait dans une boule en aluminium de 2,1 m de diamètre avec des parois de 3,5 mm d'épaisseur (Fig. 83). Cette boule était suspendue à un aérostat. À l'intérieur de cette cabine parfaitement étanche, on y maintenait une pression atmosphérique. À la hauteur à laquelle se trouvait l'engin, la pression extérieure était de 0,1 atm.

Figure 83. Le professeur Piccard à côté de sa cabine d'aluminium accompagné de son compagnon de voyage.

1. Auguste Piccard, physicien suisse (1884-1962). Pionnier de l'exploration de la stratosphère, il a dépassé, en 1931, l'altitude de 16 000 m. Il réalisa également le premier bathyscaphe pour l'exploration des grandes profondeurs sous-marines. Son petit-fils Bertrand Piccard a fait le tour du monde en ballon en 1999.

Sur chaque centimètre carré de la surface de la cabine agissait une pression dirigée vers l'extérieur de 9 N/cm². Il est facile de calculer que les deux hémisphères de la cabine sont étirés avec une force de 35 tonnes (350 000 N). Pourquoi la cabine n'a-t-elle pas éclaté sous l'action d'une si grande force comme un ballon que l'on gonfle avec une pompe à air ?

Solution p. 112

94 L'introduction d'une corde dans une cabine stratosphérique

Il était indispensable d'introduire dans la cabine stratosphérique du professeur Piccard (voir question n° 93), un câble manœuvrant l'ouverture du clapet de l'aérostat afin d'en contrôler l'altitude. Comment doit-on procéder pour faire passer ce câble sans risquer une brutale décompression de la cabine ?

Solution p. 113

95 Le baromètre accroché à la balance

Le bout supérieur du baromètre de Torricelli[1] est accroché à l'extrémité du fléau d'une balance. À l'autre bout, on accroche un plateau sur lequel on place des masses afin d'équilibrer la balance (Fig. 84).

L'équilibre sera-t-il rompu lors d'un changement de pression atmosphérique ?

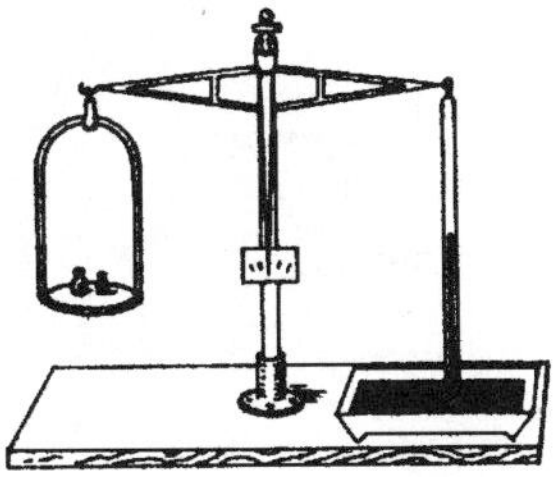

Figure 84. *L'équilibre sera-t-il faussé lors d'un changement de la pression atmosphérique ?*

Solution p. 113

96 Le siphon dans l'air

Comment démarrer un siphon sans accessoire (Fig. 85), sans incliner le récipient et sans utiliser les trucs classiques (aspirer le liquide, placer le siphon dans le liquide) ? On suppose le récipient rempli presque à ras bord.

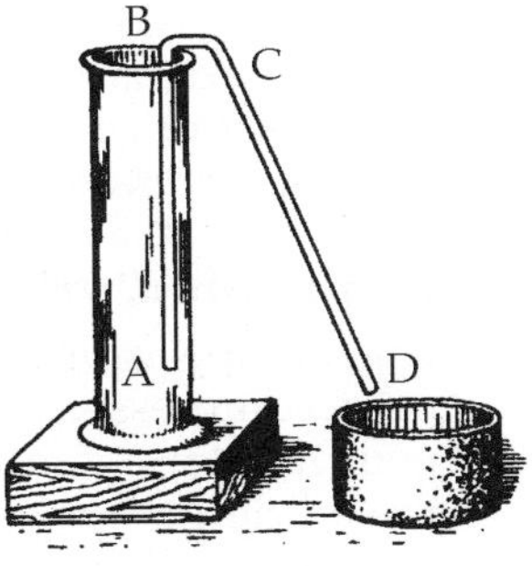

Figure 85. *Comment mettre en marche ce siphon sans accessoire ?*

Solution p. 114

1. Evangelista Torricelli, physicien italien (1608-1647). Élève de Galilée, il a inventé le baromètre à mercure en 1643.

97 Le siphon dans le vide

Solution p. 115

Un siphon peut-il fonctionner dans le vide ?

98 Le siphon à gaz

Solution p. 117

Peut-on utiliser un siphon avec les gaz ?

99 La hauteur d'aspiration de l'eau par une pompe

Solution p. 118

De quelle hauteur peut-on remonter l'eau avec une pompe aspirante (Fig. 86) ?

Figure 86. De quelle hauteur peut-on faire remonter l'eau avec une telle pompe ?

100 La vitesse d'écoulement d'un gaz

Sous la cloche d'une pompe à air se trouve un ballon de gaz, dont la pression est de 1 atm ; si le ballon est ouvert, le gaz s'échappe dans le vide ambiant avec une vitesse de 400 m/s. Quelle serait cette vitesse, si le gaz à l'intérieur du ballon avait une pression de 4 atm ?

Solution p. 118

101 Le projet d'un moteur hydraulique «gratuit»

Une pompe aspirante aspire l'eau, car sous son piston l'air est décompressé. Avec une décompression maximale, l'eau peut monter à 7 m (voir question n° 99). Cependant, si le travail de pompage se réduit à une opération de décompression de l'air, la montée de l'eau d'une hauteur de 1 m ou de 7 m nécessite la même quantité d'énergie.

Peut-on utiliser cette propriété de la pompe pour la création d'un moteur hydraulique «gratuit» ? Comment ?

Solution p. 118

102 L'extinction d'un incendie avec de l'eau bouillante

L'eau bouillante éteint le feu plus vite que l'eau froide, car elle prend tout dc suite la chaleur de la flamme pour s'évaporer et entoure ainsi le feu d'une enveloppe de vapeur, le privant de l'oxygène nécessaire à sa combustion.
Ceci étant, les pompiers ne devraient-ils pas venir avec des citernes d'eau bouillante pour éteindre les incendies ?

Solution p. 119

103 Problème sur le réservoir à gaz

Le réservoir *A*, fermé par le robinet *B* (Fig. 87), contient un gaz comprimé à une pression de plus d'une atmosphère à température ambiante. La pression de ce gaz est mesurée par un manomètre en mm de colonne de mercure. On ouvre le robinet *B* pour faire sortir une quantité de gaz suffisante afin que le manomètre indique une pression normale, puis on referme le robinet.
Après quelque temps, on s'aperçoit que le mercure est remonté dans le tube comme si la pression avait augmenté, bien que personne n'ait touché au robinet. Pourquoi ?

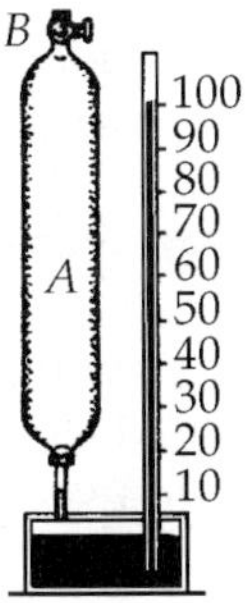

Figure 87. *Illustration du réservoir à gaz.*

Solution p. 119

104 La bulle d'air au fond de l'océan

Si au fond de l'océan, à une profondeur de 8 km, apparaissait une bulle d'air, pourrait-elle remonter à la surface ?

Solution p. 119

105 La roue de Segner dans le vide

La roue de Segner est constituée d'un réservoir rempli d'eau qui s'écoule par deux tuyaux orientés en sens opposés (Fig. 88). C'est le modèle du tourniquet pour arroser les pelouses. Fonctionnerait-elle dans le vide ?

Solution p. 120

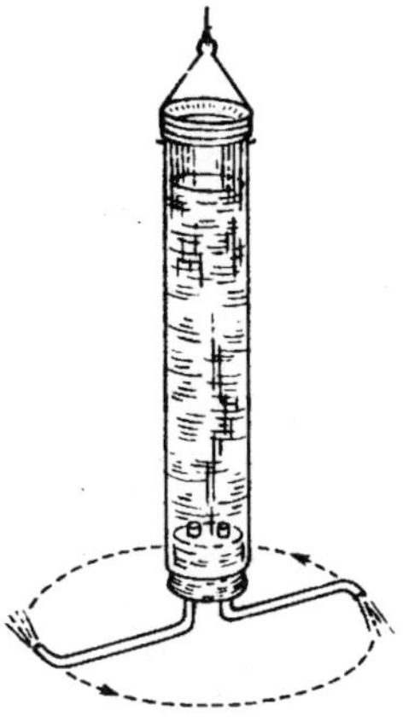

Figure 88. *La roue de Segner fonctionnerait-elle dans le vide ?*

106 Le poids de l'air sec et de l'air humide

Dans des conditions identiques de pression et de température, un mètre cube d'air humide est-il plus lourd qu'un mètre cube d'air sec ?

Solution p. 121

107 La décompression maximale

Quelle est la pression atteinte par les pompes à vide les plus sophistiquées ?

Solution p. 121

108 Ce que nous appelons le «vide»

Combien de molécules reste-t-il encore dans un récipient d'un litre dont on a pompé «tout» l'air possible avec la pompe la plus sophistiquée ?

Solution p. 121

109 Pourquoi y a-t-il une atmosphère ?

Comment expliquez-vous l'existence de l'atmosphère terrestre ?
Les molécules d'air sont-elles soumises à la force de pesanteur ? Si elles n'y sont pas soumises, pourquoi ne se dispersent-elles pas dans l'espace ? Si elles s'y soumettent, pourquoi ne tombent-elles pas toutes à la surface de la Terre ?

Solution p. 122

110 Le gaz qui ne remplit pas son récipient

Les gaz occupent-ils nécessairement tout l'espace qui leur est alloué ? Est-il possible, sous certaines conditions, qu'un gaz n'occupe qu'une partie du réservoir, laissant l'autre vide ?

Solution p. 123

Solutions 78 à 110

78 On pense généralement que le troisième composant *constant* de l'air, après l'azote et l'oxygène, est le dioxyde de carbone. Cependant, on connaît depuis longtemps un gaz entrant dans la composition de l'air, dont la proportion est trente fois supérieure à celle du dioxyde de carbone. Ce gaz, c'est l'argon.

Il représente environ 1 % (plus précisément 0,94 %) de l'air contre 0,03 % pour le dioxyde de carbone.

79 Ce n'est pas le chlore qui est tout de même 2,5 fois plus dense que l'air. Le plus dense est un élément radioactif : le radon, appelé également « émanation de radium », est près de 8 fois plus dense que l'air. Mais c'est un élément très éphémère, aussi peut-on le détrôner par le xénon qui obtient la première place en étant 4,5 fois plus dense que l'air. Il y en a une très faible quantité dans l'air : 150 m^3 d'air en contenant 1 cm^3.

S'il fallait nommer non pas un élément, mais une matière gazeuse, la première place reviendrait au $SiCl_4$ et au nickel-carbonyle, $Ni(CO)_4$, respectivement 5,5 fois et 6 fois plus dense que l'air.

Les vapeurs peuvent être également très denses : les vapeurs de brome sont 5,5 fois plus denses que l'air, et celles de mercure 7 fois. Je rappelle au lecteur que l'on parle de vapeur lorsqu'on se trouve *sous* la température critique d'ébullition et qu'au-delà on parle de gaz.

80 Cette affirmation que le corps humain supporte une pression atmosphérique de 200 kN n'a pas de sens. Voyons d'où viennent ces 200 kN. Une atmosphère correspond à une pression de 10 N par centimètre carré. En supposant que toute la surface du corps humain subit cette pression, on a :

$$2\ m^2 = 20\ 000\ cm^2$$

soit une pression totale de 200 kN.

On oublie complètement que les forces s'appliquent en des points différents du corps et suivant des directions variables. Ajouter arithmétiquement des forces dirigées sous des angles différents les unes par rapport aux autres est une erreur. Il n'est possible d'ajouter ces forces qu'en utilisant les règles d'addition des vecteurs. On obtient ainsi un résultat tout à fait différent de celui énoncé ci-dessus : la résultante de toutes les forces est égale au poids de l'air ayant le même volume que le corps concerné. Si nous voulons déterminer non pas la valeur de cette résultante, mais celle de la pression sur la surface du corps, nous pouvons seulement affirmer que le corps se trouve sous une pression de 10 N/cm^2. C'est tout ce que l'on peut dire de correct sur la pression atmosphérique subie par le corps humain.

Cette pression se supporte aisément car elle est contrebalancée par une pression intérieure identique. De plus, elle n'est pas si élevée (0,1 N/mm^2), ce qui explique que nos cellules ne soient pas écrasées.

Nous avons obtenu cette valeur impressionnante de la pression sur notre corps en considérant naïvement toute sa surface. Mais quelles seraient alors les réponses aux questions suivantes :

1) Quelle force due à l'atmosphère subit la partie supérieure de notre corps par rapport à la partie inférieure ?
2) Avec quelle force les parties droite et gauche sont-elles comprimées l'une sur l'autre par l'atmosphère ?

Pour répondre à la première question, il faut considérer la composante de la pression atmosphérique s'exerçant sur une section horizontale du corps (environ 1 000 cm^2) : on obtiendrait ainsi une force de 10 kN. Dans le deuxième cas, il faut trouver la pression agissant sur une coupe verticale du corps (environ 5 000 cm^2) : le résultat est 5 kN. Mais ces valeurs impressionnantes ne signifient, en réalité, pas plus que ce que nous savions déjà, à savoir que chaque centimètre carré de notre corps subit une force de pression de 10 N.

81 L'air expiré tranquillement provoque une surpression d'environ 0,001 atm par rapport à la pression ambiante.

En soufflant l'air nous le comprimons plus fortement, et la surpression ainsi créée est d'environ 0,1 atm. Une atmosphère correspond à une colonne de mercure de 76 mm de hauteur. Lors de l'expérience consistant à souffler de l'air par la bouche dans le tube d'un manomètre, on fait monter le niveau du mercure dans son tube. Une personne normale contractant fortement tous ses muscles thoraciques obtient une différence de 7-8 cm. Mais les souffleurs de verre expérimentés arrivent à faire monter le mercure jusqu'à 30 cm !

82 4 000 atm est une valeur moyenne pour les pièces d'artillerie classiques. Cela correspond à la pression d'une colonne d'eau de 40 km !

83 Le calcul de la pression de l'air mesurée en mm de mercure n'est plus beaucoup utilisé. En météorologie, on utilise le millibar qui est une unité attachée à un système absolu de mesure.

Le millibar est un sous-multiple (un millième) de l'unité légale qu'est le bar. Un bar équivaut à un million de dynes par centimètre carré. Par conséquent, le millibar qui est 1 000 fois plus petit que le bar, est égal à 1 000 dyn/cm^2. La dyne correspond à 1/981 du gramme-poids à Paris, d'où la pression atmosphérique de 1 033 dyn/cm^2 correspondant à 760 mm de mercure. La pression normale en millibars est égale à :

$$1\,033 \times 981 = 1\,013\,373 \text{ dyn/cm}^2 \approx 1\,013 \text{ millibars}$$

Il est facile de calculer que 1 000 millibars = 750 mm de mercure. Pour passer des millimètres de mercure au millibar, il suffit donc de multiplier par 4/3.

Dans le système international des unités, on utilise plutôt comme unité de pression le Pascal (Pa). 1 Pa équivaut à la pression qu'exerce une force de 1 N sur une surface de 1 m^2. Le Pascal est lié aux autres unités par les relations suivantes :

1) 1 mm de mercure = 133 Pa
2) 1 atm = $9{,}81 \times 10^4$ Pa
3) 1 bar = 10^5 Pa

84 La supposition que le verre ne contient que de l'eau et pas d'air parce que le papier est sur l'eau est fausse. Il reste toujours de l'air. Par exemple, s'il n'y avait pas une mince couche d'air entre deux matières plates et lisses accolées, nous ne pourrions par les séparer car il faudrait vaincre la pression atmosphérique. En recouvrant la surface de l'eau avec un bout de papier, nous laissons toujours une mince couche d'air.

Voyons ce qui se passe lorsqu'on retourne le verre. Sous le poids de l'eau, le papier pend légèrement, et si c'est une plaquette légère, elle se détache un peu des bords du verre sans tomber.

Le petit volume d'air qui, à l'origine, s'intercalait entre le papier et l'eau, se retrouve maintenant au fond du verre dans un volume plus grand. Le volume ayant augmenté, la pression a diminué.

Maintenant, on constate que le papier subit de l'extérieur une pression d'une atmosphère, et de l'intérieur, une pression inférieure à une atmosphère plus le poids de l'eau. Les deux pressions intérieure et extérieure se compensent. Ainsi, il suffit de tirer légèrement sur le papier pour rompre cet équilibre et vaincre la force de collage (la tension superficielle de la pellicule du liquide) pour faire tomber le papier.

La déformation du papier sous l'action du poids de l'eau est faible. Quand l'espace contenant l'air augmente de 1 %, la pression de l'air dans le verre diminue d'autant. Le centième d'atmosphère manquant est compensé par les 10 cm de hauteur d'eau dans le verre. Si la couche d'air entre le papier et l'eau était au début de 0,1 mm, elle est maintenant de $0{,}01 \times 0{,}1$ soit 0,001 mm (1 µm). Il est donc inutile d'essayer de voir cette différence à l'œil nu.

Certains livres décrivent cette expérience en conditionnant sa réussite au remplissage du verre à ras bord : l'air restant compenserait soit disant la pression extérieure et le papier tomberait sous l'action du poids de l'eau. En faisant l'expérience, on s'assure de l'inexactitude de cette affirmation : le bout de papier tient aussi bien qu'avec un verre plein. Si l'on tire légèrement dessus, juste assez pour décoller un coin du papier, on verra remonter des bulles d'air traversant la couche d'eau pour rejoindre le peu d'air déjà situé au fond du verre. Cela prouve bien que l'air dans le verre est décomprimé (sinon l'air extérieur ne traverserait pas l'eau pour accéder à un espace situé au-dessus de cette couche d'eau).

Avant d'achever cette expérience, qui comme on le voit n'est pas aussi simple qu'il y paraissait au premier abord, il faut dire que le bout de papier peut tenir même en l'absence d'eau au-dessus de lui. Il suffit juste que les bords soient mouillés et que le papier ne soit pas trop lourd. Dans ce cas, le bout de papier se maintient grâce à la tension superficielle de la mince pellicule d'eau. Le bord du verre forme un cercle dont la circonférence mesure environ 25 cm. La force exercée par cette pellicule d'eau vaut :

$$75 \times 10^{-5} \times 25 \times 2 = 0{,}037\,5 \text{ N}$$

en utilisant comme coefficient de tension superficielle de l'eau 75×10^{-5} N/cm (il y a un facteur deux car nous avons deux lignes de contact).

Une telle force peut soutenir une masse d'environ 4 g, c'est-à-dire à peu près la masse d'une feuille de papier A4. Pour que cette expérience fonctionne, il faut que le papier soit toujours en contact avec la surface du bord du verre, il faut donc utiliser un papier assez rigide.

85 L'ouragan le plus dévastateur, celui qui arrache les chênes centenaires et renverse les murs en pierre, exerce une pression de l'ordre de 3 000 N/m². Cela ne représente qu'environ 3 % de la pression atmosphérique normale. En revanche, la pression que subit un cylindre d'une machine à vapeur atteint des dizaines d'atmosphères sans compter les machines à haute pression. La pression créée par un ouragan est donc des centaines de fois moins forte que la vapeur dans un cylindre[1].

86 En regardant une grande cheminée d'usine, on pense involontairement qu'elle doit avoir une force d'aspiration énorme. En réalité, cette force demeure assez petite, comparée à celle avec laquelle on expulse l'air par la bouche.

Il est facile de s'en assurer par le calcul suivant. La force d'aspiration se mesure par la différence des masses de deux colonnes d'air de même base et de même hauteur : une à l'intérieur de la cheminée et l'autre à l'extérieur. L'air à l'intérieur de la cheminée est à une température d'environ 300 °C, et le calcul montre alors que sa masse est divisée par deux relativement à la masse extérieure équivalente. Comme la hauteur de la cheminée est de 40 m, la différence de masse entre les deux colonnes d'air, chaude et froide, est égale à la masse d'une colonne d'air extérieur de 20 m. L'air atmosphérique étant environ 10 000 fois plus léger que le mercure, le poids de la colonne d'air de 20 m correspond à celle d'une hauteur de mercure de :

$$\frac{20\,000}{10\,000} = 2\text{mm}$$

La force qui chasse l'air dans ce cas est de 30 N/cm². La pression de l'air que l'on souffle par la bouche est d'environ 70 mm de mercure. L'air expulsé par la cheminée l'est donc avec une force trente-cinq fois moindre que par notre simple souffle. Une simple expiration d'air crée un courant d'air trois fois plus faible que celui d'une cheminée, mais déjà plus fort que celui d'une cheminée d'une maison de trois étages.

Ces résultats surprenants peuvent laisser un doute. Comment une force aussi petite peut-elle créer un afflux d'air aussi puissant au foyer

1. Une simple cocotte minute permet d'obtenir une pression de vapeur supérieure à celle de l'ouragan (NdT).

de la cheminée ? N'oublions pas que si la force est très petite, la masse du volume d'air à mettre en mouvement est également très petite (un litre d'air chauffé dans la cheminée ne pèse que 0,65 g). C'est pour cela que l'aspiration est remarquable.

Or, est-on obligé pour obtenir cette force d'aspiration équivalant à une colonne de mercure de 2 mm de faire des constructions aussi gigantesques qu'une cheminée d'usine ? Un simple ventilateur créerait un courant d'air beaucoup plus fort ! La réflexion est juste. Mais sans la cheminée, que faire des gaz toxiques qui se créent lors de la combustion ? Il est indispensable de les envoyer le plus loin possible de l'homme, des plantes et des animaux domestiques.

Les cheminées des usines ne sont pas bâties que pour leur force d'aspiration (cela aurait pu être réalisé plus facilement et à moindres coûts), mais surtout pour disperser le plus rapidement possible les gaz toxiques de combustion.

87 L'air que nous respirons est composé de 21 % d'oxygène. Et un litre d'eau peut dissoudre deux fois plus d'oxygène que d'azote. Ce qui conduit à un enrichissement de l'eau en oxygène dissous de 34 %. Pour le gaz carbonique, l'atmosphère en contient 0,04 % alors que l'eau peut en dissoudre 2 %. L'eau contient donc plus d'oxygène gazeux que l'air.

88 Les bulles qui apparaissent dans de l'eau froide placée à température ambiante contiennent les gaz initialement dissous dans l'eau. La solubilité des gaz dans l'eau diminue avec l'augmentation de la température. En se réchauffant, l'eau ne peut retenir une partie de son air dissous qui apparaît sous forme de bulles.

Voici les données concernant la solubilité de l'air par litre d'eau :

19 cm^3 d'air à 10 °C (eau qui sort du robinet)
17 cm^3 d'air à 20 °C (eau à température ambiante)

Pour un litre, la différence de concentration d'air est donc de 2 cm^3. Comme un verre contient environ un quart de litre d'eau, le volume d'air qui se forme est de 500 mm^3. Avec des bulles d'un diamètre moyen d'un millimètre représentant chacune un volume d'environ 0,5 mm^3, il y aura 1 000 bulles dans le verre !

89 La réponse la plus courante consiste à dire que la vapeur d'eau est plus légère que l'air. La vapeur d'eau est incontestablement plus légère que l'air, mais les nuages ne sont pas composés de vapeur. La vapeur est invisible, s'ils étaient composés de vapeur, ils seraient transparents. Les nuages et le brouillard (c'est la même chose) sont composés d'eau à l'état *liquide* et non pas gazeux. Mais alors pourquoi les nuages ne tombent pas ?

Il fut un temps où l'on pensait que les nuages étaient composés de petites *bulles* d'eau emplies de vapeur d'eau, ce qui assurait leur légèreté. Cette théorie est aujourd'hui rejetée : les nuages et le brouillard se composent de gouttes d'eau allant du millième à 1 ou 2 centièmes de millimètre de diamètre. Ces gouttes sont peut-être 800 fois plus denses que l'air, mais comparativement à leur masse, elles ont une grande surface. Ainsi lorsqu'elles tombent, elles subissent de la part de l'air une forte résistance comme si elles avaient un grand parachute. Elles tombent donc, mais *très* lentement. Par exemple des gouttes de 0,01 mm de rayon tombent avec une vitesse de 1 cm/s. Ainsi les nuages ne volent pas – ils tombent, mais leur chute est extrêmement lente : il suffit d'un faible courant d'air montant pour non seulement stopper leur chute, mais même les faire remonter.

C'est pour la même raison que les poussières se maintiennent en l'air, même si certaines sont des *milliers* de fois plus denses que l'air[1].

90 Ce n'est pas parce que la balle d'un fusil se déplace à grande vitesse qu'elle ressent une résistance négligeable d'un environnement aussi léger que l'air. C'est justement le contraire ! Plus on se déplace à grande vitesse, plus cette résistance devient importante (et proportionnelle au carré de la vitesse). Par exemple, quelle distance atteindrait une balle de fusil portant à 4 km sans la résistance de l'air ? Plus de vingt fois plus loin (Fig. 89) ! Cela paraît incroyable, il faut donc s'en assurer par un petit calcul.

La balle quitte le canon du fusil avec une vitesse de 900 m/s. La plus grande distance de vol d'un corps est obtenue, comme on l'a vu dans la partie mécanique, pour un angle de 45° par rapport à l'horizontale. La portée est alors donnée par la formule suivante :

$$L = v^2/g$$

où v est la vitesse initiale et g l'accélération de la pesanteur. Dans notre cas $v = 900$ m/s et $g \approx 10$ m/s². Soit :

$$L = \frac{900^2}{10} = 81\ 000 \text{ m}$$

1. On peut imaginer le phénomène comme une gigantesque partie de billard, où les molécules constituant l'air percutent constamment les grains de poussière (NdT).

La portée, sans résistance de l'air, serait donc de 81 km !

La raison d'une telle influence de l'air provient du fait que pour les grandes vitesses, la valeur de la résistance ne croît plus proportionnellement à la vitesse, mais au carré de celle-ci (en fait, un peu plus du carré). Voilà pourquoi dans le cas du ballon lancé par l'homme avec une vitesse initiale d'environ 20 m/s, on peut négliger sans remords la résistance de l'air, et utiliser la formule ci-dessus (Fig. 90). Dans le vide, ce ballon projeté à 45° par rapport à l'horizontale tomberait à une distance de 40 m du lanceur ce qui correspond à peu près aux conditions réelles.

Les professeurs de mécanique feraient bien d'utiliser comme sujets d'exercices des ballons à la place de balles de fusil et d'obus. En plus du caractère pacifique de ce jeu, les résultats seront plus proches de la réalité.

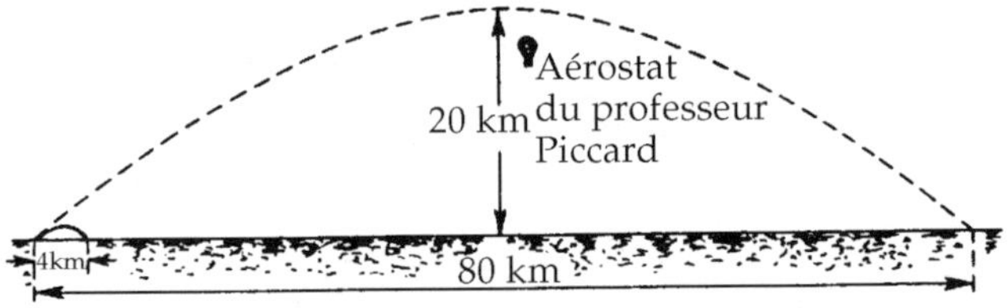

Figure 89. *Action de l'air sur la portée d'une balle de fusil : la balle ne porte plus qu'à 4 km au lieu de 80.*

Figure 90. *Action de l'air sur le vol d'un ballon : il vole suivant une courbe balistique (ligne continue) au lieu d'une parabole (ligne en pointillés).*

91 Les manuels, et même les grands cours de physique, ne prêtent que très peu d'attention à cette question qui apparaît naturellement dans l'esprit de l'élève et qui peut même créer une certaine confusion. Cependant, la question a une explication élémentaire.

Peu importe dans quelle direction va la molécule, son agitation thermique vers le haut, vers le bas, à gauche, à droite s'ajoute à son mouvement imparable de chute sous l'action de la force de pesanteur. Ainsi le poids des molécules sera toujours communiqué au fond du récipient. Toutes les autres forces, purement « thermiques », ne participent qu'à la pression qu'exerce le gaz sur les parois du récipient et ne lui donnent aucun mouvement de translation uniforme verticale. Comme ces vitesses n'ont aucune influence sur le poids du gaz, nous pouvons ne pas les prendre en compte.

Mais que nous reste-t-il donc ? Une pluie de molécules tombant sans cesse à la verticale, rebondissant après le choc avec le fond du récipient, échangeant leurs vitesses lors de chocs élastiques mutuels. Cet échange de vitesses est équivalent à la substitution d'une molécule par une autre. Nous pouvons donc dire que toutes les molécules atteignent le fond du bocal.

Prenons une image simplifiée pour faciliter le raisonnement.

Surveillons une molécule qui tombe. Partant d'une certaine hauteur h, elle percute le fond du bocal, et revient à la même hauteur, d'où elle retombe une seconde fois, puis une troisième… Si la durée de chute est de t secondes, alors à chaque seconde la molécule tombe $n = 1/2t$ fois ($2t$ car t pour la chute et t pour la remontée). La valeur t est déterminée par la formule :

$$h = \frac{gt^2}{2} \qquad t = \sqrt{\frac{2h}{g}}$$

d'où le nombre de chutes :

$$n = \frac{1}{2}\sqrt{\frac{g}{2h}}$$

La vitesse avec laquelle la molécule atteint le fond du bocal est :

$$v = \sqrt{2gh}$$

L'impulsion p de chaque choc est égale à la différence de la quantité de mouvement avant et après le choc :

$$p = mv - m(-v) = 2\,mv$$

et l'impulsion résultante P des n chocs est égale à :

$$P = np = n \times 2mv = \frac{1}{2}\sqrt{\frac{g}{2h}} \times 2m\sqrt{2gh} = mg$$

Donc, le fond du bocal reçoit, par seconde de la part de chaque molécule, une impulsion égale à mg. D'autre part, l'impulsion est égale au produit d'une force pendant un temps :

$$P = F \times T = F \times 1 = F$$

La force que subit le fond du récipient lors de chaque choc est donc égale à mg, c'est-à-dire au poids de la molécule.

Il est évident que si toutes les molécules frappent avec la force de leurs poids, le fond du récipient recevra le poids total du gaz.

Rappelons que nous venons de considérer un récipient dans lequel les molécules tombent toutes verticalement. Mais ce raisonnement s'applique également au cas général puisque l'on a vu que si l'on sommait toutes les directions possibles d'une molécule, sa résultante serait verticale (il ne reste que l'action de la pesanteur). La conclusion reste donc toujours valable.

La question de la transmission du poids, étudiée avec les gaz, s'avère aussi valable pour les liquides et les solides. Tous les corps se composent de molécules ou d'atomes en mouvement chaotique plus ou moins important ayant une certaine liberté. Les énoncés seraient essentiellement les mêmes que pour les gaz. La transmission au support du poids des molécules ou des atomes de ces corps s'accomplit dans tous les cas par un grand nombre de petits chocs (pour les corps neutres).

92 L'explication de tous ces symptômes observés chez le plongeur utilisant un tuba provient de la trop grande différence de pression entre l'intérieur et l'extérieur de son corps (Fig. 91).

Examinons ce qui se passe pour ses poumons. De l'intérieur, ils subissent la pression de l'air normal à une atmosphère, mais de l'extérieur ils subissent en plus la pression de la colonne d'eau au-dessus du plongeur. Pour une profondeur d'immersion de 50 cm, la cage thoracique se trouve sous une pression extérieure excédentaire de 50 g/cm^2 (5 kg/dm^2). Il est évident que respirer avec une charge de 15 à 20 kg sur la cage thoracique n'arrange pas les choses. Mais ce n'est pas le seul problème, la perturbation de la circulation sanguine est beaucoup plus grave. Le sang afflue préférentiellement vers les parties supérieures du corps où la pression est moindre (la poitrine et la tête), tout en délaissant celles où elle est plus forte (le ventre et les jambes). Les

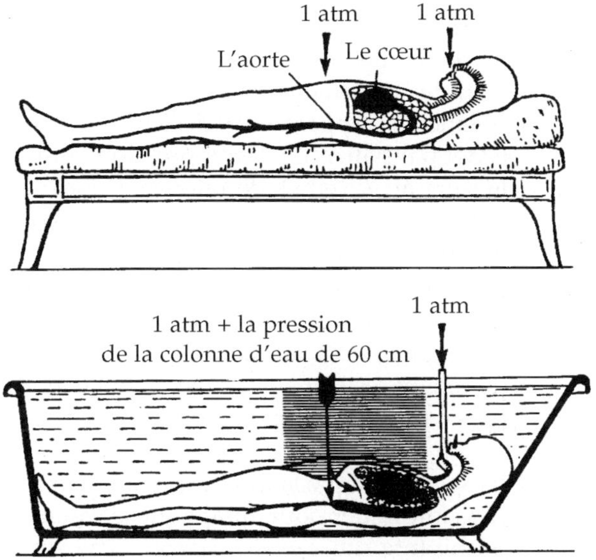

Figure 91. *Le corps humain sous l'action de la pression atmosphérique : (1) quand il est entouré par l'air (en haut) et (2) quand il est plongé dans l'eau (en bas). Ce dessin explique pourquoi l'homme ne peut respirer sous l'eau comme l'éléphant de la figure 82.*

vaisseaux sanguins de la poitrine et de la tête se remplissent donc au-delà de leur limite, gênant les contractions cardiaques. Il y alors un fort risque d'hémorragie interne par ruptures de petits vaisseaux.

Le médecin autrichien P. Chtigler l'a vérifié par des expériences qu'il décrit dans son livre *Baignade, nage et plongée* (Vienne). Il s'immergea ainsi à différentes profondeurs en utilisant un tuba. Il constata qu'à une profondeur de 1 m, la respiration devenait impossible. À 60 cm, son organisme supporta la différence de pression pendant moins de 4 minutes ; à 90 cm, 1 minute et à 1,5 m, plus que 6 secondes. Quand le médecin descendit à 2 m de profondeur, après quelques secondes, son cœur s'élargit à une dimension critique et il dut garder le lit pendant trois mois avant de récupérer une circulation sanguine normale. Conclusion : n'essayez pas de faire ces expériences !

Pourquoi alors demanderez-vous, pouvons-nous tout de même plonger à une profondeur assez importante sans avoir tous ces ennuis de santé ? Parce qu'en apnée les conditions sont différentes. Avant de plonger, le plongeur remplit ses poumons avec le maximum d'air possible. Au fur et à mesure de la plongée, cet air de plus en plus comprimé par l'eau environnante s'équilibre avec la pression ambiante. Il n'y a donc plus d'écart de pression ni de raison que le cœur en pâtisse. Il en va de même pour le scaphandrier ou le plongeur autonome, la pression de l'air amené par les bouteilles étant égale à celle de l'eau. En revanche, il apparaît des difficultés à la remontée. En effet, il faut procéder par palier (de décompression) afin que l'excès d'air dissous dans le sang ait le temps de retourner dans les poumons sinon des bulles d'air se forment dans les vaisseaux et compromettent gravement leur fonctionnement.

Il reste une seule question. Comment fait l'éléphant pour ne pas succomber à cette différence de pression ? C'est parce que justement c'est un éléphant ! Sa physiologie et sa grande musculature lui permettent de mieux résister à la pression de l'eau. Mais, il ne résisterait pas non plus à d'importantes profondeurs.

93 Il est évident que la force essayant de faire éclater la cabine est grande, sans impliquer pour autant que la cabine va éclater. Calculons la force déchirante qui s'exerce dans ce cas sur chaque centimètre carré de l'enveloppe. La force s'exerçant sur chaque hémisphère est :

$$0,9 \times 10^5 \times \frac{\pi}{4} \times 2,1^2 = 350\ 000\ \text{N}$$

(Il ne faut pas prendre en compte la surface de l'hémisphère, mais sa projection sur une surface plane, ce qui revient à prendre la surface d'un disque.) Cette force est appliquée à la surface du disque percé sur laquelle les deux hémisphères se touchent (Fig. 92). L'épaisseur de la paroi de la cabine est de 3,5 mm = 0,35 cm, aussi la surface de cette projection serait approximativement de :

$$\pi \times 210 \times 0,35 = 230\ \text{cm}^2$$

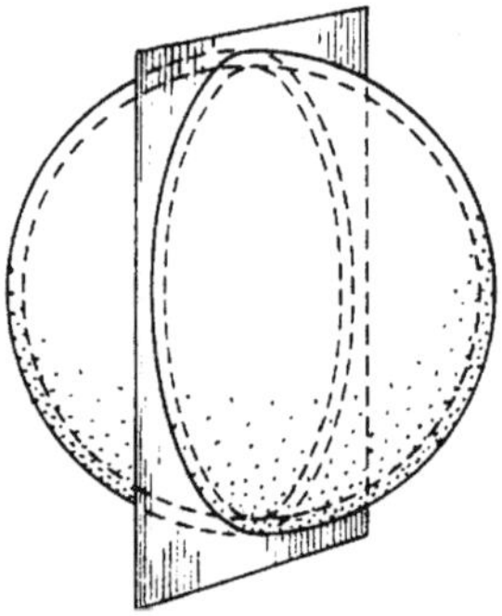

Figure 92. *Une coupe de la cabine sphérique du professeur Piccard suivant un grand cercle.*

Un centimètre carré subit une pression de :

$$\frac{350\ 000}{230} = 1\ 500\ \text{N/cm}^2$$

Le seuil de rupture de l'aluminium moulé est de 10 000 N/cm², et serait de 25 000 N/cm² pour de l'aluminium laminé. Suivant l'aluminium de la cabine, on a donc un facteur de sécurité de 6 à 16 fois.

94 Pour introduire le câble du clapet de l'aérostat dans la cabine stratosphérique, le professeur Piccard a inventé le système suivant.

Dans la cabine on installe un siphon rempli de mercure, dont la partie la plus longue est dirigée vers l'extérieur (Fig. 93). Comme l'écart de pression entre la cabine et l'extérieur est *inférieure* à une atmosphère, la différence de niveau du mercure dans la partie longue et la partie courte sera *d'au plus 76 cm.* À travers le mercure on passe le câble du clapet, qui ne modifie pas la différence de niveau du mercure. Grâce à ce système, on peut tirer sur le câble sans craindre que l'air de la cabine ne sorte puisque le siphon reste toujours bouché par le mercure.

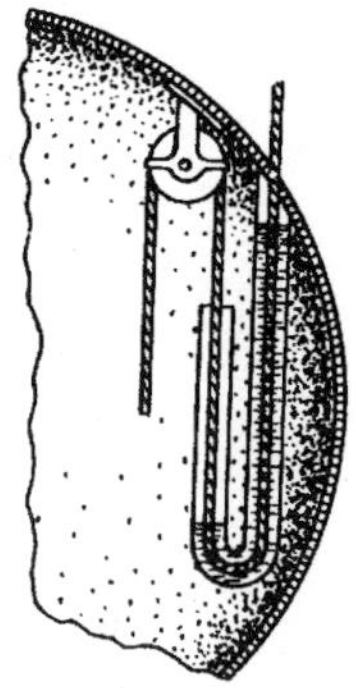

Figure 93. *L'astuce utilisée par le professeur Piccard pour introduire le câble permettant de manœuvrer de l'intérieur l'ouverture du clapet de l'aérostat.*

95 En ne considérant que le tube barométrique, suspendu au fléau de la balance, on peut penser que le changement du niveau du mercure dans celui-ci ne va pas influer sur l'équilibre de la balance : la colonne de mercure s'appuie sur le mercure dans le récipient inférieur et n'exerce aucune pression sur le point de suspension. Il en est effectivement ainsi. Cependant, chaque changement de pression atmosphérique, même minime, perturbe l'équilibre global de la balance (Fig. 94).

Expliquons pourquoi. En fait, les masses sur le plateau égalisent le poids du tube, mais également celui de la pression atmosphérique *via* la colonne de mercure. Les masses équilibrent donc la masse du baromètre en entier. Voilà pourquoi chaque changement de la pression atmosphérique (c'est-à-dire chaque mouvement de la colonne de mercure) va perturber l'équilibre de la balance.

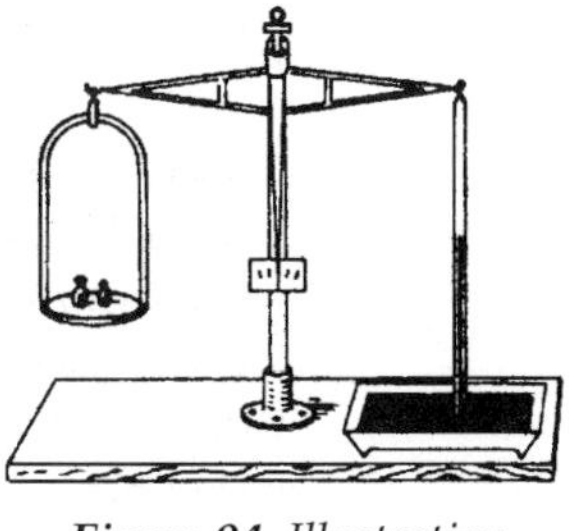

Figure 94. *Illustration du dispositif de la question n° 95.*

C'est sur ce principe que sont basés les baromètres à balance, auxquels il est facile d'ajouter un système permettant l'enregistrement des modifications, comme par exemple le barographe de Secchi[1].

1. Angelo Secchi, jésuite et astronome italien (1818-1878). Auteur de travaux sur la composition du Soleil (NdT).

96 Le problème vient du fait qu'il faut faire monter le liquide dans le tube du siphon plus haut que le niveau de l'eau du récipient et arriver ainsi jusqu'au coude du siphon. À partir de ce moment-là, le siphon pourra fonctionner. C'est facile à faire en aspirant le liquide ou en remplissant le siphon avant de le placer, mais je vous propose d'utiliser une autre méthode qui profite d'une propriété simple et mal connue des liquides.

Prenons un tube de verre dont le diamètre n'est pas trop grand pour qu'on puisse bien le boucher avec le doigt. Plongeons la partie libre dans l'eau. L'eau n'entre pas dans le tube, mais si nous retirons le doigt, le tube se remplit et pendant quelques instants le niveau d'eau dans le tube monte plus haut que celui du récipient. Après quoi, les niveaux s'égalisent (Fig. 95).

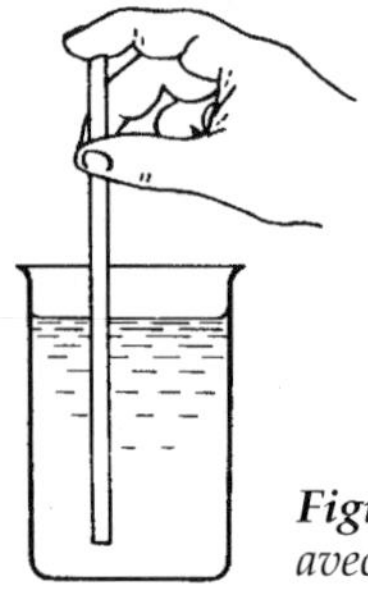

Figure 95. *On plonge le tube en obstruant son extrémité avec le doigt.*

Expliquons pourquoi le niveau de l'eau dépasse le niveau du récipient. Quand on retire le doigt, l'eau entre dans le tube avec une vitesse donnée par la formule de Torricelli $v = \sqrt{2gH}$, où g est l'accélération de la pesanteur et H la hauteur de la partie immergée du tube dans le liquide du récipient. Lors de la montée du liquide, cette vitesse ne diminue pas sous l'action de la force de pesanteur. En effet, il ne se passe pas ce que l'on observe quand on jette un ballon en l'air. Celui-ci, une fois jeté, est soumis à deux mouvements – un mouvement ascendant dû à l'accélération initiale et un mouvement descendant dû à l'accélération de la pesanteur. Dans notre tube, il n'y a pas ce deuxième mouvement, car la partie du liquide en mouvement est toujours soutenue par le liquide du récipient.

En conclusion, le liquide entrant dans le tube atteint le niveau du liquide du récipient avec une vitesse égale à sa vitesse initiale. Il n'est pas difficile de deviner qu'il doit continuer à s'élever d'une hauteur H au-dessus du niveau du liquide du récipient. Mais la friction diminue sensiblement cette distance. En revanche, on peut augmenter cette montée en réduisant le diamètre de la partie émergée du tube.

On voit immédiatement comment on peut utiliser cette propriété pour amorcer le siphon. Après avoir bouché fermement avec le doigt le bout du siphon, on le plonge dans le liquide le plus profondément possible pour augmenter la vitesse initiale (v sera d'autant plus grand que H sera grand). Puis on retire promptement le doigt de l'embouchure du siphon : le liquide monte, dépasse le niveau du récipient, traverse le coude et passe dans l'autre partie du siphon.

Il est très commode d'utiliser cette méthode dans la pratique avec des siphons de forme spécialement conçue. Sur la figure 96a, vous voyez un de ces siphons auto-amorçant. Après les explications données, son fonctionnement est compréhensible. La figure 96b montre un modèle avec une partie plus étroite qui permet d'augmenter la remontée du liquide au-dessus du deuxième coude[1].

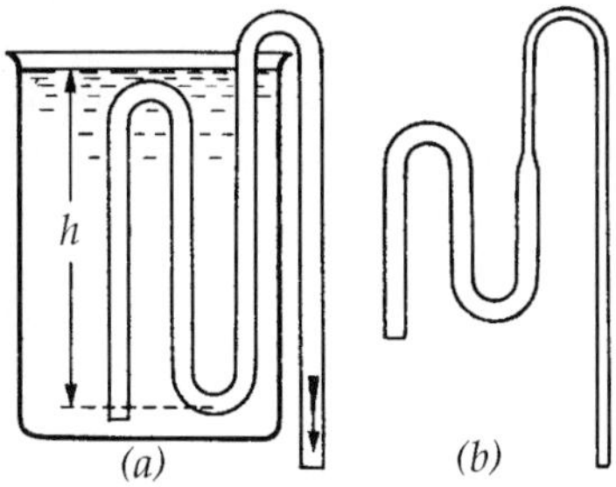

Figure 96. *Les siphons automatiques.*

97 On répond généralement à cette question par un «non» catégorique en raison de la méconnaissance du phénomène.

La plupart des auteurs des manuels scolaires et d'une bonne partie des manuels universitaires[2] considèrent sans sourciller que la pression de l'air est la seule raison du fonctionnement du siphon. Cependant, ce n'est qu'une superstition physique. «Le liquide dans le siphon coule très bien dans le vide» dit le professeur R.V. Paul dans son livre remarquable *Introduction à la mécanique et à l'acoustique* (1930).

Mais alors, comment expliquer le fonctionnement du siphon sans l'intervention de la pression de l'atmosphère ? C'est très simple : comme la partie du filet liquide qui s'écoule en descendant est plus longue et donc plus lourde que la partie qui monte, elle l'attire et

1. Les siphons présentés ont été inventés par l'ingénieur Neigebauer.
2. Y compris certains savants célèbres comme H. Lorenz, D.A. Goldhammer ou R. Millikan.

entraîne ainsi le liquide jusqu'à ce que les longueurs s'égalisent (ou qu'il n'y ait plus d'eau dans le réservoir). Ceci est clairement illustré par une corde qui passe par une poulie suspendue. Elle tombera du côté de la plus grande longueur (Fig. 97). C'est la cohésion des liquides[1] qui assure le phénomène. Cependant, cette cohésion peut facilement être rompue si le liquide contient des bulles d'air. En effet, celles-ci risquent de se placer dans le coude, ayant pour effet de rompre le filet liquide.

Le rôle de la pression de l'air extérieur n'est donc que d'assurer la continuité du filet liquide en limitant la formation d'éventuelles bulles d'air.

En fait, le siphon fonctionne également si l'air est remplacé par un autre liquide moins dense que le liquide dans le siphon. Le professeur Paul présente une telle expérience dans son livre, le rôle de l'air étant alors dévolu à l'huile. Cette expérience assure la continuité du filet de mercure, même en présence de bulles d'air (Fig. 98)[2].

Figure 97. *La démonstration du fonctionnement du siphon.*

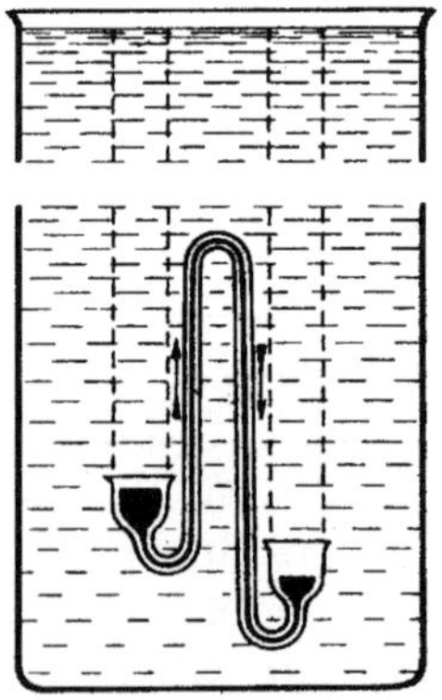

Figure 98. *Expérience d'écoulement du mercure dans un siphon plongé dans l'huile. Le filet de mercure reste intact dans le tube du siphon grâce à la pression de l'huile qui dans ce cas joue le même rôle que la pression atmosphérique, empêchant la formation de bulles d'air dans l'eau.*

1. La résistance des liquides à la déchirure est énorme, atteignant pour l'eau des dizaines de milliers d'atmosphères. Ce qui veut dire que le liquide est aussi «solide» que les solides : l'eau a la même résistance à la rupture qu'un bon fil de fer. Notre impression de facilité à partager les liquides ne contredit pas cette affirmation. Lorsque les liquides se partagent, ce n'est pas dû à une rupture interne, mais à un déplacement des molécules superficielles. L'exemple du papier illustre bien le phénomène : il est facile de déchirer une feuille de papier si l'on tire un de ses côtés dans deux directions opposées, mais c'est beaucoup plus difficile si l'on tire sur deux côtés opposés.
2. Il ne faut pas croire que, comme la hauteur d'huile est plus importante du côté bas du siphon, le mercure va se déplacer du côté bas vers le côté haut. Il faut en fait comparer la différence de pressions des deux colonnes d'huile avec la différence de pressions des deux colonnes de mercure. La différence de hauteurs des deux colonnes étant la même, c'est le mercure qui va imposer le mouvement puisqu'il est plus dense que l'huile.

Il apparaît finalement que l'explication correcte du fonctionnement du siphon a été donnée il y a deux mille ans par Héron d'Alexandrie, d'une manière analogue puisqu'il ne soupçonnait pas que l'air puisse avoir un poids[1]. Voilà ce qu'il en disait :

«Si l'ouverture libre du siphon se trouve à la même hauteur que le niveau du liquide dans le récipient, l'eau ne sortira pas du siphon même si celui-ci est plein d'eau. Comme sur une balance, l'eau reste en équilibre. En revanche, si l'ouverture libre du siphon se trouve plus bas que le niveau d'eau dans le récipient, l'eau coule dans le siphon puisque la partie χβ (Fig. 99), plus lourde que la partie βϑ, va tomber.»

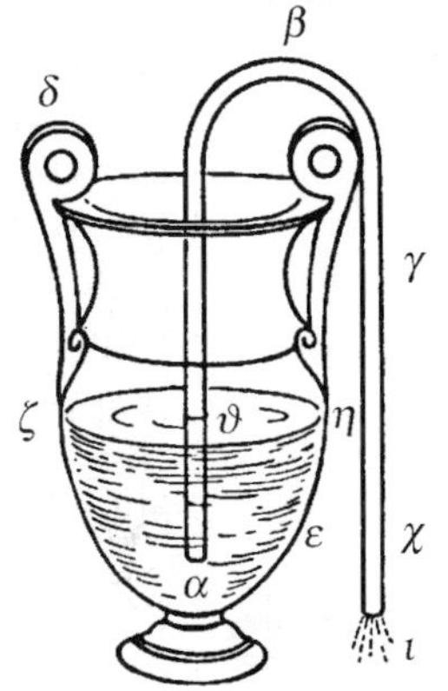

Figure 99. *Le dessin du siphon du manuscrit de Héron d'Alexandrie.*

98 Il est possible de faire «couler» les gaz avec un siphon. Dans ce cas, la participation de la pression atmosphérique est indispensable car les gaz n'ont aucune cohésion interne. Il est par exemple très facile de siphonner du dioxyde de carbone se trouvant dans un bocal. Mais on peut également faire passer de l'air avec un siphon comme indiqué par la figure 100.

On remplit une éprouvette d'eau que l'on renverse dans un bac lui-même plein d'eau de niveau *AB*. On s'assure ainsi qu'il ne reste pas d'air dans le haut de l'éprouvette. On introduit alors la partie courte du siphon dans l'éprouvette en ayant soin de boucher le bout *D* pour que l'eau n'y pénètre pas. Puis on le débouche et on constate que des bulles commencent à rentrer dans l'éprouvette par le bout C. Nous avons là un siphon à air !

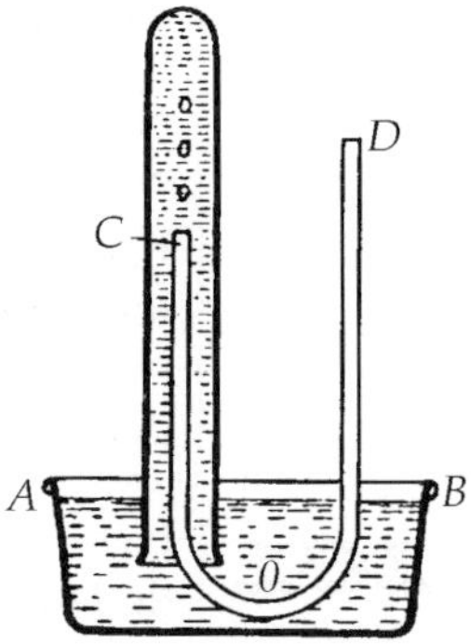

Figure 100. *Un siphon faisant couler de l'air.*

Pour expliquer ce phénomène, il convient de remarquer que le liquide en C subit une pression d'une atmosphère par-dessous, tandis que par-dessus la pression d'une atmosphère est diminuée du poids de la colonne d'eau

1. Trop de savoir peut nuire à la compréhension d'un phénomène (NdT) !

entre les niveaux *C* et *AB*. Le surplus de pression de l'extérieur entraîne l'air dans l'éprouvette.

99 Les manuels donnent comme hauteur maximale d'aspiration 10,3 m (ce qui correspond à une pression de 1 atm). En fait ce n'est qu'une valeur théorique, inaccessible en pratique. Les principales pertes d'aspiration sont les fuites d'air dans le puits ainsi que l'air dissous dans l'eau (qui compose 2 % de son volume comme on l'a vu à la question n° 87). Le dégazage de l'eau dans l'espace décomprimé au-dessus de la pompe réduit les capacités de celle-ci. On perd ainsi 3 m, ce qui ramène la hauteur maximale d'aspiration à environ 7 m.

Il apparaît à peu près la même hauteur limite pour les siphons quand ceux-ci sont utilisés pour faire passer de l'eau par-dessus les collines et les barrages.

100 Il semblerait logique que le gaz, soumis à une pression quatre fois plus grande, s'écoule beaucoup plus rapidement. On s'aperçoit cependant que sa vitesse d'écoulement dans le vide ne dépend presque pas de la pression qu'il subit. Un gaz fortement comprimé s'écoule à une vitesse comparable à celle d'un gaz faiblement comprimé.

Ce paradoxe physique s'explique grâce à la loi de Mariotte[1] (cas particulier de la loi des gaz parfaits) :

« À température constante, le volume d'une masse gazeuse varie en fonction inverse de sa pression. »

Dans le cas du gaz comprimé, il y a une forte propulsion, mais la masse de gaz entraînée lors de l'écoulement est aussi plus grande, et cela dans une même proportion. Autrement dit, la masse de gaz mis en mouvement augmente autant que l'augmentation de la pression.

Par ailleurs, on sait que l'accélération acquise par un corps est directement proportionnelle à la force et inversement proportionnelle à sa masse ($a = F/m$). L'accélération et la vitesse d'écoulement du gaz ne dépendent donc pas de la pression.

101 La supposition que le travail de pompage ne dépend pas de la hauteur de la montée est malheureusement fausse. Le travail de pompage ne profite réellement que de la décompression de l'air, mais celui-ci demande une utilisation différente de l'énergie en fonction de la hauteur de la colonne d'eau au-dessus de la pompe.

1. Abbé Edme Mariotte, physicien français (1620-1684).

Comparons le travail d'un piston pour monter de l'eau à une hauteur de 7 m et à une hauteur de 1 m.

Dans le premier cas, à l'équilibre, une force de 1 atm (une colonne d'eau de 10 m) agit par-dessus et par-dessous le piston. Après avoir pompé, nous avons sous le piston un déficit de pression de 7 m de colonne d'eau, plus les 3 m perdus lors du dégazage de l'eau et les fuites d'air (voir question n° 99). Donc, lors du pompage, il faut vaincre la pression d'une colonne d'eau de :

$$10 - (10 - 7 - 3) = 10 \text{ m}$$

qui correspond donc à une atmosphère normale.

Dans le deuxième cas, le déficit sous la pompe n'est que de 1 m, les autres données n'ayant pas changé. Par conséquent, la pression à vaincre est de :

$$10 - (10 - 1 - 3) = 4 \text{ m}$$

Comme la longueur du mouvement du piston est identique dans les deux cas, le travail de montée de l'eau à 7 m est plus grand que celui de montée à 1 m de :

$$\frac{10}{4} = 2{,}5 \text{ fois}$$

Ainsi l'éventualité d'un moteur hydraulique «gratuit» part en fumée.

102 La pompe des pompiers ne peut aspirer l'eau bouillante, car sous le piston de la pompe apparaîtrait de la vapeur d'eau ayant une pression d'une atmosphère, au lieu de l'air décomprimé.

103 La hausse de la colonne de mercure dans le réservoir signifie, bien sûr, que la pression du gaz dans le réservoir a augmenté. Il n'est pas difficile de deviner la raison de cette augmentation. Lors de l'ouverture du robinet, le gaz dans le réservoir, en raison de la rapide décompression, s'est refroidi en dessous de la température ambiante. Après quelque temps, la température du gaz est revenue à la normale, sa pression a augmenté selon la loi de Gay-Lussac[1] (la pression est proportionnelle à la température).

104 Une bulle d'air à une profondeur de 8 000 m doit se trouver sous une pression d'environ 800 atm, puisqu'une colonne d'eau de 10 m correspond à peu près à 1 atm. La loi de Mariotte énonce que la densité du gaz est directement proportionnelle à la pression qui agit dessus. En

1. Joseph Gay-Lussac, physicien français (1778-1850). Découvrit la loi de dilatation des gaz.

appliquant cette loi, on peut en déduire que la densité de l'air sous une pression de 800 atm doit être 800 fois plus grande que sous une pression normale. La densité de l'air environnant est 770 fois plus petite que celle de l'eau. Donc la bulle d'air au fond de l'océan sera plus dense que l'eau et ne remontera pas !

En fait, cette conclusion est fausse car la loi de Mariotte ne s'applique pas pour de telles pressions. Il n'y a plus une relation simple entre densité et pression. Voici, résumé dans un tableau, le taux de compression sous différentes pressions :

Pression (atm)	Taux de compression
200	190
400	315
600	387
1 500	510
2 000	584

On constate que plus la pression est grande, plus grande est la déviation par rapport à la loi de Mariotte[1].

Nous voyons donc que, même au fond de la fosse la plus profonde, une bulle d'air n'atteint pas la densité de l'eau. Même si une bulle se trouve à 11 km de profondeur, ce qui correspond à la plus grande profondeur océanique (près des Antilles), elle va irrémédiablement remonter.

105 Il ne faut pas croire que la roue de Segner tourne car l'air se trouve repoussé par le jet d'eau, auquel cas elle ne pourrait pas tourner dans le vide. Ce n'est pas la bonne explication de la rotation de la roue de Segner. La force repoussant les tuyaux de l'appareil se situe, non pas à l'extérieur, mais à l'intérieur de celui-ci : c'est la différence de pression de l'eau à la sortie du tuyau (tout le monde a déjà vu un tuyau d'arrosage se déplacer dans tous les sens s'il n'est pas maintenu). Ainsi, cette différence de pression ne dépend pas du fait que l'appareil se trouve dans le vide ou dans l'air. La roue de Segner fonctionne au moins aussi bien dans le vide que dans l'air, et peut-être même mieux en l'absence de résistance du milieu.

C'est la même raison qui permet à une fusée de se déplacer dans le vide. Elle est poussée par la force de recul des gaz d'échappement, et non pas en repoussant un quelconque milieu inexistant comme l'éther.

1. Pour que l'air atteigne la densité de l'eau, il faut une pression de 5 000 atm, ce qui correspond à une profondeur de 50 km !

106 Un mètre cube d'air humide est le mélange d'un mètre cube d'air sec avec de la vapeur d'eau. On pourrait donc croire qu'un mètre cube d'air humide est plus lourd qu'un mètre cube d'air sec. Cette conclusion est pourtant fausse : l'air humide est plus léger que l'air sec !

En effet, la pression de chaque composant du mélange des gaz est inférieure à la pression normale (qui est la même pour l'air sec et pour l'air humide). Une diminution de la pression implique également une diminution du poids par unité de volume de gaz.

Voyons cela en détail. Appelons f (en atmosphère) la pression de la vapeur dans l'air humide ($f < 1$). La pression de l'air sec dans le mélange est donc de $1 - f$. Soit r le poids d'un mètre cube de vapeur à température et pression atmosphérique normales, et q celui d'un mètre cube d'air sec. Alors sous une pression de f atmosphères, on a :

$$1 \text{ m}^3 \text{ de vapeur pèse } fr$$
$$1 \text{ m}^3 \text{ d'air pèse } (1 - f)q$$

Le poids total d'un mètre cube de mélange est donc de :

$$fr + (1 - f)q$$

Il est facile de s'assurer que, si $r < q$ (ce qui est le cas puisque la vapeur est plus légère que l'air), alors :

$$fr + (1 - f)q < q$$

c'est-à-dire qu'un mètre cube de mélange de vapeur et d'air est plus léger qu'un mètre cube d'air sec. En effet, si $r < q$, on a alors les inégalités suivantes :

$$fr < fq$$
$$fr + q - fq < q$$
$$fr + (1 - f)q < q$$

Ainsi, dans des conditions identiques de pression et de température, un mètre cube d'air humide est plus léger qu'un mètre cube d'air sec.

107 Il existe de nombreuses techniques plus ou moins performantes pour faire le vide. À partir de 10^{-11} atm, on parle de «vides poussés». La pompe à froid, qui utilise des plaques refroidies à l'azote liquide pour piéger les dernières molécules, permet d'atteindre une pression de 10^{-16} à 10^{-18} atm.

108 Celui qui n'a jamais calculé combien il reste de molécules dans un récipient d'un litre après une décompression maximale ne peut deviner, même très approximativement, ce nombre. Calculons-le.

Dans un mètre cube d'air à température ambiante, il y a sous une pression d'une atmosphère $2{,}68 \times 10^{25}$ molécules (nombre de Loschmidt[1]). Un décimètre cube (1 litre) en contient donc $2{,}68 \times 10^{22}$. Après une décompression de dix millions de milliards de fois (10^{16}) il doit rester :

$$\frac{2,68 \times 10^{22}}{10^{16}} = 2{,}68 \times 10^{6}\text{molécules}$$

Il est intéressant de connaître la «population» moléculaire de ce récipient «vide» en fonction des espèces chimiques :

Espèces	Nombre de molécules
Azote	2 000 000
Oxygène	650 000
Argon	30 000
Gaz carbonique	4 500
Néon	30
Krypton et xénon	traces

Ne vous paraît-il pas étonnant que l'on appelle «vide» une si grande quantité et une si grande diversité de molécules ?

109 Les molécules d'air sont, bien sûr, soumises à la pesanteur. Cependant elles restent toujours en mouvement rapide (à peu près à la même vitesse qu'une balle de fusil). L'attraction terrestre réduit la composante verticale de la vitesse dirigée vers l'espace et les empêche ainsi de s'y perdre. La Lune par exemple a une pesanteur trop faible pour retenir son atmosphère, c'est pour cela qu'il n'y en a plus.

Et pourquoi les molécules de l'atmosphère ne sont-elles pas toutes tombées à la surface de la Terre ? Elles tombent effectivement, mais étant parfaitement élastiques, elles rebondissent sur les autres molécules et sur la surface terrestre et demeurent ainsi toujours au-dessus de la surface.

La hauteur de la limite supérieure de l'atmosphère est déterminée par la vitesse des molécules les plus rapides. Même si la vitesse moyenne des molécules est d'environ 500 m/s, certaines, sept fois plus rapides, poussent des pointes à 3 500 m/s, atteignant des hauteurs records :

$$h = \frac{v^2}{2g} = \frac{3\ 500^2}{2 \times 9,8} = 625 \text{ km}$$

1. Joseph Loschmidt (1821-1895).

Cela explique la présence de traces d'atmosphère jusqu'à plus de 600 km au-dessus de la surface terrestre.

110 Nous avons l'habitude de croire qu'un gaz remplit toujours entièrement les récipients qui le contiennent. Il semble donc impossible qu'une partie du récipient soit pleine de gaz et que l'autre soit vide. Un réservoir rempli à moitié de gaz nous paraît une absurdité physique.

Il existe cependant des conditions dans lesquelles un tel paradoxe peut se réaliser. Imaginez un tube vertical, de 1 000 km de long, montant de la surface terrestre vers l'espace. Faites communiquer alors son espace intérieur avec l'air ambiant. Vous aurez une colonne d'air d'environ 600 km de haut (voir question n° 109) suivis d'environ 400 km de vide. Peu importe d'ailleurs que le tube soit fermé au bout. Donc le gaz ne remplit pas forcément tout l'espace qui lui est alloué, il peut exister une zone vide.

Le même résultat, plus réaliste, s'obtient avec une petite quantité de gaz (surtout si celui-ci est lourd) à basse température dans un récipient d'une dizaine de mètres de haut.

Quatrième partie

Les effets thermiques

Questions
111 à 160

111 L'origine de l'échelle de Réaumur

Pourquoi, dans l'échelle de température de Réaumur[1], la température d'ébullition de l'eau est-elle de 80° ?

Solution p. 135

112 L'origine de l'échelle de Fahrenheit

Pourquoi, dans l'échelle de température de Fahrenheit[2], la température d'ébullition de l'eau est-elle de 212° ?

Solution p. 135

113 L'intervalle entre les graduations d'un thermomètre

L'intervalle entre les graduations est-il toujours le même sur un thermomètre à mercure ? Qu'en est-il pour le thermomètre à alcool ?

Solution p. 136

114 Un thermomètre pour des températures atteignant 750 °C

Peut-on fabriquer un thermomètre à mercure qui permettrait de mesurer des températures atteignant 750 °C ?

Solution p. 136

115 Les degrés du thermomètre

Considérez cet extrait d'un magazine scientifique tendant à discréditer la fiabilité des thermomètres :
« Le degré ne mesure pas la même valeur au début et à la fin de l'échelle de température. Les degrés du thermomètre correspondent à des graduations régulièrement espacées.

1. René-Antoine Réaumur (Ferchault de), physicien et naturaliste français (1683-1757).
2. Daniel-Gabriel Fahrenheit, physicien prussien (1686-1736).

Par conséquent, la fraction volumique correspondant à un degré ne peut rester constante lorsque le liquide se dilate. »

L'auteur veut dire que si l'intervalle entre deux graduations définissant un écart de 1° est de 1 mm, alors le cylindre d'un millimètre de mercure sous 0 °C correspond à une fraction relativement plus grande du volume total de mercure que ce même cylindre à 100 °C (le volume global du mercure ayant augmenté par dilatation). Le rapport entre longueur et volume n'est donc pas constant.

Solution p. 137

Cette remarque vous semble-t-elle justifiée ?

116 La dilatation thermique du béton armé

Solution p. 137

Pourquoi dans le béton armé, l'armature et le béton ne se séparent-ils pas lors des changements de température ?

117 La dilatation thermique maximale

Quel est le solide qui se dilate plus à la chaleur que les liquides ?

Solution p. 137

Quel est le liquide qui se dilate plus à la chaleur que les gaz ?

118 La dilatation thermique minimale

Solution p. 138

Quel est le matériau qui se dilate le moins lors d'un échauffement ?

119 Anomalie de dilatation thermique

Solution p. 138

Quel est le solide qui se condense en se réchauffant et qui s'étire en se refroidissant ?

120 Le trou dans la feuille de fer

On perce, au centre d'une feuille de fer carrée de 1 m de côté, un trou de 0,1 mm de diamètre (l'épaisseur d'un cheveu).

Solution p. 138

À partir de quelle température le trou se bouchera-t-il ?

121 La force de dilatation thermique

Solution p. 139

Peut-on s'opposer à l'expansion thermique d'une barre métallique ou à celle d'une colonne de mercure par une force mécanique ?

122 Le réchauffement de la bulle du niveau du menuisier

Solution p. 140

La taille de la bulle dans le tube à niveau du menuisier fluctue en fonction de la température. La bulle est-elle la plus grande quand il fait chaud ou quand il fait froid ?

123 Le renouvellement de l'air dans la maison

Voilà ce que l'on pouvait lire dans une revue technique traitant des déplacements des masses d'air dans les maisons :

«Les pièces utilisant le chauffage central sont les plus mal adaptées au renouvellement de l'air. En effet, pendant le chauffage de ces pièces, on a seulement une circulation d'air vers le haut et vers le bas. Il faut souvent ouvrir les fenêtres pendant de longues périodes ou utiliser des ventilateurs pour avoir de l'air frais.»

«Chaque trou de ventilation (dans la pièce habitable) permet l'échange d'air. L'air vicié, plus chaud, est aspiré par la bouche d'aération et son volume est remplacé par l'air frais qui pénètre par toutes les fentes des portes, des fenêtres et même des murs. On obtient une bonne ventilation avec la cheminée. L'oxygène nécessaire au feu est aspiré de la pièce vers la cheminée. Les produits de combustion ne rentrent pas dans la pièce mais sortent par la cheminée. Pour compenser cette perte de volume, de l'air frais venant de l'extérieur doit entrer dans la pièce.»

Les mouvements d'air sont-ils correctement décrits dans cet article ?

Solution p. 141

124 La conductivité thermique de la neige et du bois

Qu'est-ce qui protège le mieux du froid : un mur de bois ou une couche de neige de même épaisseur ?

Solution p. 142

125 La poêle en cuivre et en fonte

Dans quelle poêle la nourriture cuit-elle le plus facilement : celle en cuivre ou celle en fonte ?
Pourquoi ?

Solution p. 142

126 Le double vitrage des fenêtres pour l'hiver

Quand on place un deuxième vitrage sur le cadre des fenêtres pour l'hiver, les peintres en bâtiment conseillent de laisser un espace libre sur la partie supérieure et extérieure du cadre.
Quelle est la raison physique de ce conseil ?

Solution p. 142

127 Dans une chambre chauffée

La chaleur passe des corps chauds vers les corps froids. La température de notre corps est supérieure à celle de l'air d'une pièce bien chauffée.
Pourquoi alors avons-nous chaud dans cette pièce ?

Solution p. 143

128 L'eau chaude au fond de la rivière

L'eau qui se trouve au fond des rivières est-elle plus chaude en été ou en hiver ?

Solution p. 143

129 Le refroidissement des rivières

Pourquoi les rivières au courant rapide ne gèlent-elles pas lors de températures négatives ?

Solution p. 143

130 La température de l'atmosphère

Pourquoi la température de l'atmosphère est-elle plus faible en altitude qu'au niveau de la mer ?

Solution p. 144

131 La vitesse d'échauffement

Faut-il plus de temps pour chauffer de l'eau de 10 °C à 20 °C ou bien de 90 °C à 100 °C ?

Solution p. 146

132 La température de la flamme de la bougie

Quelle est la température approximative de la flamme d'une bougie en stéarine[1] ?

Solution p. 146

133 Le clou et la flamme

Pourquoi les clous ne fondent-ils pas dans la flamme d'une bougie ?

Solution p. 146

134 Une calorie, c'est quoi ?

La définition de la calorie est la suivante :
«C'est la quantité de chaleur nécessaire pour élever d'un degré un gramme d'eau se trouvant à 15 °C à pression atmosphérique normale.»
Pourquoi cette définition précise-t-elle que l'eau doit se trouver à 15 °C ?

Solution p. 147

135 L'échauffement de l'eau sous trois formes

Nous souhaitons élever d'un même nombre de degrés un kilo de glace, un kilo d'eau liquide et un kilo de vapeur d'eau. Dans quel cas est-ce le plus facile, c'est-à-dire où la dépense d'énergie est-elle la plus faible ?

Solution p. 147

136 Le réchauffement d'un centimètre cube de cuivre

Quelle est la quantité de chaleur nécessaire pour chauffer d'un degré 1 cm^3 de cuivre (la chaleur spécifique du cuivre est d'environ 0,1 $kcal.kg^{-1}.°C^{-1}$) ?

Solution p. 147

1. Stéarine : corps gras, principal constituant des graisses animales.

137 La chaleur spécifique

La chaleur spécifique d'un corps est la quantité de chaleur nécessaire pour élever la température d'un gramme de ce corps d'un degré. Quel est le corps solide qui présente la plus grande chaleur spécifique ? Même question pour les liquides et pour les gaz. *Solution p. 147*

138 La chaleur spécifique de la nourriture

Lors de la conception des réfrigérateurs, il est nécessaire de connaître la chaleur spécifique des aliments. Connaissez-vous celle de la viande, des œufs, du poisson et du lait ? *Solution p. 147*

139 Le métal le plus facile à fondre

Quel est le métal solide à température ambiante le plus facile à fondre ? *Solution p. 148*

140 Le métal le plus difficile à fondre

Quel est le métal le plus difficile à fondre ? *Solution p. 148*

141 Le réchauffement de l'acier

Pourquoi les constructions en acier s'écroulent-elles lors d'un incendie, bien que la température de fonte de l'acier ne soit pas atteinte ? *Solution p. 148*

142 La bouteille d'eau et la glace

Peut-on mettre une bouteille d'eau bouchée dans de la glace en train de fondre sans craindre pour la bouteille ?
Une première bouteille d'eau est placée dans de la glace à 0 °C, et une seconde dans de l'eau à 0 °C. Dans laquelle des deux l'eau va-t-elle geler le plus vite ? *Solution p. 149*

143 La glace dans l'eau

La glace peut-elle couler dans de l'eau pure ? *Solution p. 149*

144 Le gel de l'eau dans les canalisations

Dans les canalisations des parties souterraines des bâtiments, l'eau gèle non pas lors des grands froids, mais pendant la fonte des neiges.
Comment expliquez-vous ce phénomène ? *Solution p. 150*

145 Glace fondante et patinage

On ne peut arriver à patiner correctement que s'il se forme sous le patin une mince pellicule d'eau. Ce filet d'eau se forme grâce à la diminution de la température de fonte de la glace obtenue lors des changements de pression qu'exerce le patineur sur la glace. Or, on sait que pour abaisser la température de fonte de la glace de 1 °C, il faut une pression de 130 atm. Ainsi, pour patiner à une température de – 5 °C, il faut exercer sur la glace une pression de 5 × 130 = 650 atm. La surface du patin en contact avec la glace est de quelques centimètres carrés. La masse du patineur répartie sur les patins ne représente donc qu'une dizaine de kilos par centimètre carré. La pression qu'exerce celui-ci sur la glace est donc bien trop faible pour pouvoir abaisser la température de fonte de la glace de 5 °C.

Comment expliquer alors la possibilité de pouvoir patiner à des températures inférieures à –5° ?

Solution p. 150

146 La baisse de température de fonte de la glace

Jusqu'à quelle température peut-on abaisser la température de fonte de la glace à l'aide d'une forte pression ?

Solution p. 150

147 La « glace sèche »

Savez-vous comment on fait de la « glace sèche » ?

Solution p. 151

148 La couleur de la vapeur

Quelle est la couleur de la vapeur d'eau ?

Solution p. 152

149 L'ébullition de l'eau

Est-il possible que l'eau du robinet qui a déjà bouilli puis est revenue à température ambiante puisse recommencer à bouillir plus vite que de l'eau du robinet non bouillie ?

Solution p. 152

150 La vapeur chauffante

Peut-on amener de l'eau à ébullition en la réchauffant avec de la vapeur à 100 °C ?

Solution p. 153

151 La bouilloire bouillante sur la main

On dit qu'une bouilloire métallique avec de l'eau bouillante qui vient d'être retirée du réchaud peut être posée sur une main sans crainte : il n'y aura pas de brûlure (Fig. 101). On ne commence à ressentir la chaleur qu'après l'avoir tenue ainsi quelques secondes. (Je n'ai pas fait l'expérience, mais quelques-uns de mes étudiants ont eu le courage de la faire et m'ont confirmé le résultat de cette expérience !)

Comment expliquer ce fait ?

Solution p. 153

Figure 101. L'expérience est moins dangereuse qu'il n'y paraît !

152 Aliment grillé et aliment bouilli

Pourquoi un aliment grillé a-t-il plus de goût qu'un aliment bouilli ? Solution p. 154

153 L'œuf chaud dans la main

Pourquoi l'œuf sorti de l'eau bouillante ne brûle-t-il pas (immédiatement) les mains (Fig. 102) ? Solution p. 154

Figure 102. L'œuf sorti de l'eau bouillante ne brûle pas les mains.

154 Le vent et le thermomètre

Comment le vent agit-il sur le thermomètre pendant les jours de froid ? Solution p. 154

155 Le principe du mur du froid

Un traducteur russe d'un ouvrage d'astronomie a rencontré dans un texte une allusion au «principe physique du mur du froid». Pourtant, dans les manuels et cours de physique, il n'en est jamais question. Savez-vous en quoi il consiste ? Solution p. 155

156 La capacité calorifique du bois

On dispose d'un kilo de bois de bouleau sec ainsi que d'un kilo de bois de tremble également sec. Lequel de ces deux bois fournira le plus de chaleur en brûlant ? Solution p. 157

157 La capacité calorifique du kérosène et de la poudre à canon

Qui, du kérosène ou de la poudre à canon, a la capacité calorifique la plus grande ?

Solution p. 158

158 La puissance de l'allumette enflammée

Quelle est la puissance d'une allumette enflammée ?

Solution p. 159

159 Le fer à repasser et les taches

Comment se fait-il que l'on puisse enlever des taches grasses avec un fer à repasser ?

Solution p. 159

160 La dissolution du sel de cuisine

Dans quelle eau peut-on dissoudre le plus de sel de cuisine : dans de l'eau à 40 °C ou dans de l'eau à 70 °C ?

Solution p. 159

Solutions 111 à 160

111 Le premier thermomètre de Réaumur n'avait qu'une très faible ressemblance avec notre thermomètre moderne. Avant tout, il contenait de l'alcool au lieu du mercure. En graduant son échelle, Réaumur ne se basait que sur une seule valeur – celle de la fonte de la glace – repérée par la valeur 1 000. L'alcool était choisi de sorte que son coefficient de dilatation thermique soit de 0,000 8. L'augmentation du volume de l'alcool dans le thermomètre d'un facteur 0,001 correspond à la valeur d'un degré. Avec une telle échelle, la température d'ébullition de l'eau devait avoir une valeur de 80 au-dessus de celle de la fonte de la glace, soit 1 080. Plus tard, on donna la valeur 0 au point de fonte de la glace et le point d'ébullition de l'eau passa à 80 R.

112 L'hiver 1709 fut un des hivers les plus rigoureux que connut l'Europe. Ainsi, le physicien Fahrenheit, habitant Dantzig, fixa le zéro de l'échelle de son nouveau thermomètre à la valeur la plus basse que connut sa ville au cours de cet hiver. Cette valeur était obtenue à l'aide d'un mélange réfrigérant composé de glace, de sel fin et d'ammoniaque.

Comme deuxième point constant, à l'exemple de ses nombreux prédécesseurs (y compris Newton), il choisit la température normale du corps humain. À l'époque, on pensait en effet que la température de l'air ne dépassait jamais celle du sang de l'homme, et qu'un éventuel dépassement lui serait fatal.

Ce second point, Fahrenheit lui a d'abord donné la valeur 24, le nombre d'heures dans une journée. Mais en pratique, les intervalles séparant chaque degré se sont avérés trop larges, aussi Fahrenheit les a scindés en quatre et la température du corps humain s'est retrouvée à $24 \times 4 = 96$ F. Ainsi fut fixée la taille définitive d'un intervalle correspondant à 1 F. Avec cette graduation, le savant obtint 212 F comme température d'ébullition de l'eau.

Comment expliquer le fait que Fahrenheit n'ait pas pris la température d'ébullition de l'eau comme deuxième point constant de son thermomètre ? Il a dû s'en abstenir car il savait que la température d'ébullition de l'eau dépend de la pression de l'air. La température du corps humain lui paraissait plus sûre en matière de stabilité. Il est cependant intéressant de remarquer à partir d'un simple calcul, qu'on pensait à l'époque que la température normale du corps humain était de 35,5 °C, soit environ un degré de moins qu'elle ne l'est en réalité.

113 L'intervalle entre les graduations du thermomètre est déterminé par la valeur du coefficient de dilatation thermique du liquide contenu dans le thermomètre. On sait qu'en se réchauffant, le coefficient de dilatation thermique de tout liquide augmente. Plus on est proche du point d'ébullition, plus cette augmentation est marquée.

Nous comprenons donc facilement d'où vient la différence dans l'intervalle des graduations entre les échelles du thermomètre à alcool et celui à mercure. Le thermomètre à mercure est généralement prévu pour des températures très éloignées de sa température d'ébullition (357 °C). Dans l'intervalle 0-100 °C, le coefficient de dilatation thermique n'augmente que très peu et, comme le volume du tube de verre augmente aussi, les variations des intervalles entre les graduations du thermomètre sont négligeables sur l'ensemble de l'échelle de lecture.

En revanche, le thermomètre à alcool s'utilise pour des températures très proches du point d'ébullition de l'alcool (78°). Aussi, l'augmentation du coefficient de dilatation thermique s'avère très marquée. Si le volume de l'alcool à 0 °C est de 100, à 30 °C il est de 103 et à 78 °C de 110. Il est donc nécessaire de prévoir des intervalles croissants entre les graduations du thermomètre.

114 Comme la température d'ébullition du mercure est de 357 °C et que le verre commence à se ramollir vers 500 – 600 °C, il semble impossible de fabriquer un thermomètre pour des températures de 750 °C. Et pourtant de tels thermomètres existent. Le tube en verre de quartz est un « dur à fondre » (il ne fond qu'à 1 625 °C) et contient de l'azote sous pression qui comprime le mercure entre 50 à 100 atm. Grâce à ce dispositif, la température d'ébullition du mercure se trouve repoussée jusqu'à 750 °C. Restant liquide en deçà de cette valeur, le mercure permet d'utiliser ce thermomètre comme à l'accoutumée. Pour mesurer des températures supérieures, on dispose d'autres techniques comme celle utilisant des couples thermoélectriques (le pyromètre).

115 L'auteur conteste donc le fait suivant sur lequel est basée la conception des thermomètres : « Les intervalles égaux de température correspondent aux augmentations du volume du matériau thermométrique *absolument égales.* »

Ce faisant, il suggère à la place la proposition suivante : « Les intervalles égaux de température correspondent aux augmentations du volume du matériau thermométrique *relativement égales.* »

Essayer de comprendre laquelle de ces deux propositions est la bonne, équivaut à comparer les deux unités de mesure que sont le mètre et le pied. Toutes deux sont valables car ce ne sont que des définitions. Il s'agit donc de choisir laquelle est la plus commode d'emploi pour l'étude scientifique de la chaleur.

La proposition de cet auteur n'est pas nouvelle. Elle avait déjà été avancée par le célèbre Dalton[1] et porte le nom d'*échelle de Dalton*. Sur cette échelle le point du zéro absolu n'existe pas, ce qui modifierait bien des idées dans cette partie des sciences physiques. Ce changement n'aurait non seulement pas facilité, mais aurait même compliqué la transcription des lois de la nature. Ainsi l'échelle de Dalton que l'auteur propose de remettre en service a fait long feu.

116 La raison est simple. Le coefficient de dilatation thermique du béton (0,000 012 $°C^{-1}$) correspond quasiment à celui du fer. Lors des changements de température, ils se dilatent donc à la même vitesse, ce qui maintient leur cohésion.

117 Parmi les solides, le plus expansible est la cire, qui dépasse dans ce domaine les capacités de nombreux liquides. Le coefficient de dilatation thermique de la cire varie en fonction de sa composition, de 0,000 3 $°C^{-1}$ à 0,001 5 $°C^{-1}$, c'est-à-dire qu'il est de 25 à 125 fois plus important que celui du fer. Le coefficient de dilatation thermique du mercure est de 0,000 18 $°C^{-1}$, et celui du kérosène de 0,001 $°C^{-1}$, ainsi la cire peut se dilater plus que le mercure, et parfois même plus que le kérosène.

En ce qui concerne les liquides, l'éther avec un coefficient de 0,001 6 $°C^{-1}$ est un des plus dilatables. Mais ce n'est pas une valeur très

1. John Dalton, physicien et chimiste anglais (1766-1844). Plus connu pour ses études sur les perversions du sens des couleurs (daltonisme).

rare : certains liquides se dilatent encore 9 fois mieux que lui : le CO_2 liquide à 20 °C en est un bon exemple, son coefficient de dilatation thermique est de 0,015 °C^{-1} soit 4 fois mieux que les gaz. En effet, le coefficient de dilatation des liquides augmente très vite lorsqu'ils approchent leur température critique, dépassant ainsi dans de nombreux cas celui des gaz.

118 Le verre de quartz possède le plus faible coefficient de dilatation thermique, à savoir 0,000 000 3 °C^{-1} soit 40 fois moins que le fer. Un tube à essai en verre de quartz chauffé à 1 000 °C (le verre de quartz fond à 1 625 °C) peut sans crainte être plongé dans de l'eau glacée – il n'éclatera pas. En deuxième position se trouve le diamant avec un coefficient de dilatation thermique de 0,000 000 8 °C^{-1}.

Parmi les métaux, celui qui présente le coefficient de dilatation thermique le plus faible est une variété d'acier nommée Invar (du mot latin signifiant « invariable »). Cet acier contient 36 % de nickel, 0,4 % de carbone et autant de manganèse. Son coefficient de dilatation vaut 0,000 000 9 °C^{-1} et peut atteindre, dans certains cas, 0,000 000 15 °C^{-1}, soit 80 fois moins que l'acier normal. Il en existe même qui, en deçà d'une température critique, ne se contractent plus du tout. L'Invar est particulièrement bien adapté à la fabrication de mécanisme de précision comme les pendules et les appareils de mesure.

119 Et non, ce n'est pas la glace ! Effectivement la glace se dilate en se refroidissant, mais ne se condense pas lorsqu'elle se réchauffe. L'anomalie de dilatation de l'eau n'est vraie que pour l'état liquide.

Il existe pourtant des solides qui s'étirent en se refroidissant en dessous d'une certaine température. C'est avant tout le diamant, l'oxyde de cuivre et la smaragdite[1]. Le diamant commence à s'étirer vers – 42 °C, l'oxyde de cuivre et la smaragdite vers – 4 °C. Ce qui veut dire qu'à – 42 °C et à – 4 °C ces corps ont leur densité maximale, comme l'eau à + 4 °C.

L'iodure d'argent cristallisé s'étire lors d'un refroidissement à des températures normales. La baguette de caoutchouc a la même particularité : en étant étirée par une charge et réchauffée, elle se raccourcit.

120 Il est faux de croire que si l'on chauffe la feuille de fer suffisamment fort, le trou va se refermer sous l'action de la dilatation thermique.

1. C'est un minéral d'un beau vert émeraude.

Aucun chauffage ne donne un tel résultat, parce qu'en chauffant, les trous s'élargissent au lieu de rétrécir. Le raisonnement suivant va vous en convaincre.

Supposons qu'il n'y ait pas de trou. La matière qui serait à sa place se dilate donc comme la matière qui l'entoure et finirait par former des plis ou des cassures. Or on sait que, lors de l'échauffement d'un corps homogène, il ne se forme aucun pli ni cassure. Par conséquent la feuille trouée se dilate comme s'il y avait du fer dans le trou, ce qui signifie que le trou se dilate également. C'est pour cela que les volumes des récipients, les trous dans les tuyaux, les concavités des corps de toutes sortes, augmentent leurs dimensions quand ils sont chauffés (et diminuent quand ils sont refroidis). Le coefficient de dilatation thermique du trou est le même que celui du matériau l'entourant.

Il n'est donc pas possible de refermer le trou en le chauffant. Qu'à cela ne tienne, essayons de le boucher en le refroidissant.

Comme le coefficient de dilatation thermique du fer est de $0{,}000\,012\ °C^{-1}$, et que le refroidissement maximal est de – 273 °C, on comprend que le trou ne peut diminuer que de $0{,}000\,012 \times 273$ soit environ 0,003. Donc on ne peut boucher aucun trou par un changement de température, même un trou microscopique.

121 L'amplitude des forces de dilatation ou de compression thermiques est très importante. On peut citer, par exemple, l'expérience de Tindalle souvent présentée dans les classes de physique au collège : une barre en fer attachée à un mur qui se refroidit brise, en se contractant, son attache en fer d'une épaisseur d'un centimètre. Il y a également l'eau qui en gelant fait éclater les rochers. Tolstoï rapporta l'histoire (conservée au Conservatoire des arts et métiers de Paris) du redressement d'un mur en pierre à l'époque de Napoléon Ier qui fut intégrée dans tous les manuels de Russie[1]. Ainsi il apparaît impossible de résister à cette force de dilatation thermique.

Cette idée est complètement fausse car les forces moléculaires à l'origine de la dilatation thermique (les magnifiques «titans masqués» selon l'expression de Tindalle) ne sont pas illimitées. Il n'est pas difficile de

1. Voici cette histoire telle que l'a racontée Tolstoï dans son *Premier livre de lecture* :
«COMMENT ON A RÉPARÉ UNE MAISON À PARIS (histoire réelle). Les murs d'une grande maison s'écartaient. Les occupants se demandaient comment faire pour les resserrer sans être obligé de casser le toit. Un homme avisé trouva la solution. Il introduit dans les murs des deux côtés de la maison des barres de fer avec des boucles aux extrémités. Puis il fit deux autres barres en fer ayant des crochets aux extrémités et une trentaine de centimètres en moins que la longueur nécessaire pour rejoindre les boucles. Il chauffa les deux barres jusqu'à atteindre la longueur nécessaire pour que les crochets entrent dans les boucles. Puis il laissa refroidir les barres. Celles-ci en se contractant rapprochèrent les murs.» Perelman, dans son livre *La physique au quotidien*, reprend en détail cette histoire (NdT).

calculer la force nécessaire pour comprimer une attache en fer de 1 cm² et pour résister à sa dilatation lors du réchauffement de 0 °C à 20 °C. Il suffit de connaître le coefficient de dilatation thermique de cette matière (dans le cas du fer : 0,000 012 $°C^{-1}$) ainsi que la mesure de sa résistance à l'étirement mécanique, que l'on appelle module d'élasticité ou module de Young[1] (dans le cas du fer : 20 000 000 N/cm²). Ainsi sous une force de 10 N/cm², l'attache en fer est étirée de 1/2 000 000 de sa longueur et, lors de sa compression, par une force équivalente, raccourcie de la même valeur.

Faisons les calculs. Dilatation de la barre de fer passant de 0 à 20 °C sur une section de 1 cm² :

$$0{,}000\,012 \times 20 = 0{,}000\,24$$

On a vu qu'il faut fournir une force mécanique de 10 N pour la réduire de 1/2 000 000 de sa longueur. Donc, pour la raccourcir de 0,000 24, il faut une force de :

$$\frac{0{,}000\,24}{\dfrac{1}{2\,000\,000}} \times 10 = 4\,800 \text{ N}$$

Donc, si l'on applique sur les bords de notre barre en fer une force d'environ 5 000 N, elle ne se dilatera pas lors de l'échauffement de 0 °C à 20 °C. De la même manière, nous pouvons déterminer la pression nécessaire pour empêcher la colonne de mercure de se dilater dans le tube d'un thermomètre lors d'un réchauffement de 0 à 20 °C. Le coefficient de dilatation du mercure est de 0,000 18 $°C^{-1}$; sa compressibilité sous pression est telle qu'une atmosphère diminue son volume initial de 0,000 003. Dans notre cas, il faut empêcher le mercure de se dilater de :

$$0{,}000\,18 \times 20 = 0{,}003\,6$$

Ainsi pour empêcher une telle dilatation on a besoin d'une pression de :

$$\frac{0{,}003\,6}{0{,}000\,003} = 1\,200 \text{ atm}$$

ce qui montre que le remplissage du canal du thermomètre à azote comprimé sous une pression de 50 à 100 atm (voir question n° 114) n'affecte que très faiblement l'expansion de la colonne de mercure.

122 La réponse la plus courante à cette question est de dire que « la bulle est plus grande quand il fait chaud car le gaz dans le tube se dilate sous l'action de la chaleur ». C'est oublier que le gaz ne peut se dilater dans

1. Thomas Young, médecin et physicien anglais (1773-1829).

ces conditions car le liquide présent dans le tube l'en empêche. Toutes les parties de l'instrument se réchauffent : le cadre support du tube, le tube en verre, le liquide, le gaz de la bulle. La dilatation du tube est très faible ; celle du liquide est plus importante et doit donc *comprimer* la bulle.

Ainsi, la bulle du niveau est plus petite par temps chaud que par temps froid.

123 Cet article est écrit dans un style qui, il y a près de trois cents ans, aurait été en accord avec les connaissances physiques de l'époque. En ce temps-là, on ne soupçonnait pas l'existence de la pression atmosphérique et on partageait les corps de la nature en deux catégories : les lourds qui tombent et les légers qui montent (théorie de la «peur du vide»). Maintenant, il n'est plus question de penser que l'air chaud sort par le trou de ventilation et que le vide ainsi créé est comblé par l'air extérieur qui rentre. L'air chaud ne monte pas de lui-même : il est repoussé vers le haut par l'air froid envahissant le bas. La cause et la conséquence sont donc inversées dans cet article.

Torricelli, ayant mis fin par ses expériences à ces idées fausses, s'est intelligemment moqué de la théorie des corps légers qui montent. Dans une de ses *Lectures académiques*, il écrivait :

«Un jour, les Néréides[1] décidèrent de faire un cours de physique. Au fond de l'océan elles ouvrirent leur Académie et commencèrent par enseigner les bases de la physique, comme nous le faisons dans notre "océan d'air". Les Néréides, curieuses et observatrices, ont vu que parmi les objets qu'elles utilisaient sous l'eau, il y en avait qui coulaient et d'autres qui remontaient à la surface. De là, sans réfléchir à ce qui se passerait dans d'autres milieux, elles ont déduit qu'il y avait des corps lourds (la terre, les pierres et les métaux par exemple) qui coulent et d'autres légers (l'air, la cire, la plupart des plantes) qui flottent...»

«L'erreur des Néréides qui ont considéré comme *légères* beaucoup de matières qui, chez nous, sont considérées comme *lourdes*, est tout à fait pardonnable. Je m'imagine une mer immense de mercure dans laquelle je serais né et où j'aurais grandi. S'il me prenait l'envie d'écrire un article départageant les matières lourdes des matières légères, je raisonnerais de la façon suivante : d'après mon expérience dans cette mer, il apparaît que seul l'or reste au fond de mon océan noir. Donc toutes les matières sont légères : leur nature les incite à remonter, sauf

1. Néréides, filles de Nérée et de Doris, nymphes de la mer Méditerranée, qui personnifient le jeu des vagues.

l'or qui préfère descendre dans le mercure et est donc une matière lourde. La physique des Salamandres (la légende prétend qu'elles peuvent vivre dans le feu) serait complètement différente ; elles diraient que toutes les matières sans exception sont *lourdes.*»

Aristote[1] dans ces livres nous donne la définition suivante du lourd et du léger :

«L'objet lourd est celui dont la nature est dirigée vers le bas ; l'objet léger est celui dont la nature est dirigée vers le haut.»

Cette définition ne semble pas différer de celle donnée par les Néréides qui certes concordait avec les observations mais ne s'accordait pas avec la réalité physique du phénomène.

Ainsi, trois siècles après Torricelli, nous ne sommes pas encore débarrassés de cette idée que l'air chaud monte et que l'air froid doit occuper la place laissée vacante.

124 C'est la neige qui protège le mieux du froid, car la conductivité thermique de la neige est 2,5 fois plus faible que celle du bois. La faible conductivité thermique de celle-ci explique son action «chauffante» : en recouvrant la terre, elle empêche partiellement celle-ci de perdre sa chaleur et de se refroidir.

125 La conductivité thermique de la fonte est 7,5 fois plus grande que celle du cuivre. Cela signifie que, par unité de temps, il passe 7,5 fois plus de chaleur à travers une couche de fonte qu'à travers une couche de cuivre de même épaisseur. Si l'on fait cuire un œuf au plat dans une poêle en fonte, on aura donc intérêt à le surveiller de près si l'on ne veut pas qu'il soit rapidement carbonisé !

126 Ce conseil n'a aucune base physique et n'est qu'une idée, astucieuse à première vue, mais qui diminue sensiblement l'utilité de l'opération. L'introduction du deuxième vitrage réduit les pertes thermiques seulement si la couche d'air entre les vitres est complètement isolée de l'air de la pièce et de l'air extérieur. Si on laisse un bord libre dans le cadre extérieur, l'air froid va rentrer, se réchauffer, être rejeté dehors par l'air froid de l'extérieur qui va prendre sa place, et ainsi de suite. Comme le chauffage se fait au détriment de la chaleur de l'air de la pièce, le changement d'air dans l'espace entre les cadres va peu à peu refroidir la pièce. Donc plus l'air entre le double vitrage est isolé, meilleure sera l'isolation de la fenêtre.

1. Aristote, philosophe grec (384-322 av. J.-C.). Fondateur de la logique formelle et de la morale comme science.

127 La température de la surface du corps humain varie de 29 °C (plat du pied) à 35 °C (visage). L'air d'une pièce chauffée dépasse rarement 21 °C. Le passage de la chaleur de l'air ambiant vers notre corps ne peut donc pas avoir lieu. Alors pourquoi avons-nous chaud dans cette chambre ?

Pas du tout parce que notre corps reçoit de la chaleur de l'air ambiant, mais plutôt parce que l'air chauffé par notre corps a du mal à se refroidir. L'air est un très mauvais conducteur thermique, notre corps est ainsi entouré d'une couche d'air à la même température. Cette chaleur se dissipant d'autant plus mal que l'air de la pièce est élevé (et que les poils sont nombreux), nous ressentons une sensation de chaleur. Cela explique aussi pourquoi un simple ventilateur peut donner un peu de fraîcheur en renouvelant l'air à la surface de la peau.

128 On dit parfois qu'au fond de profondes rivières, il fait toujours la même température de + 4 °C car, à cette température, l'eau présente sa densité maximale. Ceci est vrai pour les réservoirs d'eau immobile comme les lacs. Mais dans les rivières, la répartition des températures est tout autre.

Dans l'eau de rivière, il n'y a pas que le courant horizontal visible (courant lamellaire), mais également des courants verticaux. Toute l'eau de la rivière est constamment brassée, ainsi la température de l'eau au fond est sensiblement la même que celle en surface. Les variations de température atmosphérique se répercutent très rapidement au fond de la rivière.

Ainsi on peut répondre à la question en disant que «près du fond de la rivière, l'eau est plus chaude en été qu'en hiver de la même manière que l'air est plus chaud en été qu'en hiver».

129 Ce n'est pas à cause du courant, comme on le pense généralement, que les rivières tardent à geler. Les molécules d'eau se déplacent même quand l'eau est immobile à des vitesses de quelques centaines de mètres par seconde, aussi un courant de 1 ou 2 m/s ne va pas y changer grand-chose.

Mais l'eau de la rivière est également animée par des courants verticaux qui mélangent en permanence les différentes couches d'eau et empêchent la formation d'un gradient de température. C'est dans ce mouvement que se trouve la véritable explication. Pour que la rivière commence à geler, il faut que le fond de celle-ci soit également proche de zéro.

Ce mouvement de l'eau de la rivière influe également sur la manière dont les morceaux de glace se forment. Lorsque le courant est faible, les cristaux de glace créés à la surface forment en se collant une couche de glace de plus en plus épaisse. En revanche, lorsque le courant est violent, ces derniers sont entraînés au fond de la rivière et s'y agglomèrent en bouchons pouvant amener le débordement de la rivière. La rapide rivière Angara qui traverse la Sibérie gèle difficilement malgré le froid très rigoureux qui règne en hiver, mais elle forme plus aisément d'immenses bouchons de glace. En revanche, son affluent, l'Irkout, coule lentement et gèle au moindre froid.

Il faut remarquer que la lutte contre ces bouchons en les détruisant avec de la dynamite n'est pas toujours rationnelle. Non seulement cela peut être inutile car les bouchons se reforment aussitôt, mais en plus cela empêche la formation d'une couverture de glace à la surface, qu'il est judicieux de favoriser en laissant flotter du bois.

130 Cette question qui semble anodine à pourtant fait couler beaucoup d'encre. Les réponses les plus diverses ont été avancées. Certains pensent que l'atmosphère n'est pratiquement pas échauffée par le rayonnement solaire et qu'elle reçoit la majorité de sa chaleur de la Terre par conduction thermique :

« La Terre est soumise au rayonnement solaire qui traverse librement l'atmosphère et ne l'échauffe pas. Seule la Terre réchauffe l'air qui l'entoure. Voilà pourquoi les couches d'air les plus éloignées de la Terre sont les plus froides. »

Cette explication n'est pas valable car, comme dans une casserole chauffée par le fond, on devrait observer des mouvements de convection des masses chauffées, entraînant rapidement une uniformisation de la température. L'air froid descend pour se réchauffer et repousse l'air chaud vers le haut.

D'autres proposent la solution suivante :

« L'air en montant utilise une partie de son énergie thermique pour accomplir ce travail. Chaque kilogramme d'air doit perdre une quantité d'énergie de 1 kcal pour monter de 427 m. En comptant que le volume thermique maximal de l'air est de 0,25 kcal.kg^{-1}.degré$^{-1}$, on constate qu'en s'élevant de 100 m, l'air diminue sa température initiale de 1 °C. Une telle diminution est effectivement observée. »

Malgré une remarquable concordance avec l'expérience, cette explication est totalement fausse. Elle se base sur l'idée trompeuse que l'air qui s'élève effectue un certain travail. Cet air effectue autant de travail qu'un bouchon qui remonte à la surface de l'eau. Le bouchon ne se refroidit pas en remontant du fond d'un lac vers sa surface, et il n'effectue aucun travail mais on effectue un travail sur lui. De la même façon, l'air ascendant est poussé par le courant froid descendant qui effectue le travail de sa montée ; le créditeur de ce travail est la pesanteur qui agit sur la masse froide en chute. Prenons encore l'exemple d'une balle tirée verticalement. Son énergie cinétique se transforme en énergie potentielle, mais il n'y a aucune transformation d'énergie mécanique en une énergie thermique. Ce n'est pas en se refroidissant qu'elle monte.

Enfin, on proposa la solution suivante :

«Les molécules d'air ascendantes ralentissent au fur et à mesure de leur ascension, ce qui implique une diminution de la température.»

Cette explication est également fausse par analogie avec l'exemple de la balle de fusil. Comme l'écrivait Maxwell dans sa *Théorie de la chaleur*, la pesanteur ne joue aucun rôle sur la température d'une colonne d'air.

La vraie raison du refroidissement de l'air dans les courants ascendants se trouve dans son extension dite «adiabatique». En s'élevant dans les couches supérieures plus ténues de l'atmosphère qui sont des zones de basse pression, l'air se dilate et ce travail de dilatation lui coûte de la chaleur. Un tel changement d'état d'un gaz sans échange de chaleur avec le milieu extérieur constitue une transformation adiabatique.

Traduisons cela par une équation. Soit T_0 et P_0 la température et la pression barométrique de l'air au niveau du sol et, de même, T_h et P_h leurs valeurs à l'altitude h. L'écart est donné par la relation suivante :

$$T_0 - T_h = T_0\,[(P_0/P_h)^{(k-1)/k} - 1]$$

où l'*exposant adiabatique k* indique le rapport de la capacité thermique du gaz à pression constante sur sa capacité thermique à volume constant. Pour l'air, $k = 1{,}4$.

Calculons, par exemple, la température de l'air à une altitude de 5,5 km où la pression barométrique est deux fois plus faible que celle au niveau de la mer. Pour faciliter le calcul, on considère l'air parfaitement sec, sans trace d'humidité. On trouve :

$$T_0 - T_h = T_0\,(2^{0{,}29} - 1) = 0{,}22\,T_0$$

soit : $$T_h = 0{,}78\,T_0$$

Si $T_0 = 17\ °\mathrm{C} = 290\ \mathrm{K}$, alors $T_h = 226\ \mathrm{K} = -47\ °\mathrm{C}$.

On perd donc environ un degré tous les cent mètres. La présence de vapeurs d'eau modifie ce résultat. Dans un air saturé de vapeur, on ne perd plus qu'un demi-degré tous les cent mètres.

La détente adiabatique de l'air est donc la véritable raison du refroidissement de l'air ascendant. Mais inversement, elle est également responsable de son réchauffement dans les courants descendants. Ce dernier effet est particulièrement important en montagne où parfois il se met à souffler un vent chaud que l'on appelle le «fœhn».

Pour être complet, il faut préciser que cette chute de température ne concerne que la partie la plus basse de l'atmosphère, la troposphère (0 à 11 km). Ensuite vient la stratosphère (11 à 110 km) dans laquelle la température se maintient entre 0 °C et – 75 °C. Puis c'est l'ionosphère (110 à 800 km) où règne une température de près de 1 500 °C. Au-delà, commence le vide de l'espace.

131 En observant le réchauffement de l'eau, chronomètre en main, il est facile de vérifier qu'il dure plus longtemps sur les dix derniers degrés que sur les dix premiers ; et cela en dépit de la diminution de la quantité d'eau en ébullition par évaporation. La cause de ce phénomène provient du rayonnement thermique de l'eau qui s'accentue à mesure que sa température s'élève. Entre 90 et 100 °C, la chaleur apportée par la flamme doit compenser la chaleur emportée par la vapeur d'eau.

132 On a tendance à sous-estimer la température d'une petite flamme de bougie. Et pourtant elle atteint près de 1 600 °C !

133 On répond habituellement que c'est «parce que la flamme de la bougie n'est pas assez chaude». Mais nous savons que la température de la flamme de la bougie atteint 1 600 °C, soit une centaine de degrés de plus que la température de fusion du fer. Pourtant le clou rougit, mais ne fond pas.

La raison en est qu'une partie de la chaleur de la flamme que reçoit le clou est perdue en rayonnement. Plus la température du clou est élevée, plus la quantité de rayonnements émise est grande. Il arrive d'ailleurs un moment où la quantité de chaleur reçue est entièrement rayonnée : la température du clou n'augmente plus.

Pour parvenir à fondre le clou, il faut l'envelopper entièrement par la flamme. Ainsi toute sa surface pourrait être portée à sa température de fusion. Ce n'est généralement pas le cas, ce qui empêche la fonte du clou.

134 La quantité de chaleur nécessaire pour chauffer l'eau d'un degré n'est pas rigoureusement la même suivant sa température initiale. Entre 0 et 27 °C cette quantité reste à peu près stable et commence à augmenter au-delà de 27 °C. Pour définir correctement la calorie, il faut donc indiquer la température initiale.

Selon un agrément international, la définition correcte d'une calorie est la suivante :

« Une calorie est la quantité de chaleur nécessaire pour augmenter la température d'un gramme d'eau de 14,5 à 15,5 °C. Cette calorie est égale à la valeur moyenne de la calorie mesurée dans l'intervalle des températures compris entre 0 et 100 °C. »

135 Ce sera le plus facile pour la vapeur d'eau, sa chaleur spécifique étant de 0,46 kcal.kg^{-1}.°C^{-1}, puis pour la glace de chaleur spécifique égale à 0,505 kcal.kg^{-1}.°C^{-1}, et enfin pour l'eau liquide.

136 Il faut faire attention aux unités de la chaleur spécifique donnée en fonction de la masse et non pas du volume. Ainsi, sachant que la densité du cuivre est de 9 g/cm^3 et que sa chaleur spécifique est de 0,1 kcal.kg^{-1}.°C^{-1}, on peut calculer la quantité de chaleur nécessaire pour échauffer d'un degré un centimètre cube, soit 0,9 calorie.

137 Parmi les solides, c'est le lithium (1,04 kcal.kg^{-1}.°C^{-1}) qui détient la plus grande chaleur spécifique, soit environ le double de celle de la glace.

Parmi les liquides, c'est l'hydrogène liquide qui présente la chaleur spécifique la plus importante avec 6,4 kcal.kg^{-1}.°C^{-1}. L'ammoniac liquide a une chaleur spécifique légèrement supérieure à celle de l'eau.

Enfin pour les gaz, c'est l'hydrogène avec 3,4 kcal.kg^{-1}.°C^{-1}, suivi par l'hélium avec 1,25 kcal.kg^{-1}.°C^{-1}.

138 Voici les valeurs de chaleurs spécifiques des aliments demandés (en cal.kg^{-1}.°C^{-1}) :

Aliments	Chaleur spécifique
Viande	1 797
Poisson	836
Œufs	1 649
Lait	668

139 La première place revient au gallium qui fond à partir d'une température de 30 °C. Il fondrait dans la bouche comme un chocolat ! Le gallium est le 31ᵉ élément du tableau périodique des éléments de Mendeleïev[1].

Le gallium s'utilise pour remplacer le mercure dans certains thermomètres. Comme il ne bout qu'à 2 400 °C, on peut s'en servir pour mesurer des températures très élevées. On utilise des verres de quartz spéciaux pour la conception du tube.

Parmi les alliages, le plus facile à fondre est celui de Lipoviz (un mélange d'étain [13 %], de plomb [26 %], de bismuth [48 %] et de cadmium [13 %]) qui fond à 60 °C. Vient ensuite l'alliage de Wood, qui se différencie du précédent par une variation sur la quantité de cadmium, qui fond à 70 °C.

140 On connaît le platine avec sa température de fusion de 1 800 °C mais ce n'est pas le champion des corps les plus difficiles à fondre. Voici résumé dans un tableau les « durs à fondre » :

Élément	Température de fusion (°C)	Température d'ébullition (°C)
Iridium	2 410	4 527
Molybdène	2 617	4 612
Tantale	2 996	5 425
Osmium	3 045	5 027
Rhénium	3 180	5 627
Tungstène	3 410	5 660

Le tungstène est le plus dur à fondre et est utilisé dans les filaments des ampoules électriques.

141 Les poutres en acier voient leur résistance à la rupture diminuer avec la température. Si l'on prend leur résistance à 0 °C comme référence, on a les résultats suivants :

Température (°C)	Résistance
0	1
500	0,45
600	0,3
700	0,15

1. Dmitri Ivanovitch Mendeleïev, chimiste russe (1834-1907).

Ainsi, on constate que ce n'est pas la fonte de l'acier qui est responsable de sa chute, mais son manque de résistance sous de fortes chaleurs.

142 La bouteille ne craint rien, l'eau ne gèlera pas à l'intérieur. En effet pour qu'elle gèle, il faut non seulement que sa température descende à 0 °C, mais qu'elle puisse aussi dégager une chaleur latente de 80 cal/g pour que la glace apparaisse. Comme la glace fondante qui entoure la bouteille conserve une température de 0 °C, elle ne peut absorber la chaleur de l'eau embouteillée et celle-ci reste liquide.

L'eau ne gèlera dans aucune des deux bouteilles. Comme la température dans les deux cas est égale à 0 °C, l'eau de la bouteille refroidit jusqu'à 0 °C, mais ne gèle pas car elle ne peut transmettre au milieu ambiant sa chaleur latente de solidification.

143 Comme la densité de la glace à 0 °C est de 0,917 g/cm^3, celle-ci flotte sur l'eau. Mais la densité de l'eau diminue lorsqu'on la chauffe. À 100 °C, elle n'est plus que de 0,96 g/cm^3 et notre bout de glace en train de fondre continue toujours à flotter. En continuant à chauffer l'eau (sous une pression supérieure à la normale), à 150 °C, la densité passe à 0,917 g/cm^3 : dans cette eau, la glace se trouve entre deux eaux. À 200 °C, sa densité valant 0,86 g/cm^3, l'eau devient plus légère que la glace qui donc y coule.

Il faut remarquer qu'il existe d'autres formes de glace que celle qui nous est familière. En faisant varier la pression, on obtient ainsi six sortes de glaces numérotées de I à VI. On doit à Bridgman[1] l'étude de la glace sous haute pression (jusqu'à 30 000 atm). Leurs densités relativement à l'eau sont présentées dans le tableau suivant :

Numéro	Pourcentage
Glace I	– 10 à – 14 %
Glace II	+ 22 %
Glace III	+ 3 %
Glace IV	+ 12 %
Glace V	+ 8 %
Glace VI	+ 12 %

On constate que seule la glace I est moins dense que l'eau. Toutes les autres sont plus denses et coulent dans l'eau : pas d'iceberg dans ces pays-là !

1. Percy Williams Bridgman, physicien américain (1882-1961), prix Nobel en 1946 pour ses travaux sur les ultrapressions.

144 Le fait que dans les caves, l'eau gèle alors qu'il ne fait pas froid dehors surprend toujours les gens. Cet effet étonnant trouve cependant une explication très simple dans la mauvaise conductivité thermique du sol.

Le froid passe dans le sol si lentement, que le minimum de température y arrive beaucoup plus tard qu'à la surface. Plus la profondeur est grande, plus le délai est important. Il arrive donc que, durant les grands froids, les canalisations dans les profondeurs de la terre ne voient leurs températures descendre en dessous de 0 °C que beaucoup plus tard alors qu'à la surface, il ne gèle plus. La température la plus basse du sol coïncide avec le réchauffement des températures de l'air atmosphérique : les canalisations gèlent quand la neige fond.

145 L'explication que l'on a donnée est tout à fait correcte, et l'erreur dans le résultat est due à une surestimation de la surface des patins en contact avec la glace. Le contact du patin avec la glace ne se produit pas sur toute sa surface délimitée par le contour de la lame, mais sur ses parties tranchantes dont les surfaces ne dépassent sans doute pas 10 mm^2. Dans ces conditions, la pression du poids du patineur (60 kg) atteint au moins $60/0{,}1 = 600$ kg/cm^2, soit une valeur compatible avec la valeur de la pression indiquée par la théorie et nécessaire à l'abaissement de la température de fonte de la glace.

Pour des traîneaux ayant une charge d'environ 500 kg et une surface de contact des patins avec la glace ne dépassant pas 50 mm^2 on obtient une pression de plus de 1 000 atm, ce qui assure un bon glissement.

Si les froids sont très intenses, la pression des patins n'est plus suffisante pour abaisser la température de fonte de la glace. Le patinage et l'utilisation des traîneaux deviennent plus difficiles, la friction augmentant sensiblement en l'absence d'une pellicule d'eau liquide.

146 Le point de fonte de la glace baisse de 1 °C pour toute augmentation de la pression de 130 atm. Il ne faut cependant pas croire qu'une pression croissante suffise toujours à fondre la glace à n'importe quelle température négative. La baisse de la température de fonte de la glace atteint sa limite à – 22 °C que l'on obtient sous une pression de 2 200 atm. On ne peut pas l'abaisser davantage. Ce phénomène trouve son explication dans le changement de nature de la glace lorsqu'on augmente excessivement la pression. Elle devient plus dense que la glace normale et, en particulier, que l'eau, ce qui explique que l'on ne puisse plus la liquéfier (voir question n° 143).

Il est donc impossible de patiner facilement avec un froid inférieur à – 22 °C même en transportant des enclumes !

147 On appelle « glace sèche » le dioxyde de carbone (CO_2) solide. Lorsque du gaz carbonique liquéfié d'un réservoir sous haute pression (70 atm) est libéré dans l'air, il s'évapore si intensément, que le reste gèle (sous l'action du refroidissement dû à l'évaporation) sous forme d'une masse neigeuse : la « neige carbonique ». En la comprimant, elle se transforme en un corps dense, qui ressemble à la glace.

Une propriété remarquable de cette glace carbonique est qu'en fondant, elle se transforme non pas en liquide, mais directement en gaz. Cette sublimation justifie l'appellation de « glace sèche » (Fig. 103 et 104). Cette propriété est très intéressante pour la conservation des aliments qui ne sont pas mouillés lorsqu'elle fond.

Un autre avantage de la glace carbonique est qu'elle présente un pouvoir refroidissant bien supérieur à celui de la glace normale : une quinzaine de fois mieux. Enfin, son évaporation est extrêmement lente : un wagon de fruits refroidis à l'aide de cette glace peut rester en route une dizaine de jours sans apport supplémentaire de glace carbonique[1].

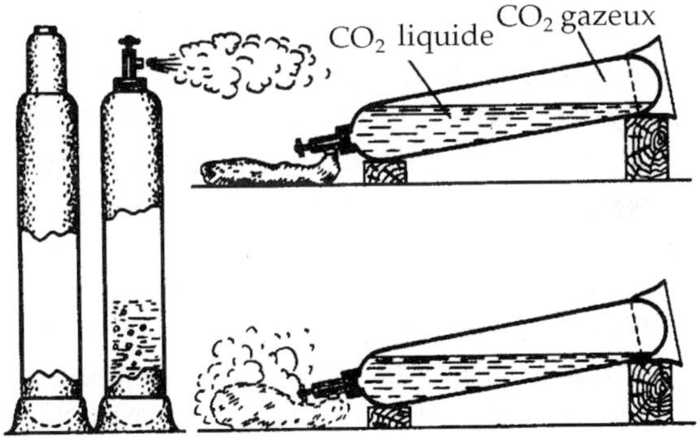

Figure 103. *À gauche : le dioxyde de carbone liquide dans une bouteille fermée avec des parois épaisses ; au-dessus ses vapeurs. Plus à droite : quand le robinet est ouvert, le liquide commence à bouillir à cause de la baisse de pression. En haut à droite : la bouteille est inclinée pour déverser le gaz carbonique dans un sac accroché au robinet. En bas à droite : le sac est enveloppé par du gaz carbonique tandis qu'il gèle à l'intérieur.*

1. L'action réfrigérante de la glace sèche, à part sa température extrêmement basse (– 80 °C), est aussi accentuée par le fait que le gaz créé lors de sa fonte est lui aussi assez froid (0 °C) : en recouvrant la glace sèche, cette couche de gaz ralentit encore la fonte. Pour les produits, le gaz carbonique est complètement inoffensif. La neige carbonique est également employée dans les extincteurs car elle gêne considérablement la propagation du feu.

Figure 104. Une masse ressemblant à de la neige tombe du sac : en étant comprimée, on obtient de la «glace sèche».

148 La plupart des gens sont persuadés que la vapeur d'eau est blanche et sont très surpris d'apprendre qu'en réalité la vapeur d'eau est totalement transparente, invisible, et donc incolore. Le brouillard blanc que l'on voit, et que l'on appelle abusivement «vapeur», est en fait de l'eau pulvérisée en petites gouttelettes. Les nuages ne sont pas constitués de vapeur mais de fines gouttelettes d'eau en suspension.

149 L'eau du robinet sera la première à bouillir parce qu'elle contient de l'air. Pour expliquer pourquoi la présence d'air dissous accélère l'ébullition, nous devons entrer dans les détails.

Le bouillonnement, à la différence de l'évaporation, est dû à l'apparition de bulles de vapeur à l'intérieur du liquide chauffé lorsque la pression de vapeur saturante dépasse la pression atmosphérique. Cette dernière étant transmise au milieu suivant la loi de Pascal (le liquide transmet la pression dans tous les sens, de la surface vers l'intérieur).

On sait qu'à 100 °C, la pression de vapeur saturante est égale à la pression atmosphérique. Cela ne correspond cependant qu'au cas où la vapeur remplit tout l'espace au-dessus de la surface de l'eau. La pression de vapeur saturante à l'intérieur d'une bulle se trouvant dans l'eau doit être inférieure à la pression atmosphérique que l'on trouve à la surface de l'eau à la même température. Et il faut prendre en considération que la pression de vapeur saturante diminue avec la concavité de l'interface eau-vapeur, c'est-à-dire plus le rayon de la bulle est petit, plus la pression de vapeur saturante est faible. Par exemple pour une bulle de 0,01 µm de rayon, la pression de vapeur saturante à 100 °C vaut 750 mm de mercure au lieu de 760 mm de mercure pour une surface plane.

Si l'eau a déjà perdu ses gaz dissous lors d'une précédente ébullition, on observe un retard dans le démarrage de l'ébullition ainsi qu'un dépassement de la température critique habituelle de 100 °C car il faut attendre plus longtemps que la vapeur se formant dans l'eau ait une pression plus forte que la pression atmosphérique. Mais une fois le processus commencé, l'émission de vapeur s'avère plus importante et l'eau atteint rapidement sa température d'ébullition normale de 100 °C grâce à une émission accrue de chaleur par évaporation.

Il en va autrement avec l'eau du robinet qui contient toujours de l'air dissous. En effet, plus la température augmente, plus la dissolution des gaz dans l'eau est difficile, ce qui occasionne l'expulsion du surplus d'air sous forme de bulles. Les premières bulles apparaissant dans l'eau du robinet chauffée contiennent non pas de la vapeur d'eau, mais de l'air. Puis, à l'intérieur de ces bulles, les premières molécules de vapeur d'eau commencent à se former. Il ne faut pas oublier que la phase la plus difficile est justement l'apparition des *premières* bulles, les plus petites, parce que la pression de la vapeur dans ces bulles est particulièrement basse. Les premières bulles d'air formées, la formation de la vapeur d'eau à l'intérieur de celles-ci en est grandement facilitée. Les bulles augmentent ensuite très rapidement leur volume.

Maxwell, lors d'expériences avec de l'eau dépourvue au maximum d'air, réussit sous une pression normale à amener l'eau à une température de bouillonnement de 180 °C. Avec de l'eau encore plus parfaitement exempte d'air, on pourrait certainement la garder liquide à des températures supérieures.

150 La vapeur chauffée à 100 °C permettrait de chauffer de l'eau jusqu'à cette même température mais pas au-delà. Cette eau ne peut donc atteindre l'état gazeux et restera liquide.

151 On propose souvent l'explication suivante à ce phénomène : comme l'ébullition doit se poursuivre encore un moment, elle nécessite un apport de chaleur. Celle-ci vient en partie des parois de la bouilloire ainsi que du fond. Quand le bouillonnement cesse, la chaleur arrête de migrer vers l'eau et la main commence à ressentir la chaleur.

Cependant cette explication est fausse. Elle n'explique pas le fait qu'il soit douloureux de toucher les parois latérales alors qu'on peut toucher impunément le fond de la bouilloire. De plus elle est physiquement fausse : le fond de la bouilloire ne peut pas refroidir à cause de l'ébullition en dessous de la température de l'eau à l'intérieur de cette bouilloire ; celle-ci étant d'à peu près 100 °C – une température largement suffisante pour se brûler.

La vraie raison est que l'humidité couvrant la main (sueur) vient en contact avec le fond de la bouilloire et s'évapore en créant une fine couche isolante qui protège momentanément de toute brûlure. Mais rapidement la vapeur disparaît et la chaleur devient perceptible.

Pour que l'expérience fonctionne correctement, il faut que le fond de la bouilloire soit parfaitement lisse : les saletés et les rugosités perturbent la mise en place de la couche isolante[1].

152 La raison pour laquelle la nourriture grillée présente plus de goût que celle cuite à l'eau est non seulement due à la présence de graisse, mais également aux particularités physiques des procédés de cuisson. Ni l'eau ni la graisse ne s'échauffent au-delà de leur température d'ébullition : 100 °C pour l'eau et 200 °C pour la graisse. On connaît la gravité des brûlures par des huiles. Le procédé de cuisson est différent pour les grillades et pour les aliments cuits à l'eau. L'échauffement plus important permis par les graisses est la cause d'un changement des caractéristiques des substances organiques, ce qui améliore le goût final. Voilà pourquoi une viande grillée n'a pas les mêmes arômes qu'une viande bouillie et qu'une omelette diffère d'un œuf à la coque.

153 L'œuf sorti de l'eau bouillante est humide et chaud. L'eau, en s'évaporant à la surface de l'œuf, refroidit sa coquille et on ne sent pas sa chaleur. Il n'en est ainsi que pour quelques instants car, rapidement, il n'y aura plus d'eau sur la coquille et il sera temps de lâcher l'œuf.

154 Beaucoup de personnes pensent que le vent doit refroidir le thermomètre par analogie avec ce que l'on ressent. Il n'en est rien : le vent ne peut agir sur le thermomètre si celui-ci est sec. L'action du vent sur notre organisme n'est pas la même que sur un appareil de mesure. Nous supportons beaucoup moins bien le froid par temps venteux que par temps calme. En effet, le vent disperse rapidement les couches d'air réchauffées et chargées en vapeur d'eau à la surface de notre corps. Il nous faut donc dépenser de l'énergie, et donc de la chaleur, pour reconstituer ces couches, d'où une sensation accentuée de froid.

Le thermomètre n'a pas ces problèmes, son «corps» suit la température ambiante et le vent n'y peut rien changer.

1. Sur le même principe, on peut marcher pieds nus sur des braises, tapoter un peu d'azote liquide !

155 Quand ce traducteur est venu me voir afin que je lui explique la signification de ce principe, j'ai d'abord vérifié qu'il ne figurait dans aucun de la trentaine d'ouvrages de physique dont je dispose. Effectivement, je ne trouvais aucune référence à ce sujet. Mais je me suis souvenu d'un ancien manuel que j'utilisais quand j'étais élève et dont en voici un extrait :

«Le principe de Watt ou principe du mur du froid. Supposons que nous ayons deux récipients *A* et *B* communiquant par un tube que l'on peut fermer par un robinet *C* (Fig. 105). *A* contient de l'eau à 100 °C et *B* de l'eau à 0 °C. Tant qu'ils ne sont pas en contact, la pression des vapeurs à l'intérieur de ces récipients diffère, valant 760 mm de mercure dans *A* et 4,6 mm de mercure dans *B*. Quand le robinet *C* est ouvert, la vapeur de *A* passe en *B*, où elle se condense en eau. La vapeur dans le récipient *A* ne peut rester à une pression supérieure à celle qui règne dans le récipient *B*.»

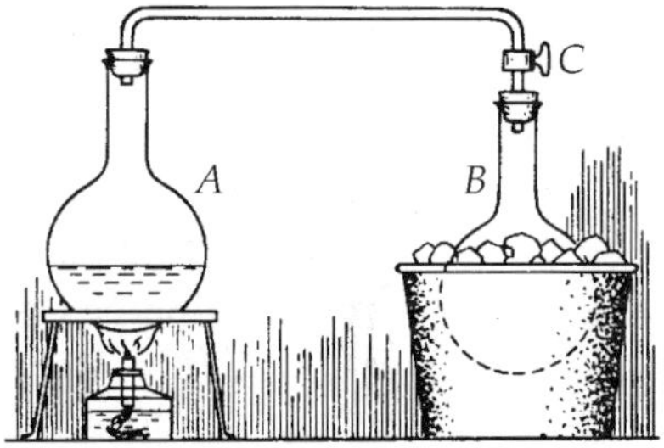

Figure 105. *Expérience pour expliquer le «principe du mur du froid».*

On est donc en présence d'un transfert de vapeur de *A* vers *B* sans augmentation de la pression de vapeur dans *B*. Il s'en déduit le principe suivant, formulé initialement par Watt :

«Si deux réservoirs contenant un même liquide à des températures différentes sont reliés par un tube, une pression de vapeur saturante uniforme s'installe, égale à celle qui régnait dans le réservoir soumis à la plus basse température.»

Le lecteur familier du petit appareil éducatif appelé «cryophore», connaît également le principe du mur du froid, car cet appareil profite justement du même principe. Cet appareil se compose de deux boules de verre vides reliées par un tube (Fig. 106). Il y a, à l'intérieur, un peu d'eau liquide et de la vapeur, mais pas d'air. On place toute l'eau dans la boule supérieure et on plonge l'autre boule dans un mélange réfrigérant. Selon le principe du mur du froid, il

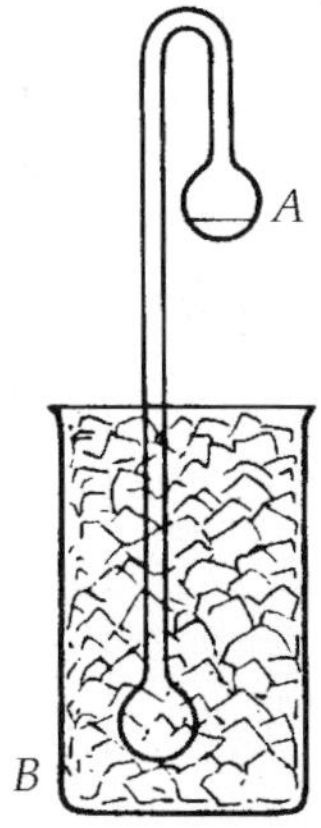

Figure 106. *Cryophore. Quand on refroidit le récipient inférieur, l'eau du récipient supérieur gèle.*

s'installe une basse pression au-dessus de l'eau du récipient supérieur égale à celle qu'il doit y avoir dans la boule inférieure. Sous cette basse pression l'eau bout, et la vapeur qui se forme se condense immédiatement dans le récipient inférieur. L'ébullition est si rapide que l'eau de la boule supérieure gèle, bien qu'elle ne soit pas entourée de glace, à cause de l'intense perte d'énergie par évaporation.

Watt utilisa ce principe pour améliorer le fonctionnement et le rendement des machines à vapeur comme celle de Newcomen[1]. Il s'agissait en effet de pouvoir, à moindre frais, refroidir et évacuer la vapeur une fois qu'elle avait servi à pousser le piston. On injectait habituellement de l'eau froide pour refroidir le piston et condenser la vapeur. Cela consommait beaucoup d'eau et davantage de charbon car il fallait produire plus de vapeur pour réchauffer la chambre du piston. En utilisant le principe du mur du froid, la vapeur passait d'elle-même dans la partie refroidie pour s'y condenser et laissait la chambre du piston encore chaude en évitant le gaspillage initial de vapeur.

Vous êtes sans doute curieux de savoir comment ce principe, n'ayant apparemment qu'une application technique, a bien pu être évoqué dans un manuel d'astronomie. Il y prouve son intérêt dans l'explication des problèmes de rotation des planètes proches du Soleil : Mercure et Vénus.

Mercure se déplace autour du Soleil de telle façon que sa « journée » dure aussi longtemps que son « année » : elle présente donc toujours la même face au Soleil où règnent alors une journée éternelle et une chaleur infernale. En revanche, l'autre face est une nuit sans fin, doublée d'un froid extrême, proche de la température du vide spatial de – 264 °C[2]. Sur la partie obscure et froide de Mercure, l'atmosphère doit se condenser, geler, même si elle est composée d'hydrogène, et créer une basse pression. D'après le principe de Watt, l'atmosphère de la partie chaude doit donc se déplacer vers ce « mur froid » de la planète pour se condenser en générant une basse pression dans la partie chaude. L'atmosphère de la partie chaude va donc entièrement migrer vers la partie froide et s'y liquéfier. Par conséquent, il ne peut y avoir d'atmosphère gazeuse sur Mercure. C'est l'inévitable conclusion qu'impose le principe du mur du froid.

1. Thomas Newcomen, mécanicien anglais (1663-1729), imagina l'une des premières machines à vapeur.
2. Pour la température de l'espace, voir la question n° 196. Bien sûr, la frontière entre la face ensoleillée et la face obscure ne se réduit pas à un simple trait. L'orbite extrêmement ellipsoïdale de Mercure crée une zone intermédiaire où le jour et la nuit peuvent se succéder durant l'année. Cependant, cela ne change aucunement les conclusions que l'on obtient.

En ce qui concerne la durée de la rotation de Vénus, les opinions des astronomes sont divisées. Les uns pensent que pour cette planète, il y a aussi une quasi-égalité de la longueur de la «journée» et de «l'année», comme pour Mercure. D'autres pensent que le jour est plus court que l'année. Le principe du mur du froid tend plutôt à faire penser que le jour est plus court que l'année car on a observé la présence incontestable d'une atmosphère[1]. Dans le cas d'une parfaite égalité, Vénus aurait connu le même destin que Mercure et n'aurait pas d'atmosphère.

Le principe du mur du froid anéantit également les idées de Wells[2] sur l'atmosphère de la Lune exposée dans son roman *Les premiers hommes sur la Lune*. Le romancier pensait que l'atmosphère de la Lune gèle la nuit puis fond et s'évapore le jour. Malheureusement d'après le principe du mur du froid, la présence de gaz liquéfié sur une face de la planète et de gaz à l'état gazeux sur l'autre n'est pas possible.

156 On croit souvent que le bois de bouleau est beaucoup plus calorifique que le bois de conifères et surtout du tremble. C'est vrai si l'on compare des *volumes* égaux de bois : un bout de bois de bouleau donne beaucoup plus de chaleur en brûlant qu'un bois de tremble de même dimension. Mais en physique et en technologie, on compare la chaleur libérée par une substance non pas en fonction de son volume, mais en fonction de sa *masse*. Comme le bois de bouleau est 1,5 fois plus dense que le bois de tremble, il ne faut pas s'étonner que le niveau calorifique de celui-ci soit supérieur à celui du bois de tremble de même volume. Un kilo de bois brûlé donne, indépendamment de sa nature, la même quantité de chaleur (à proportion d'humidité égale).

Il est intéressant de vérifier que les prix des bois dépendent effectivement de leurs densités respectives. En achetant du bois, nous payons pour chaque franc une même quantité de calories, indépendamment de la variété. Ainsi pour un même prix, on devra avoir des volumes différents de bois suivant les espèces, d'où l'intérêt de l'acheter au poids.

Cependant, si les différentes sortes de bois fournissent, pour une même masse, une même quantité de chaleur, ils ne brûlent pas tous de la même manière. Il y a des usines (par exemple les usines de verre), où les bois de pin et de tremble sont préférés aux autres car ils brûlent

1. Aujourd'hui, cette théorie est confirmée : la durée de rotation de Vénus sur son axe est de 243 jours terrestres et la durée de sa révolution est de 224,7 jours terrestres (NdT).
2. Herbert George Wells, écrivain anglais (1866-1946). Auteurs de nombreux romans dont *La guerre des mondes* et *L'homme invisible*.

plus rapidement et donc sont «plus chauds». Au contraire, dans les maisons, on préférera les bois d'arbres lourds qui brûlent moins vite en fournissant ainsi une chaleur plus régulière.

157 Il ne faut pas croire que les explosifs, libérant en très peu de temps une grande quantité d'énergie, fournissent beaucoup de chaleur. Comparativement aux sources d'énergie classiques, elle est plutôt médiocre. Voici en résumé dans deux tableaux, le rendement énergétique de combustion d'un gramme de diverses matières.

Pour les explosifs :

Explosif	**Chaleur (calories)**
Poudre noire	700
Pyroxyle	960
Cordite	1 200 à 1 400

Pour les sources usuelles :

Source	**Chaleur (calories)**
Kérosène, essence	11 000
Pétrole	10 500
Charbon de bois	7 000
Bois sec	3 100

Les dernières données ne peuvent être comparées telles quelles aux données précédentes. En effet, tous ces corps brûlent en présence d'oxygène mais ne s'approvisionnent pas à la même source. Les explosifs tirent l'oxygène d'eux-mêmes, tandis que les combustibles usuels recourent à l'oxygène ambiant. Il faut ainsi tenir compte de la masse d'oxygène nécessaire pour la combustion des sources classiques. Elle équivaut à environ 2 à 3 fois leur masse initiale. Par exemple, il faut en théorie 2,2 kg d'oxygène pour brûler un kilo de charbon bien qu'en pratique il en faille deux fois plus et 2,8 kg pour un kilo de pétrole.

Même corrigées, ces données montrent bien combien il serait peu rentable d'utiliser de la poudre à canon à la place du charbon dans sa chaudière.

Une question naturelle vient alors à l'esprit : si les explosifs contiennent une si petite quantité d'énergie, comment expliquer leur puissance destructrice ? C'est seulement grâce à leur vitesse de combustion, toute l'énergie se libérant en un temps très bref (1/100 de seconde pour la poudre). En plus, les explosifs créent une grande quantité de gaz qui exercent dans le canon une pression énorme d'à peu près 4 000 atm sur l'obus.

158 Ce n'est pas une question anodine mais un vrai problème de physique. Quand quelque chose brûle, il libère de l'énergie. Combien de joules sont libérés par une allumette en une seconde ? Autrement dit, quelle est la puissance (en W) de celle-ci ?

Il ne faut pas croire que l'énergie libérée par une allumette soit négligeable. En voici la démonstration. Une allumette a une masse d'environ 0,1 g (la densité du bois de l'allumette : 0,5 g/cm^3). La quantité d'énergie émise par le bois quand il brûle est d'environ 3 000 cal/g. On peut estimer avec une montre, qu'une allumette se consume en 20 secondes à peu près. Durant ce laps de temps, l'allumette libère en brûlant 300 calories ($3\,000 \times 0{,}1$), $300/20 = 15$ cal/s. Une calorie valant 4,2 J, la puissance d'une allumette correspond donc à :

$$15 \times 4{,}2 = 63 \text{ W}$$

Une allumette dissipe ainsi en 20 secondes une puissance équivalente à une ampoule électrique de 60 W.

De la même manière, on estime qu'une cigarette libère une puissance d'à peu près 20 W[1].

159 L'élimination par chauffage des taches de graisse des vêtements profite du fait que la tension superficielle des liquides diminue à mesure que la température augmente. «Si la température est différente sur l'ensemble des parties de la tache liquide, alors celle-ci essaie de se déplacer des zones chaudes vers les zones froides. Il suffit donc de mettre d'un côté du tissu taché un fer chaud et de l'autre un papier de soie : la graisse migrera vers le papier de soie» (Maxwell, *Théorie de la chaleur*).

160 La quantité de matières que l'on peut dissoudre dans l'eau augmente avec la température de celle-ci. Par exemple, on peut dissoudre 64 % de sucre en volume à 0 °C contre 83 % à 100 °C. Mais le sel de cuisine se comporte différemment : la quantité soluble dans l'eau ne change presque pas avec la température ; à 0 °C, on peut en dissoudre 26 % en volume et seulement 28 % à 100 °C. Ainsi, dans une eau à 40 °C ou à 70 °C, on dissout toujours une même quantité de sel, environ 27 % en volume.

1. Données pour le calcul : masse du tabac : 0,5 g, énergie libérée par sa combustion : 3 000 cal/g et temps de combustion de la cigarette : 5 min.

Cinquième partie

Le son et la lumière

Questions 161 à 196

161 L'écho

Quelle est l'incohérence physique dans cette ancienne poésie russe (1799) d'E.S. Urusova intitulée « L'écho » :

Écho, tu me réponds de la chênaie, je crois... – crois.
Ne serait-ce pas toi qui m'as mené ici...– si !
Te parler longtemps m'est impossible... – possible !
Non ! Non ! Je vais chercher une chèvre dans le maquis... – à qui [1] ?

Solution p. 171

162 Le son du tonnerre

Peut-on calculer la distance qui nous sépare d'un orage (la décharge de la foudre) en observant l'éclair et en écoutant le tonnerre ?

Solution p. 172

163 Le son et le vent

Comment expliquez-vous que le vent renforce le son ?

Solution p. 172

164 La pression du son

Avec quelle force les ondes sonores appuient-elles sur le tympan ?

Solution p. 173

1. Ici, le jeu de mots est intraduisible : il est basé sur la ressemblance de la fin du mot russe « ruisseau » et de la question « à qui ? ». Nous le remplaçons par un jeu de mots français qui permet de conserver la question « à qui ? », qui est nécessaire à la compréhension de la poésie (NdT).

165 Pourquoi une porte atténue-t-elle le son ?

Il est bien connu que le bois conduit le son mieux que l'air : pour s'en convaincre, il suffit de demander à une personne de placer son oreille à l'extrémité d'une planche pendant que l'on en tapote doucement l'autre extrémité.

Pourquoi la conversation dans la pièce voisine est-elle alors atténuée si la porte de cette pièce est bien fermée ?

Solution p. 174

166 Une lentille pour le son

Est-il possible d'avoir une lentille réfractante pour les rayons sonores ?

Solution p. 174

167 La réfraction du son dans l'eau

Quel est l'indice de réfraction du son dans l'eau ?
Relativement à la normale à la surface, dans quel sens se déplace le rayon sonore lorsqu'il pénètre dans l'eau ?

Solution p. 175

168 Le bruit de la mer dans le coquillage

D'où vient le bruit de la mer que l'on entend quand on colle un coquillage ou une tasse sur son oreille ?

Solution p. 176

169 Le diapason et la caisse de résonance

Si l'on place un diapason vibrant sur une boîte en bois, le son se renforce considérablement.
D'où vient, dans ce cas, le surplus d'énergie ?

Solution p. 176

170 Que deviennent les ondes sonores ?

Où part l'énergie des oscillations sonores quand on n'entend plus le son ?

Solution p. 176

171 Voir les rayons lumineux !

Peut-on voir les rayons lumineux ?

Solution p. 176

172 Le lever du Soleil

La lumière du Soleil met environ 8 minutes pour arriver sur Terre. Quelle en est la conséquence sur le phénomène du lever du Soleil ?

Solution p. 177

173 L'ombre des câbles électriques

Pourquoi, lors d'une journée ensoleillée, on voit bien l'ombre de la lanterne sur la chaussée, alors que l'on ne voit pas (ou très mal) l'ombre du fil électrique auquel elle est suspendue (Fig. 107) ?

Solution p. 177

Figure 107. Pourquoi le fil ne fait-il pas d'ombre ?

174 L'ombre des nuages

Qui est le plus grand : le nuage ou son ombre (Fig. 108) ?

Solution p. 178

175 Lecture sous la Lune

Peut-on lire un livre avec la seule lumière de la pleine lune ?

Solution p. 178

176 Le velours noir et la neige blanche

Qu'est-ce qui paraît le plus clair :
«Le velours noir sous la lumière du Soleil»
ou
«La neige blanche sous la lumière de la pleine lune».

Solution p. 179

177 L'étoile et la bougie

Qui éclaire le plus : l'étoile de première catégorie ou la bougie située à une distance de 500 m ?

Solution p. 180

Figure 108. Qui est le plus grand : le nuage ou son ombre ? (Question n° 174)

178 La couleur de la surface de la Lune

Nous voyons la Lune blanche ; sa surface apparaît au télescope comme faite de plâtre. Les astronomes affirment que la surface de la Lune est gris foncé. Comment pouvons-nous résoudre cette contradiction ?

Solution p. 180

179 Pourquoi la neige est-elle blanche ?

Pourquoi la neige est-elle blanche bien qu'elle soit constituée de cristaux de glace transparents ?

Solution p. 180

180 L'éclat d'une botte cirée

Pourquoi une botte cirée brille-t-elle ?

Solution p. 180

181 Le nombre de couleurs d'un spectre et d'un arc-en-ciel

Combien de couleurs y a-t-il dans le spectre solaire ? Et dans un arc-en-ciel ?

Solution p. 182

182 L'arc-en-ciel

Une personne affirme avoir vu un arc-en-ciel dans le ciel de Moscou à midi le 22 juin.
Est-ce possible ?

Solution p. 183

183 À travers le verre de couleur

De quelle couleur une fleur rouge nous apparaîtra-t-elle à travers un verre vert ? Et une fleur bleue ?

Solution p. 183

184 Changer la couleur de l'or

L'or peut-il avoir la couleur de l'argent ?

Solution p. 184

185 L'éclairage de la journée et du soir

Pourquoi l'indienne[1], de couleur lilas sous la lumière du Soleil, nous apparaît-elle noire sous l'éclairage électrique du soir ?

Solution p. 184

186 La couleur du ciel

Pourquoi le ciel est-il bleu le jour et rouge au coucher du Soleil ?

Solution p. 184

187 L'éclipse artificielle du Soleil

Un inventeur russe a entendu dire qu'il était possible de voir les étoiles dans le ciel en plein jour si l'on se trouvait au fond d'un puits profond. Ce phénomène existerait, car dans le puits les rayons du Soleil ne gênent pas l'observation des étoiles.

Notre inventeur n'aimant pas descendre au fond des puits pour vérifier cette assertion se propose donc de réaliser un tube simulant cette situation. Ce tube ne laissera pas passer à son extrémité basse les rayons illuminant l'atmosphère. En son sommet, il y aura un disque opaque couvrant le Soleil. On pourra alors observer les phénomènes se trouvant près du Soleil. Voici la description de son dispositif :

« Le tube (Fig. 109) d'une longueur de 35-50 m est composé d'une carcasse en barres d'aluminium (pour la légèreté) se croisant à angles droits. Des verres peints en noir du côté intérieur sont installés entre les barres pour empêcher la lumière de pénétrer dans le tube. Un disque métallique est fixé au sommet du tube simulant la Lune. Ce disque doit couvrir le Soleil afin de réaliser une éclipse totale du Soleil. Il est muni d'un système de pivot (*p*, *q*, *x*) afin de pouvoir toujours l'orienter face au Soleil. Après les observations, on peut refermer le haut du tube à l'aide d'un disque en aluminium (*mn*) pour protéger l'intérieur des intempéries. Un télescope (*ef*) pour les observations est installé dans une chambre noire (*CD*) à la base du tube. Enfin, l'ensemble du dispositif est fixé sur un pied (*MN*) afin qu'il soit possible de faire des observations dans toutes les directions. »

Quelle est votre opinion sur cette invention ?

Solution p. 185

1. Toile de coton légère, blanche ou écrue, puis colorée par impression.

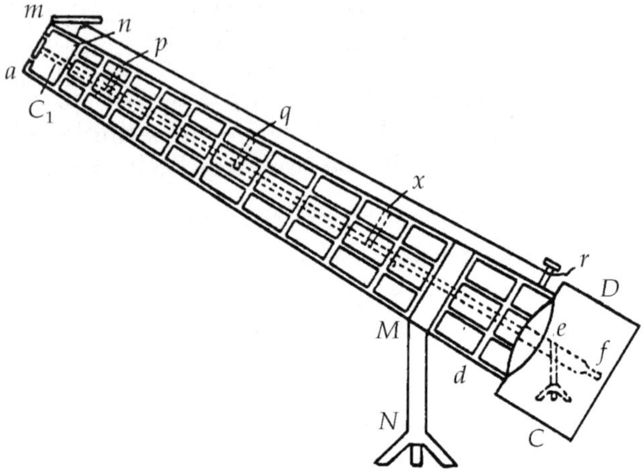

Figure 109. L'appareil à faire des éclipses solaires artificielles.

188 La couleur rouge et le stop

Pourquoi utilise-t-on la couleur rouge pour imposer l'arrêt aux voitures, aux trains ?

Solution p. 186

189 Réfraction et densité

Comment l'indice de réfraction de la lumière dépend-il de la densité du milieu ?

Solution p. 187

190 Les deux lentilles

Parmi les questions du concours d'Edison (voir question n° 5), on peut trouver celle-ci :
«On dispose de deux types de verre d'indice de réfraction 1,5 et 1,7. On construit avec chaque verre une lentille convexe ayant des géométries identiques. Quelle est la différence optique entre ces deux lentilles ?
Placées dans un liquide transparent d'indice de réfraction 1,6, quelles seraient leurs actions sur un rayon parallèle à l'axe optique ?»

Solution p. 188

191 Les astres près de l'horizon

Tout près de l'horizon, la Lune apparaît plus grande qu'en position plus haute dans le ciel (Fig. 110). Pourquoi alors ne remarque-t-on pas de nouveaux détails sur ce disque agrandi ?

Solution p. 188

Figure 110. Quand est-il plus pratique d'étudier la surface de la Lune : quand elle est haute ou quand elle est plus basse sur l'horizon ?

192 La lunette et le carton troué

Pourquoi une feuille de carton trouée fonctionne-t-elle aussi bien qu'une lunette (Fig. 111) ?

Solution p. 189

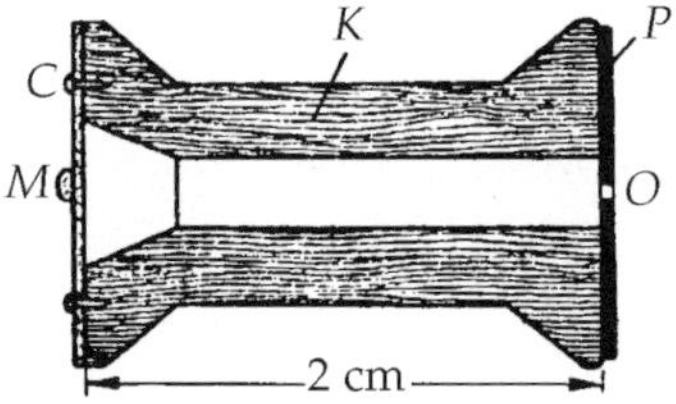

Figure 111. *La lunette faite avec une bobine de bois. L'objet est collé sur le disque de celluloïd transparent C et est observé à travers le trou O dans un disque de carton P. L'intérieur de la bobine K est peint en noir.*

193 La constante solaire

Nous appelons constante solaire la quantité d'énergie qu'apportent les rayons solaires sur une surface d'un mètre carré perpendiculaire à ceux-ci et par unité de temps.
À quel moment la constante solaire est la plus grande : en hiver sur le Tropique ou en été sur le Cercle Polaire ?

Solution p. 190

194 Le plus noir

Qu'est-ce qui est le plus noir ?

Solution p. 190

195 La température du Soleil

Comment calcule-t-on la température de surface du Soleil ?

Solution p. 192

196 La température de l'espace interstellaire

Qu'est-ce que la température de l'espace interstellaire ? Quelle température les corps placés dans l'espace doivent-ils avoir ?

Solution p. 193

Solutions 161 à 196

161 Dans cette poésie, se mélangent les réponses de l'écho à une («si», «crois»), à deux («à qui») et à trois syllabes («possible»). Le poète ne s'est pas demandé si ce mélange d'échos courts et longs est possible dans la nature, tout préoccupé qu'il était par les règles de la poésie. Du point de vue de la physique, cet effet est impossible. Un écho à deux syllabes nécessite une distance deux fois plus grande entre l'obstacle réflecteur et l'émetteur, que l'écho à une syllabe ; l'écho à trois syllabes, une distance trois fois plus grande. Pour une personne immobile, de telles différences de distances sont impossibles.

Mais au fait, quand entendons-nous un écho à une syllabe ? Imaginez que vous êtes à 33 m de l'obstacle réflecteur. Claquez les mains : le son partira sur l'obstacle, sera réfléchi, fera le chemin inverse, et vous l'entendrez 0,2 s plus tard (66/330, car la vitesse du son dans l'air est de 330 m/s). Le son du claquement est si court, qu'il a le temps de se terminer avant que les 0,2 s se soient écoulées, c'est-à-dire avant que l'écho n'arrive. Le son et l'écho sont bien entendus séparément dans ce cas. Comme on prononce des mots d'une syllabe en environ 0,2 s, on peut entendre un écho à une syllabe à une distance de 33 m de l'obstacle réflecteur. Quant à l'écho d'un mot à deux syllabes, son début se mélangera avec la fin du mot prononcé.

Il est alors facile d'en déduire que l'écho à deux syllabes s'entendra distinctement à 66 m.

En revenant à la poésie, on voit que la fin du mot «maquis» s'est mélangée avec le début de l'écho pour ne laisser que «aquis» (équivalent phonétique de «à qui»). Le berger se trouvait donc entre 60 et 70 m de l'obstacle. Mais, s'il en est ainsi, l'écho aurait dû répondre au mot «ici» avec deux syllabes, or ce n'est pas le cas.

162 Le tonnerre nous parvient par des ondes différentes de celles du son. On appelle ces ondes, des ondes d'explosion. Elles diffèrent des ondes sonores sur de nombreux points : l'amplitude de leurs oscillations est plus élevée, leur durée de vie reste assez brève et leur vitesse plus importante de propagation varie à mesure de leurs déplacements. Des expériences dans des tubes ont montré que ces vitesses de propagation pouvaient atteindre 12 à 14 km/s soit environ 40 fois celles du son. Enfin, ces ondes évoluent rapidement en ondes sonores.

Ces ondes d'explosion se propageant dans l'atmosphère plus vite que le son, se perçoivent à l'oreille sous forme de *crépitements* indiquant l'imminence de la décharge. L'onde n'a pas encore eu le temps de se disperser en ondes sonores. C'est le «premier son» du tonnerre.

Le «deuxième son» plus caractéristique du tonnerre, constitué du renforcement puis de l'affaiblissement du bruit, est entendu un certain temps après avoir vu l'éclair et indique que l'orage est assez éloigné. Beaucoup de personnes croient qu'il est facile d'estimer la distance de l'orage en multipliant le nombre de secondes séparant le flash de l'éclair du tonnerre par 330 m (la vitesse du son dans l'air valant environ 330 m/s). En fait, ce n'est pas si simple car le bruit s'est d'abord propagé plus vite que le son et ce, sur une distance inconnue. On surestime donc la distance.

En revanche, on peut utiliser ce calcul de distance pour les pièces d'artillerie. En effet, dans leurs cas, l'onde d'explosion se propage seulement sur une distance d'environ deux mètres, avant de se transformer en une onde sonore classique. Le calcul est donc totalement justifié.

163 Lorsqu'il y a beaucoup de vent, on constate souvent que les sons arrivant dans le sens du vent sont adoucis par rapport à ceux qui arrivent en sens contraire. L'explication la plus courante est d'utiliser l'addition des deux vitesses – celle du son et celle du vent. Il est cependant facile de constater que cette explication est insuffisante. En effet, un vent de 10 m/s est déjà un vent assez fort, mais reste négligeable relativement à la vitesse du son de 330 m/s. Que la propagation se fasse à 320 m/s ou 340 m/s ne doit pas affecter considérablement l'amplitude du son.

Le physicien anglais John Tindal a expliqué ce phénomène de la manière suivante. La vitesse du vent en altitude est presque toujours plus grande que celle au sol. Ainsi la surface des ondes, qui ont une forme sphérique par temps calme (voir les lignes pointillées de la figure 112), change de forme (lignes continues) en se propageant suivant la direction du vent (la direction de la flèche). Comme le son se propage en chaque point perpendiculairement à la surface de l'onde, le son provenant du point *A* en direction de *C* n'atteindrait pas l'observateur situé au point *D* mais passerait au-dessus de lui dans la direction *Aa*. L'observateur au point *D* n'entendrait donc pas le son. Au contraire, le son sortant de *A* en direction de *B* se propage suivant la ligne *Ab* perpendiculaire en tout point à la surface de l'onde. Un observateur situé au point *b* entendra donc correctement le son. Tous les sons partant de *A* dans une direction plus basse que *AB* s'inclineront de la même façon et atteindront le sol entre les points *A* et *b*. Cette partie de la surface percevrait donc plus de sons que la partie opposée *AD*.

Figure 112. *Action du vent sur la forme des ondes sonores.*

Ainsi, le renforcement du son suivant le sens du vent s'explique par le changement de forme de l'onde sonore et non par la modification de sa vitesse (Fig. 113 et 114). Les ondes sonores sont réfractées vers le bas quand elles se propagent dans le sens du vent, et vers le haut dans le sens contraire.

164 La pression moyenne du son est 5×10^{-8} N/cm^2. Dans le cas de sons violents, la pression peut être encore multipliée par cent ou mille. Cependant, la pression du son reste excessivement faible, ne serait-ce que par rapport à une simple brise.

On a calculé que le bruit dans une grande ville exerce une pression sur le tympan d'environ 10^{-4} N/cm^2 soit 10^{-5} atm.

Figure 113. Le vent et le son sont dirigés dans la même direction. (Question n° 163)

Figure 114. Le vent et le son sont dirigés dans des directions opposées. (Question n° 163)

165 Cela n'a rien d'étonnant : la porte atténue le son *justement* parce que le bois conduit le son plus rapidement que l'air. Lors de la transition de l'air dans le bois, une grande partie de l'onde sonore est réfléchie puisque l'indice de réfraction du bois est le plus grand. La partie de l'onde transmise l'est donc avec un fort angle de réfraction.

166 Il est possible de construire une lentille réfractante pour le son. Par exemple, une demi-sphère grillagée remplie de duvet permet de ralentir le son et d'agir comme une lentille convergente. Sur la figure 115, on peut voir le cheminement du son de sa source *S* (un sifflet) à travers une feuille de papier et notre lentille vers le foyer *F*.

John Tindal propose une autre forme de lentille pour le son :

«Nous construisons une telle lentille en remplissant une sphère très fine d'un gaz plus dense que l'air. On peut remplir par exemple la sphère de collodion[1] (Fig. 116). Je place alors ma montre près de la lentille et j'applique mon oreille dans l'entonnoir en verre situé à une distance d'à peu près 1,5 m derrière la lentille.

En bougeant l'entonnoir de place, je trouve rapidement l'endroit ou le "tic-tac" de ma montre est le plus fort. Cet endroit s'appelle le *foyer* de la lentille. Si je déplace mon oreille de ce point, la force du son s'affaiblit ; de même, si c'est la sphère que je déplace. Donc, c'est bien la sphère-lentille qui me permet d'entendre correctement le tic-tac de ma montre qui reste complètement indécelable sans cet appareil.»

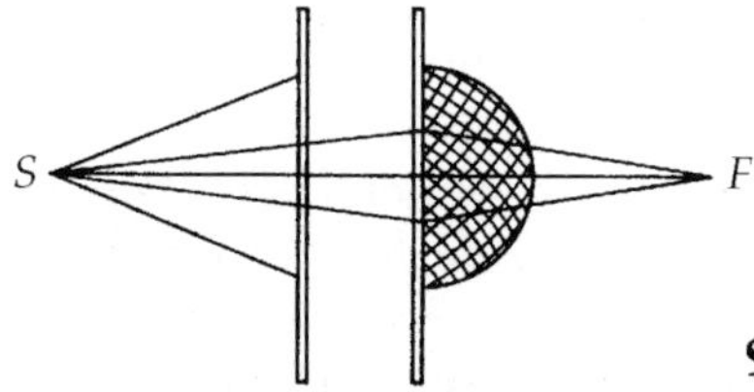

Figure 115. *Une lentille à son faîte avec des plumes dans un grillage.*

Figure 116. *Expérience avec une lentille à son.*

167 On sait que la lumière se rapproche de la normale à la surface lorsqu'elle pénètre dans l'eau car la lumière se déplace plus vite dans l'air que dans l'eau. Pour le son, c'est le contraire : le son se déplace 4 fois plus vite dans l'eau que dans l'air. Par conséquent, le son s'éloigne de la normale lors de son entrée dans l'eau.

Ainsi comme pour la lumière, il existe un angle limite (13°)[2] au-delà duquel aucun son ne peut être transmis. On voit, sur la figure 117, à quel point le cône AOB défini par cet angle est petit. Les rayons sonores se trouvant en dehors de ce cône, seront réfléchis par la surface de l'eau.

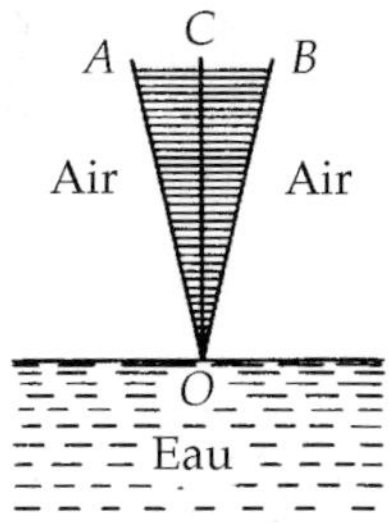

Figure 117. *Arrêt du son par l'eau.*

1. Le collodion est une solution de nitrocellulose dans un mélange d'alcool et d'éther et s'utilise en photographie ainsi qu'en pharmacie (NdT).

2. Ce résultat s'obtient en utilisant la relation $\frac{\sin i_1}{\sin i_2} = \frac{n_2}{n_2}$ avec $n_1 < n_2$, où i_1 est l'angle incident et i_2 l'angle réfracté (loi de Snell-Descartes) (NdT).

168 Le bruit que nous entendons lorsque nous appliquons une tasse ou un coquillage sur notre oreille provient des faibles bruits de l'environnement. La tasse agit comme une caisse de résonance et amplifie les sons. On entend ainsi le brouhaha inaudible à l'oreille qui ressemble au bruit de la mer. Mais rien n'empêche de nous croire au soleil sur une plage de sable fin…

169 Quand les oscillations du diapason sont transmises à la boîte en bois, le son devient plus fort car sa période diminue d'autant. Ainsi, la quantité d'énergie rayonnée par le diapason vibrant et la boîte est la même. Il n'y a pas d'énergie supplémentaire.

170 Le son devient inaudible car l'énergie des ondes sonores se transforme en énergie de mouvement thermique des molécules de l'air et des parois. Un son créé dans une pièce où l'air ne posséderait pas de friction intérieure et où les murs seraient parfaitement rigides durerait éternellement. Dans une pièce de taille normale, les ondes sonores sont réfléchies par les murs 200 à 300 fois, en leur transmettant à chaque réflexion un peu d'énergie pour finalement disparaître complètement. Pour fournir ainsi une calorie au mur, il faut chanter sans interruption pendant deux à trois jours. Les murs se réchauffent alors imperceptiblement, mais ce n'est pas la source d'énergie du XXIe siècle !

171 Nombreuses sont les personnes persuadées d'avoir vu plus d'une fois des rayons lumineux. Ces témoins seront très étonnés d'apprendre qu'ils n'ont pas pu voir les rayons lumineux pour la simple raison que les rayons lumineux sont invisibles. Ce qu'ils ont pris pour des rayons lumineux sont en fait de petits *corps* éclairés par ceux-ci. La lumière qui rend les corps visibles est, elle-même, invisible. L'astronome et physicien John Gershnell, fils du grand astronome, écrivit, avec talent, un texte sur ce thème :

« La lumière, bien qu'elle soit la raison de notre vue est invisible en elle-même. On dit cependant qu'un rayon de Soleil est visible, quand il passe à travers un trou de mur dans une chambre sombre ou, par un ciel nuageux, quand des bandes lumineuses transpercent les nuages en quelques endroits. Ces rayons sont comme les lignes parallèles d'une perspective qui se rejoignent en un lieu caché (le Soleil). Mais ce que nous voyons dans ces cas-là, ce n'est pas la lumière, mais les innombrables particules de poussière ou de brouillard, qui réfléchissent une petite partie de la lumière. La lumière nous permet ainsi de voir de petites particules qui seraient, sinon, invisibles. »

«La Lune elle-même n'est visible que grâce à la lumière du Soleil qui l'éclaire[1]. Si la Lune était absente, on ne verrait rien, bien qu'en se déplaçant à son endroit on pourrait voir le Soleil. La lumière solaire toujours présente n'est mise en évidence que par un corps étranger.»

«Ce qui est vrai pour le Soleil, l'est également pour les étoiles. Ainsi, le noir qui remplit l'espace entre les étoiles est plein de rayons lumineux, mais nous ne les voyons pas car les poussières de l'espace ne sont pas assez denses. Nous ne voyons que les rayons dirigés directement dans notre direction.»

Certains objecteront que pour voir les rayons lumineux, il suffit de cligner des yeux. On a alors l'impression de voir un faisceau lumineux émanant de la source de lumière se diriger vers notre œil. Ce n'est pourtant pas le cas. Ce que nous croyons être des rayons de lumière ne sont en fait qu'une conséquence de la diffraction des rayons lumineux par les cils sur le fond de notre œil.

172 Aucune conséquence ! Il ne faut pas penser que puisque les rayons du Soleil mettent 8 minutes pour atteindre la Terre, que dans le cas où la lumière ne mettrait pas de temps pour arriver, on verrait le Soleil se lever 8 minutes plus tôt. En effet, le Soleil n'émet pas de la lumière spécialement pour son lever ; le flot de lumière est continu. Nous n'avons donc pas à attendre 8 minutes pour voir la lumière.

173 Considérons la figure 118 représentant le Soleil *S* et le fil électrique vu de profil *P* (en coupe). La longueur de l'ombre projetée par le fil électrique éclairé par le Soleil est délimitée par la zone allant de *P* jusqu'à l'intersection *A* des deux tangentes *SP*. On voit que l'angle *A* (l'angle formé par les deux tangentes) est égal à l'angle sous lequel l'observateur terrestre voit le Soleil, soit 0,5°.

Il est ainsi facile de déterminer la longueur de l'ombre du fil : elle est égale au diamètre du fil multiplié par 2×57 (un objet vu sous un angle de 1° est éloigné de 57 fois son rayon)[2]. Si l'épaisseur du fil électrique est de 1 cm, la longueur de l'ombre sera de :

$$1 \times 2 \times 57 = 114 \text{ cm}$$

Cette distance est bien plus petite que la hauteur de la lanterne au-dessus de la chaussée. C'est pour cela que l'ombre du fil n'apparaît pas sur le sol.

1. De même pour le «flash» des satellites artificiels (NdT).
2. On utilise la relation trigonométrique suivante : $\tan 0{,}5 = \frac{R}{D}$, où *R* est le rayon de l'objet et *D* sa distance. D'où $D = 114{,}6R$ (NdT).

L'ombre beaucoup plus grande de la lanterne est à la mesure de son diamètre. Pour un diamètre de 30 cm, l'étendue de l'ombre projetée sera de :

$$0{,}3 \times 114 = 34 \text{ m}$$

Cette ombre atteint toujours la chaussée, car la lanterne se trouve à une hauteur qui ne dépasse pas 10 m.

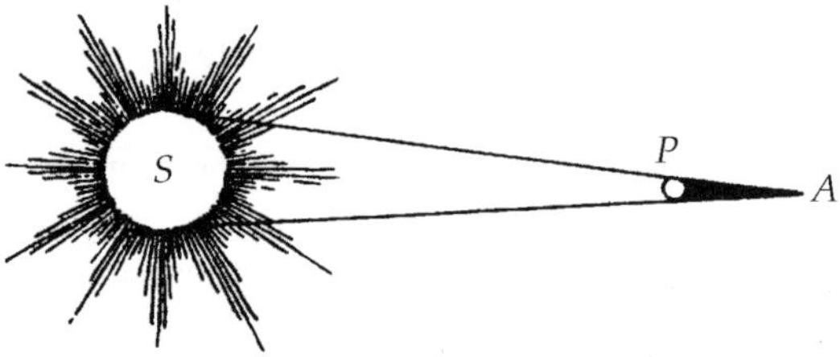

Figure 118.
L'ombre PA créée par le fil P (vue en coupe).

174 Le nuage, comme la lanterne de la question précédente, crée un cône d'ombre dont la section va en diminuant à mesure qu'on se rapproche de la surface de la Terre (et non pas en s'élargissant, comme on le croit souvent). Ce cône, vu les dimensions des nuages, est assez grand. Si le nuage a 100 m de diamètre, le cône d'ombre aura une hauteur de plus de 11 km de long. Comme les nuages se trouvent généralement à plus basse altitude, l'ombre au sol ne sera pas nulle. Il est intéressant de calculer le coefficient du rapetissement de l'ombre par rapport à la taille du nuage en fonction de son altitude.

Prenons pour l'exemple un nuage situé à 1 000 m. Si les rayons du Soleil illuminent la Terre sous un angle de 45°, la longueur du cône d'ombre sera de $1\ 000 \times \sqrt{2} \approx 1\ 400$ m. Le Soleil sera donc éclipsé par un nuage de diamètre $1\ 400/114 \approx 12$ m. Si le nuage est plus petit (moins de 12 m), il ne projettera aucune ombre sur la Terre. En général, les nuages sont nettement plus grands, et l'ombre aura alors à peu près la même taille que le nuage (cette ombre sera 12 m plus courte que la «longueur» du nuage). On peut donc considérer que les nuages et leurs ombres sont de même taille et non pas d'une taille beaucoup plus grande comme on le croit généralement. Ceci facilite ainsi la détermination des dimensions des nuages.

175 La lumière de la pleine Lune est considérée comme une lumière assez forte, c'est pourquoi on répond le plus souvent positivement à cette question. Cependant, celui qui a essayé de lire un livre à la lumière de la Lune a pu vérifier l'extrême difficulté de cette entreprise. Pour la lecture de caractères de taille moyenne, il faut une lumière d'au moins

40 lux[1], et pour les petits caractères, d'au moins 80 lux. La lumière de la pleine Lune, dans les meilleures conditions, n'est que de 1/10 lux (la pleine Lune donne autant de lumière qu'une bougie placée à 3 m du lecteur). Il est donc évident que la seule lumière de la Lune est insuffisante pour lire un livre.

On a aussi tendance à surestimer la lumière du ciel lors des fameuses nuits blanches à Saint-Pétersbourg qui est d'environ un demi-lux. A. Pouchkine[2] ne pouvait ainsi lire et écrire «sans lampion» à minuit, mais plutôt vers 10 heures du soir ou 2 heures du matin, quand la lumière atteint les 30 à 40 lux nécessaires.

176 Rien ne nous apparaît plus noir que le velours noir et plus blanc que la neige blanche. Mais ces «jugements humains» noir et blanc, sombre et clair, prennent un aspect tout à fait différent en face d'un testeur physique impartial : le photomètre. Par exemple, le velours le plus noir est plus clair au soleil que la neige la plus immaculée par une nuit de pleine lune.

La raison en est simple : la surface noire, aussi sombre soit-elle, n'absorbe pas entièrement tous les rayons de la lumière incidente. Même la suie et les noirs de platine – les couleurs les plus noires que nous connaissions – diffusent à peu près 1 à 2 % de la lumière incidente. Prenons le chiffre de 1 % et considérons que la neige diffuse les 100 % de la lumière incidente[3]. Le Soleil éclaire environ 400 000 fois plus que la Lune. Par conséquent, 1 % de la lumière du Soleil diffusée par le velours noir est encore 4 000 fois plus intense que 100 % de la lumière de la Lune diffusée par la neige. Le velours noir à la lumière du Soleil est donc beaucoup «plus lumineux» que la neige éclairée par la pleine lune.

Tout cela est vrai non seulement pour la neige mais également pour les meilleures couleurs blanches que nous connaissions (la plus claire s'appelant le «lithopone», un mélange de sulfate de baryum et de sulfure de zinc, qui diffuse 91 % de la lumière incidente). Aucune surface ne peut réfléchir plus de lumière qu'elle n'en reçoit. Ainsi il n'existe pas une matière assez blanche qui pourrait être plus lumineuse par une nuit de pleine lune que la couleur la plus noire par une journée ensoleillée.

1. 1 lux est la lumière créée par une bougie placée à une distance de 1 m (si les rayons lumineux éclairent verticalement la surface).
2. Alexandre Pouchkine, écrivain russe (1799-1837). Auteur, entre autres, de *Eugène Onéguine* et *Boris Godonov*.
3. En réalité, la neige fraîche ne diffuse qu'environ 80 % de la lumière reçue.

177 Une simple bougie éclaire des centaines de milliers de fois plus fort qu'une étoile. Il faut ainsi éloigner la bougie à près de 500 m pour que son éclairage soit comparable à celui d'une étoile de première catégorie. Donc dans les conditions du problème, les deux sources donnent le même éclairage (en effet 4×10^{-6} lux).

178 La Lune diffuse seulement 1/14 de la lumière incidente. C'est pour cela que les astronomes disent que la surface de notre satellite est grise. Néanmoins, la raison pour laquelle de la Terre nous voyons la Lune blanche, est bien expliquée par Tindal :

« La lumière incidente arrivant à la surface d'un corps est divisée en deux parties : une partie est absorbée tandis que l'autre est réfléchie. Si le corps absorbe dans toutes les longueurs d'onde (il est gris), la lumière réfléchie conserve la même couleur que les rayons de la lumière incidente. Si la lumière incidente était blanche, alors la lumière réfléchie par la surface le serait également. Par exemple, la lumière blanche du Soleil réfléchie, même par un objet noir, reste blanche. C'est pourquoi nous voyons la surface de la Lune blanche. »

« Si en réalité la Lune était recouverte par un velours noir d'encre, elle rayonnerait dans le ciel comme un majestueux disque d'argent. »

Le contraste avec le ciel sombre est aussi très important car même les faibles sources de lumière apparaissent plus vives.

179 La neige est blanche pour la même raison que le verre cassé apparaît blanc, comme en général tous les petits objets transparents. Prenez de la glace, broyez-la ou grattez-la avec un couteau et vous obtiendrez de la poudre blanche. L'origine de cette couleur est due au fait que les rayons de lumière entrant dans les petits morceaux de glace transparente ne les traversent pas, mais sont réfléchis sur leurs parois internes (la réflexion intérieure est complète). Or une surface qui diffuse les rayons incidents dans toutes les directions est perçue par l'œil comme blanche.

La raison de la couleur blanche de la neige est donc sa finesse. Si les interstices entre les cristaux étaient remplis par de l'eau, la neige perdrait sa couleur blanche et apparaîtrait transparente. Cette expérience est facile à faire : prenez de la neige, mettez-la dans un bocal que vous remplissez avec de l'eau à zéro degré ; la neige qui était blanche deviendra transparente sous vos yeux.

180 Ni le cirage ni la brosse ne contient quoi que ce soit qui puisse donner l'impression d'un éclat. C'est pour cela que l'éclat d'une botte cirée présente une sorte de mystère.

Pour trouver la clef de cette énigme, il faut bien saisir la différence entre une surface brillante polie et une surface mate. D'habitude on pense que la surface polie est lisse tandis que la surface mate est rugueuse. C'est faux : les deux sont rugueuses. Les surfaces absolument lisses n'existent pas. Si nous pouvions regarder la surface polie sous un microscope, nous verrions le même «paysage» qu'avec l'histoire du tranchant de la lame d'un rasoir vu sous un microscope (question n° 8) ; pour un homme rapetissé dix millions de fois, la surface d'une plaque polie apparaîtrait telle une région montagneuse (Fig. 119).

Figure 119. *Pour un homme réduit dix millions de fois, une plaque polie ressemble à un terrain vallonné.*

Les rugosités, les cavités et les égratignures sont toujours présentes quelle que soit la surface – mate ou brillante. Le problème réside dans les dimensions de ces défauts. S'ils sont inférieurs à la longueur d'onde de la lumière incidente, les rayons seront «correctement» réfléchis, c'est-à-dire que l'angle de réflexion sera le même que l'angle d'incidence. Cette surface donne l'impression d'un miroir, elle brille, et nous disons qu'elle est polie. Si, en revanche, les défauts sont plus grands que la longueur d'onde de la lumière incidente, les rayons sont réfléchis sans conservation de l'angle d'incidence. La lumière ainsi «diffusée» ne donne pas l'impression du miroir et nous qualifions cette surface de mate.

Le fait que le caractère mat ou poli dépende de la longueur d'onde de la lumière incidente nous amène à la remarque suivante : une surface peut être polie et brillante pour une lumière, et mate pour une autre. Pour les rayons de la lumière visible ayant une longueur d'onde moyenne de 0,5 µm, une surface avec des défauts inférieurs à cette taille apparaîtrait polie, de même qu'avec une lumière infrarouge de plus grande longueur d'onde. Au contraire, elle apparaîtrait mate sous une lumière ultraviolette qui a une longueur d'onde plus courte.

Mais revenons à nos bottes qui doivent briller. On comprend maintenant le pourquoi de la chose. La surface du cuir non nettoyée avec le cirage est pleine d'irrégularités et d'aspérités plus grandes que la longueur d'onde de la lumière visible : la surface est mate. La matière visqueuse du cirage appliquée en une fine couche comble les trous et lisse les fins poils du cuir. Le frottement à l'aide de la brosse permet d'éliminer le surplus de cirage afin d'obtenir une application parfaite sur toute la surface : celle-ci devient brillante.

181 Si vous posez la question à votre entourage, invariablement on vous répondra que dans le spectre solaire et dans l'arc-en-ciel il y sept couleurs. C'est assez étonnant car il suffit d'observer le phénomène pour constater que c'est totalement faux.

Si l'on regarde la bande du spectre de la lumière du Soleil (par exemple avec un prisme), on ne peut distinguer que *cinq* couleurs de base :

rouge, jaune, vert, bleu clair et violet

Elles n'ont pas de limites précises, passant progressivement de l'une à l'autre, de sorte que l'on peut adjoindre aux couleurs déjà citées les couleurs intermédiaires :

rouge-jaune (orange), jaune-vert, vert-bleu, bleu-violet

Ainsi, il y a dans le spectre solaire cinq couleurs si on se limite aux couleurs principales ou neuf couleurs, si l'on tient compte des couleurs intermédiaires principales.

Pourquoi a-t-on alors l'habitude de dire qu'il y a sept couleurs dans le spectre solaire ?

Dans son livre *Optique*, Newton en avait également distingué seulement cinq :

«Le spectre m'apparut coloré de telle sorte que la partie la moins déviée était rouge ; la partie supérieure la plus déviée violette et l'espace entre ces deux couleurs étant jaune, vert et bleu.»

Mais plus tard, en essayant de trouver une correspondance entre les notes de musique et le nombre de couleurs dans le spectre, Newton a ajouté deux couleurs aux cinq initiales. Cette attraction quasi magique pour le chiffre sept n'est en fait qu'une réponse aux croyances astrologiques[1] de l'ancien temps «La musique des sphères» (ainsi que l'expression «septième ciel»).

1. Le physicien anglais Hausten, dans son livre *Couleurs et lumière*, écrit à ce sujet : «Les sept planètes (les anciens considéraient le Soleil et la Lune comme des planètes) étaient considérées comme des divinités, et cette croyance passait comme un fil rouge à travers toute l'astrologie du Moyen Âge ; l'action du Soleil sur les récoltes et sur le temps était tellement visible, que l'on pouvait en venir à croire à l'action des autres planètes sur le comportement de l'homme, peut-être pas aussi visible, mais au moins aussi importante. [...] Le partage du mois en semaines était fait en l'honneur des planètes. Et, évidemment, ce sont ces sept planètes qui ont donné au chiffre sept son caractère sacré dans la bible, dans l'alchimie – il y avait sept métaux principaux, dans l'octave, sept notes, dans le spectre, sept couleurs.» Dans le même livre, le lecteur trouvera une description précise de l'expérience de Newton avec les prismes ainsi que des informations historiques intéressantes.

En ce qui concerne l'arc-en-ciel, on a déjà beaucoup de mal à en distinguer cinq, alors sept ! En général, on n'en voit que *trois* :

rouge, vert et violet

Le jaune apparaît plus difficilement. Dans certains cas, l'arc-en-ciel contient également une bande blanche assez large.

Finalement, il serait préférable de distinguer trois parties principales dans le spectre et dans l'arc-en-ciel puisque les couleurs n'ont pas de frontière précise. Ces trois parties sont :

la partie rouge, la partie jaune-vert et la partie bleu-violet

Enfin, si l'on veut tenir compte des moindres variations de teinte, des expériences ont ainsi pu en observer plus de 150 dans le spectre.

182 L'arc-en-ciel n'est visible que si la hauteur du Soleil ne dépasse pas 42° (Fig. 120). La hauteur du Soleil de midi à la latitude de Moscou (56°) le jour du solstice d'été (inclinaison de la Terre = 23,5°) est de :

$$90° - 56° + 23{,}5° = 57{,}5°$$

Donc le Soleil se trouvait trop haut dans le ciel pour que le phénomène de l'arc-en-ciel soit visible.

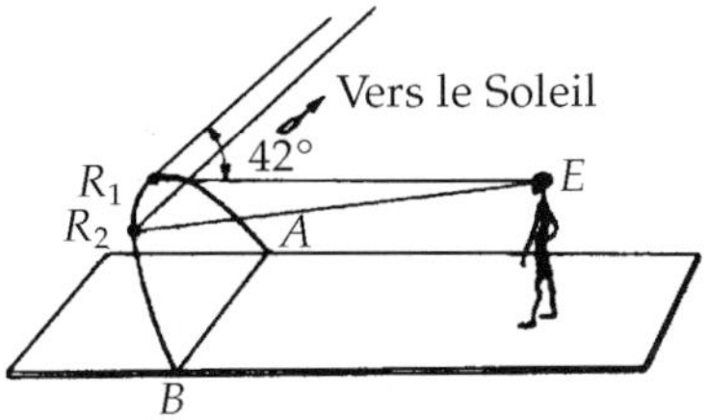

Figure 120. *L'arc-en-ciel n'est visible que lors d'une position particulière du Soleil par rapport à l'horizon.*

183 Le verre vert ne fait passer que les rayons verts et retient tous les autres. Les fleurs rouges absorbent toutes les couleurs sauf la rouge qui nous est renvoyée. En regardant une fleur rouge à travers un verre vert, nous ne recevrons aucun rayon de sa part, car les seuls rayons émis par celle-ci seront arrêtés par le verre vert. Ainsi, la fleur rouge nous apparaîtra noire.

Il est donc évident que pour la fleur bleue, il en sera de même. On la verra également noire.

Le professeur M.Y. Piotrovsky, physicien, peintre et fin observateur de la nature, fait à ce sujet une série de remarques intéressantes dans son livre *La physique lors des excursions d'été* :

«En observant un parterre de fleurs à travers un verre rouge, nous constatons immédiatement que les fleurs d'un rouge pur, les géraniums par exemple, nous apparaissent aussi éclatantes que les fleurs parfaitement blanches ; les feuilles vertes nous apparaissent tout à fait noires avec une brillance métallique ; les fleurs bleues (les aconits) sont si noires qu'elles sont quasi impossibles à repérer sur le fond noir des feuilles ; quant aux fleurs jaunes, roses et violettes, elles apparaissent plus ou moins sombres. »

« En prenant un verre vert, nous voyons les feuilles d'un vert éclatant quasi irréel et, dessus, les fleurs blanches, encore plus éclatantes ; les fleurs jaunes et bleu ciel apparaissent assez pâles ; les fleurs rouges deviennent noires ; les fleurs violettes et rose pâle apparaissent très pâles, voire grises, à tel point que les fleurs rose clair de l'églantier apparaissent plus sombres que ses feuilles très colorées. »

« Enfin à travers un verre bleu, les fleurs rouges apparaissent toujours noires, les blanches éclatantes, les jaunes totalement noires et les bleues presque aussi éclatantes que les blanches. »

« Il est facile d'en conclure que les fleurs rouges nous renvoient essentiellement des rayons rouges ; que les fleurs jaunes, une quantité à peu près égale de rayons rouges et verts mais très peu de bleus ; les fleurs roses et pourpres, beaucoup de rouges et de bleus, mais peu de verts... »

184 Pour que l'or perde sa couleur jaune, il faut l'observer avec une lumière qui ne contient plus la couleur jaune. Newton réalisa cette expérience à l'aide d'un prisme et d'une lentille convergente. Avec le prisme, on obtient le spectre. On place alors un obstacle pour supprimer la couleur jaune puis, avec la lentille, on reconstruit la lumière. L'or éclairé par cette lumière apparaît alors blanc comme de l'argent.

185 Dans la lumière de l'ampoule électrique il y a beaucoup moins de rayons verts et bleus que dans la lumière solaire. Ainsi, l'indienne lilas éclairée par une ampoule électrique ne renvoie presque pas de rayons vers notre œil. Elle apparaît donc noire.

186 Le Soleil éclaire l'atmosphère terrestre de sa lumière blanche, mais nos yeux voient le résultat de l'interaction de la lumière avec l'atmosphère. L'atmosphère disperse différemment la lumière en fonction de sa longueur d'onde. Plus la longueur d'onde est courte, plus la dispersion est importante. La couleur du ciel dépend donc de l'épaisseur de l'atmosphère et des longueurs d'onde de la lumière qui la traverse.

Lorsqu'il fait jour, la longueur d'onde la plus dispersée par la couche d'air correspond à la couleur bleue, d'où un ciel bleu. En revanche, le matin et le soir, l'épaisseur de la couche d'air à traverser pour atteindre notre œil est plus importante et c'est la longueur d'onde correspondant au rouge qui est le plus dispersée, d'où les magnifiques levers et couchers de Soleil. De même, lors de l'éclipse totale de Lune, on peut voir celle-ci se colorer de rouge. Cela est dû aux rayons du Soleil qui traversent d'abord la couche atmosphérique de la Terre avant d'embraser la Lune.

Un météorologue américain expliquait les différentes teintes du ciel de la façon suivante :

« La couleur du ciel dépend de l'éclat relatif des différents rayons arrivant à l'observateur, et cet éclat à son tour dépend de la dispersion qui est déterminée par la quantité et la taille des particules de poussière dans l'atmosphère... Si ces particules sont assez peu nombreuses et petites – le ciel apparaît bleu. En revanche, quand leur nombre et leur taille augmentent (par exemple les jours froids ou venteux), et même si la taille seule augmente (à la suite de « l'humidification » des particules lors de l'augmentation de l'hygrométrie de l'atmosphère), – alors les rayons de courtes longueurs d'onde sont moins affaiblis et le ciel prend la couleur correspondant à une plus grande longueur d'onde : jaune, orange et parfois rouge. Enfin si les particules sont si grandes qu'elles rejettent les rayons de toutes les couleurs, le ciel devient blanchâtre. L'épaisseur de l'atmosphère entre, bien entendu, également en ligne de compte.

On comprend ainsi pourquoi le matin et le soir, le ciel est souvent bariolé : près de l'horizon – il est rouge, un peu plus haut – orange et jaune, encore plus haut – vert-bleu et bleu. »

Remarquons également que la couleur du ciel du soir est souvent un bon indicateur du temps à venir. Un ciel du soir rouge indique qu'il n'y aura pas de pluie le lendemain, mais peut-être du vent. Des teintes jaunes et orange sur l'horizon lors du coucher du Soleil augmentent les chances d'avoir du beau temps. Mais, si le ciel du soir est couvert par un gris monotone, un risque de pluie est à considérer sérieusement [1].

187 L'idée de cette invention est basée sur une croyance naïve selon laquelle il est possible de faire une éclipse solaire artificielle rien qu'en couvrant le disque solaire par un disque opaque. En effet c'est l'atmosphère tout entière qui diffuse la lumière dans toutes les directions et il n'est pas possible de pouvoir recréer le cône d'ombre de la Lune. L'autre erreur de notre inventeur est sa confiance en la possibilité qu'il

1. Voir l'ouvrage de V. Gemfriz, *Les observations folkloriques et les paradoxes du temps.*

soit «possible de voir les étoiles dans le ciel en plein jour en étant au fond d'un puits profond». En fait cette invention ne peut servir qu'à observer la couronne solaire comme à l'aide d'un coronographe.

Mais au fait, pourquoi ne peut-on voir les étoiles et la couronne solaire en plein jour ? Ce n'est pas parce que la lumière du Soleil nous aveugle, mais bien parce que l'atmosphère disperse la lumière qu'elle reçoit noyant la faible lueur des étoiles. En l'absence d'atmosphère, nous verrions les étoiles et la couronne solaire dans un ciel noir, malgré la brillance éclatante du Soleil.

Descendre au fond d'un puits (ou regarder par la cheminée d'une usine) ne change rien à l'affaire : l'atmosphère saturée de lumière solaire empêche toujours l'observation des étoiles. Les seules étoiles que l'on peut espérer voir en plein jour sont les supernovae (ce sont des étoiles géantes qui, arrivées au terme de leur vie, explosent, libérant une énergie phénoménale) ainsi que les planètes Vénus et Jupiter respectivement jusqu'à 140 et 25 fois plus brillante que les étoiles les plus lumineuses.

Mais revenons encore à notre éclipse artificielle. Placer un disque couvrant la surface du Soleil pour créer une éclipse et voir les étoiles est donc illusoire car entre notre disque et le Soleil, il y a toute la couche d'air. La Lune, elle, se trouve à l'extérieur de l'atmosphère, c'est pour cela que son action est efficace dans le cône d'ombre qu'elle crée sur Terre. Cependant la nuit n'est pas totale car l'atmosphère à côté du cône continue de disperser la lumière, mais est suffisante pour voir les étoiles les plus lumineuses.

188 La couleur rouge, comme toutes les couleurs ayant une grande longueur d'onde, est moins sensible à la diffusion par les particules en suspension dans l'air que les autres couleurs. C'est pour cela que les rayons de couleur rouge pénètrent plus loin par rapport aux autres. La nécessité d'une bonne visibilité au loin est importante dans les moyens de transport : l'automobiliste, de même que le conducteur du train, doit pouvoir freiner suffisamment longtemps avant l'obstacle.

L'utilisation d'un filtre infrarouge pour photographier les planètes (Mars en particulier) est basée sur la grande transparence de l'atmosphère à ces longueurs d'ondes. Des détails invisibles sur une photographie ordinaire se révèlent distinctement sur la photographie faite dans l'infrarouge. Il est ainsi possible de photographier la surface d'une planète alors qu'ordinairement on ne voit que son enveloppe atmosphérique.

Une autre raison de choisir la couleur rouge pour le signe STOP est la grande sensibilité de notre œil à cette couleur relativement au bleu ou au vert (mais ce n'est peut-être qu'une conséquence adaptative de notre œil).

189 On dit souvent que plus la matière est dense, plus son indice de réfraction est grand. On affirme alors que «le rayon passant d'un milieu moins dense vers un milieu plus dense se rapproche de la normale à la surface». Cela est vrai, mais pas toujours.

Il est connu que le rapport entre les indices de réfraction de deux milieux est l'inverse du rapport des vitesses de la lumière dans ces milieux. Nous pouvons donc reformuler la question de la manière suivante :

Est-il vrai que plus la matière est dense, plus la vitesse de la lumière qui s'y propage est faible ?

Comparons trois milieux : le vide, l'air et l'eau afin de prouver que la dépendance n'est pas si simple. Si nous prenons comme référence de densité celle de l'air à 1, et comme référence de vitesse celle de la lumière dans l'air à 1, nous avons pour les trois milieux choisis :

Milieu	**Densité**	**Vitesse**
Vide	0	1
Air	1	1
Eau	770	0,75

Donc on n'obtient pas la dépendance attendue. On peut d'ailleurs trouver des matières de densités égales mais où la lumière se propage à des vitesses différentes (car les indices de réfraction sont différents pour ces deux matières). C'est le cas du chloroforme et du sulfate de zinc dilué de manière à avoir la même densité que le chloroforme. Au contraire, nous pouvons trouver des matières avec le même indice de réfraction mais des densités différentes : le verre est deux fois plus dense que l'huile de cèdre, cependant la vitesse de propagation de la lumière y est la même (on ne voit pas une baguette de verre dans de l'huile de cèdre).

Il n'y a finalement qu'un seul cas où ce rapport entre indices de réfraction et densité est vérifié : c'est le cas d'un même milieu à des températures et pressions différentes. Autrement, cette règle est généralement prise en défaut.

190 Des lentilles de même géométrie mais d'indices de réfraction différents (1,5 et 1,7) ont des distances focales différentes : la lentille ayant l'indice le plus grand aura la focale la plus courte (dans notre cas, elle est 28 % plus courte). Elle convergera donc mieux.

Placés dans un liquide transparent dont l'indice de réfraction est de 1,6, les verres agiront différemment sur les rayons de lumière. La lentille avec l'indice de réfraction de 1,5 (plus petit que celui du liquide) fonctionnera comme une lentille faiblement divergente, et la lentille avec l'indice de réfraction plus grand, comme une lentille faiblement convergente.

191 De nouveaux détails d'un objet se distinguent dans le seul cas où ils sont observés sous un plus grand angle visuel. Si la Lune située tout près de l'horizon était observée sous un plus grand angle visuel par rapport à celui sous lequel nous la voyons habituellement dans le ciel, nous pourrions sûrement remarquer de nouveaux détails sur son disque. Mais l'angle visuel sous lequel on voit la Lune lorsqu'elle est proche de l'horizon n'est pas différent de la valeur quand elle est haute dans le ciel. La Lune ne s'approche pas de l'observateur lorsqu'elle est près de l'horizon ; au contraire il est facile de comprendre que dans cette position, elle est plutôt un peu plus loin de l'observateur.

Ici, on ne répond pas à la question sur les raisons de l'élargissement apparent des astres quand ils sont situés près de l'horizon, mais nous pouvons noter qu'il n'y a aucun rapport avec la réfraction atmosphérique comme on veut souvent nous le faire croire pour expliquer ce phénomène. En voici deux exemples fameux :

Le premier extrait des mémoires de Michel Tchekhov, le frère d'Anton Tchekhov[1] :

«Une fois, lors d'une soirée d'été, calme et sereine, quand le Soleil approchait l'horizon comme un grand disque rouge, une question s'est posée parmi nous : pourquoi le Soleil couchant est-il rouge et beaucoup plus large que le jour ? Après de longs débats, nous avons décidé qu'à ce moment, le Soleil était déjà sous l'horizon, mais que l'air agissant sur la lumière du Soleil comme un prisme en verre sur la lumière d'une bougie, on ne voyait plus que la couleur rouge d'un Soleil agrandi disparu.»

Le second extrait d'un article d'un journal de vulgarisation scientifique :

1. Anton Tchekhov, écrivain russe (1860-1904). Auteur, entre autres, de *La Mouette* et *Oncle Vania*.

« Le Soleil et la Lune apparaissent plus grands très près de l'horizon par rapport à leurs positions hautes dans le ciel, parce que proche de l'horizon, la réfraction de la lumière par l'atmosphère change fortement. La réfraction de la lumière étant plus grande à l'horizon, le Soleil et la Lune apparaissent alors sous forme de grands disques rouges. »

En réalité, la réfraction à l'horizon n'élargit pas le diamètre du disque des astres, mais au contraire diminue le diamètre vertical pour lui donner la forme d'une ellipse (Fig. 121). La vraie raison de l'élargissement des astres près de l'horizon demeure encore un mystère, et il est possible que cela soit une illusion d'optique. Mais en tout cas, elle n'est pas liée à la réfraction atmosphérique.

Nous devons également préciser que l'élargissement des astres près de l'horizon n'a rien à voir avec l'agrandissement obtenu avec un télescope ou un microscope. Ces instruments optiques modifient la direction des rayons entrant dans notre œil de telle manière que l'image projetée sur la rétine soit agrandie. C'est le principe de fonctionnement de ces instruments : ils n'élargissent pas les objets mêmes, ne les rapprochent pas (en utilisant les métaphores du langage) mais ils élargissent les images des objets perçues par notre rétine.

***Figure 121.** La compression du disque solaire près de l'horizon sous l'action de la réfraction atmosphérique.*

192 Un petit objet observé au travers du trou d'une feuille de carton nous apparaît agrandi ; ce grossissement est réel (à l'opposé de l'agrandissement illusoire du disque solaire près de l'horizon de la question n° 191). En effet, il est possible de distinguer de nouveaux détails sur l'objet grâce à ce dispositif. Le fonctionnement de ce petit trou est tout de même différent du fonctionnement de la lunette.

La lentille déplace des rayons de l'objet de telle manière que l'on obtient une image agrandie de l'objet sur la rétine. Le petit trou permet également l'agrandissement de l'image sur la rétine, non pas en déplaçant les rayons mais en masquant les rayons qui voilent l'image sur la rétine de l'œil. Le trou joue le rôle d'un diaphragme.

Néanmoins le trou ne peut pas se substituer complètement à la lentille ; la lentille utilise plus de lumière et donne des images beaucoup plus claires qu'un trou.

La lunette de la figure 111 est constituée d'une bobine en bois *K* (cette bobine est intérieurement noircie). L'objet est collé sur une feuille transparente de celluloïd *C* au point *M*, et s'observe à travers le petit trou *O* fait dans le carton *P* placé à une distance de 2 cm. Une distance de bonne visibilité pour un œil standard est de 25 cm, donc l'objet va être observé avec cette lentille sous un angle de vue 12,5 fois plus grand que normalement. En d'autres termes, nous avons agrandi 12,5 fois notre objet. Ce dispositif nécessite cependant un éclairage puissant derrière l'objet pour que celui-ci soit correctement visible.

193 La constante solaire (comme son nom l'indique) est toujours la même (1,37 kW/m^2) quels que soient la latitude du globe ou le moment de l'année. Le Soleil envoie la même quantité d'énergie sur chaque centimètre carré de l'atmosphère perpendiculaire aux rayons solaires. Les différences de climat et de temps qui existent sur Terre sont dues à l'inclinaison de celle-ci sur l'écliptique (23°27′). Quand l'axe de la Terre est dirigé vers le Soleil, c'est l'été au pôle Nord et, six mois plus tard, quand l'axe est dirigé en sens inverse, c'est l'hiver. Il n'y a qu'entre les deux tropiques que la Terre peut présenter une surface idéalement positionnée c'est-à-dire parfaitement en face par rapport au Soleil (le jour du solstice d'été sur le tropique du Cancer, le jour du solstice d'hiver sur le tropique du Capricorne et durant les deux équinoxes sur l'équateur). Les pôles, eux, ne reçoivent jamais la lumière parfaitement en face mais sous un certain angle par rapport à l'horizon qui varie entre 27° (été) et 0° (hiver).

En revanche, on peut préciser que l'activité solaire, elle, n'est pas constante. Elle présente une périodicité avec un maximum tous les onze ans.

194 Une surface est noire si, lorsqu'on l'éclaire, elle ne renvoie aucun rayon de lumière. Il n'existe pas de tels objets dans la nature : mêmes les surfaces les plus noires (suie, nielle[1] de platine, oxyde de cuivre, encre de chine, etc.) reflètent toujours une partie de la lumière qui les éclaire. Mais alors, qu'est-ce qui est le plus noir ?

1. Incrustation d'un émail noir sur un fond blanc dans un ouvrage d'orfèvrerie (NdT).

La réponse peut surprendre : le plus noir… c'est le trou !

Ce n'est cependant pas n'importe quel trou, il doit avoir certaines propriétés. En particulier, il ne doit pas être trop grand et l'intérieur doit absorber la lumière. Le plus simple pour en construire un est de prendre une boîte hermétique, de peindre ses parois internes en noir et de faire un petit trou au milieu d'une des faces. Si maintenant vous colorez également en noir la face extérieure qui contient le trou, vous constaterez que le trou paraît plus noir que noir : il contraste par rapport au noir de la face. Comment cela se fait-il ?

Prenons un rayon lumineux qui a le malheur de pénétrer par le trou de la boîte. Il va toucher le fond de la boîte, s'absorber en partie, le reste étant réfléchi. Il va ainsi heurter une autre paroi, y être absorbé et réfléchi et ce, un grand nombre de fois avant de retrouver la sortie. Seuls les rayons arrivant exactement dans l'axe ressortiront rapidement. Aussi, la quasi-totalité des rayons entrant dans la boîte seront absorbés et notre œil ne recevra presque aucun rayon en regardant le trou.

Une illustration numérique peut nous aider à mieux comprendre avec quelle vitesse l'intensité lumineuse décroît au cours des multiples réflexions. Supposons, pour simplifier, que le noir qui recouvre les parois de la boîte absorbe 90 % de lumière reçue : 10 % sont donc réfléchis. Après la première réflexion, l'intensité du rayon sera de 0,1 soit 10^{-1} du rayon initial. Après la deuxième réflexion, de $10^{-1} \times 10^{-1} = 10^{-2}$ (un centième). À chaque réflexion, on divise par 10 l'énergie du rayon. Ainsi au bout de la vingtième réflexion, l'intensité du rayon sera 10^{-20} (un cent milliardième de milliardième !) fois plus faible que celle de départ. Pour un rayon provenant du Soleil, sa luminosité initiale est d'environ 10^6 lux. Après la vingtième réflexion, sa luminosité ne sera plus que de 10^{-14} lux. À ce niveau, on peut considérer qu'il n'y plus de lumière perceptible par notre œil ! Par comparaison, la limite de perception des étoiles est de 4×10^{-8} lux (étoiles de 6e grandeur, juste encore visible à l'œil nu).

Le lecteur qui a fait cette expérience doit normalement se poser la question suivante : quasiment toute la lumière est absorbée par ma boîte, mais ne va-t-elle pas finir par exploser d'« indigestion lumineuse » ? Je vous rassure, il n'en sera rien ! Mais vous pourrez rapidement constater que votre boîte va se réchauffer. En effet si vous aviez une caméra infrarouge, vous constateriez que votre boîte noire est toute rouge ! Elle ne rayonne pas dans le visible, mais dans l'infrarouge. C'est pourquoi votre boîte n'explose pas. En physique, le trou constitue un «corps noir» et se caractérise par un spectre typique de rayonnement des longueurs d'onde auquel on associe une température[1].

195 Le calcul de la température de la surface du Soleil utilise la notion de «corps noir», c'est-à-dire de corps absorbant 100 % du rayonnement reçu (voir question n° 194). Notons que ce corps est «idéal» et qu'il n'existe pas dans la nature : aucun corps noir (la suie par exemple) n'absorbe totalement le rayonnement reçu, mais en réémet toujours une partie. La loi de Stefan-Boltzmann[2] établit que l'énergie rayonnée par un corps noir idéal, est proportionnelle à la puissance quatrième de sa température ($M = \sigma T^4$ avec T en degrés Kelvin, M en watt par mètre carré et la constante de Stefan-Boltzmann $\sigma = 5{,}67 \times 10^{-8}\ \mathrm{Wm^{-2}\,K^{-4}}$).

Par exemple, un corps noir chauffé à la température de 2 400 K (2 127 °C) rayonne 81 (3^4) fois plus d'énergie que le même corps à 800 K (527 °C).

Pour calculer, à l'aide de ce principe, la température de la surface du Soleil, nous allons supposer que notre globe terrestre n'est pas très différent du corps noir idéal et que toute sa surface est à la température moyenne de 17 °C ou 290 K. Le fait que différentes parties de la surface de la Terre aient des températures différentes (un peu plus ou un peu moins élevées) n'influe pas beaucoup sur les résultats de nos calculs (de même le fait que la Terre n'est pas un corps noir idéal).

D'après une simple estimation géométrique, on peut calculer que le disque solaire occupe 1/187 000 de la sphère céleste[3]. Imaginons la Terre placée au centre d'une enveloppe sphérique d'un rayon de 150 000 000 km (la distance Terre-Soleil). Chaque unité de surface de cette enveloppe rayonne une énergie égale à celle du Soleil (Fig. 122). Autrement dit, si l'on remplit tout le ciel par des soleils, on en aurait 187 000. La Terre recevra 187 000 fois plus d'énergie que maintenant de cette surface imaginaire.

Dans ce cas, on peut facilement comprendre que la Terre devrait avoir la même température que la sphère qui l'entoure, c'est-à-dire la

1. Vous avez peut-être entendu parler des «trous noirs» dans l'espace, qui définissent néanmoins un concept distinct. Un trou noir est le résultat de l'effondrement d'une étoile hyper massive sur elle-même. Le résultat est une espèce de «trou» dans l'espace, si bien que tout rayon qui tombe dedans n'a aucune chance de ressortir. Il est donc visuellement indécelable (NdT).
2. Joseph Stefan, physicien autrichien (1835-1893). Ludwig Boltzmann, physicien autrichien (1844-1906).
3. Ce résultat s'obtient de la manière suivante. La dimension angulaire (moyenne) du Soleil est égale à 0,53 degrés : la surface du disque solaire occupe donc dans le ciel $\pi\,(0{,}53/2)^2 = 0{,}2206$ degrés². On calcule ensuite le nombre de degrés carrés sur toute la sphère. La distance d'un élément vu sous un degré étant de 57,3, la surface sera de $4\pi\,(57{,}3)^2 = 41\,259$ degrés². Le rapport de la surface du Soleil à la sphère est donc de 41 259/0,2206 = 187 030.

température du Soleil : à l'équilibre thermique tous les corps ont la même température. Il faut donc en conclure que dans ces conditions, la Terre irradie autant d'énergie qu'elle en reçoit (sinon elle ne serait pas en équilibre thermique avec son enveloppe brûlante : elle se refroidirait ou elle se réchaufferait).

La Terre doit donc irradier autant que la sphère, c'est-à-dire autant que 187 000 soleils. Comme nous n'avons qu'un Soleil, la Terre doit irradier 187 000 fois moins. D'après la loi de Stefan-Boltzmann, le rapport de la température sera $\sqrt[4]{187\,000} = 20{,}8$ fois plus faible. La température du Soleil est donc de $290 \times 20{,}8 = 6\,032$ K.

Ce raisonnement, qui rappelle par ses constructions supplémentaires la démonstration d'un théorème de géométrie, est un bon exemple du cheminement qu'effectue un physicien théoricien pour appréhender une grandeur qui n'est pas directement accessible par l'expérience.

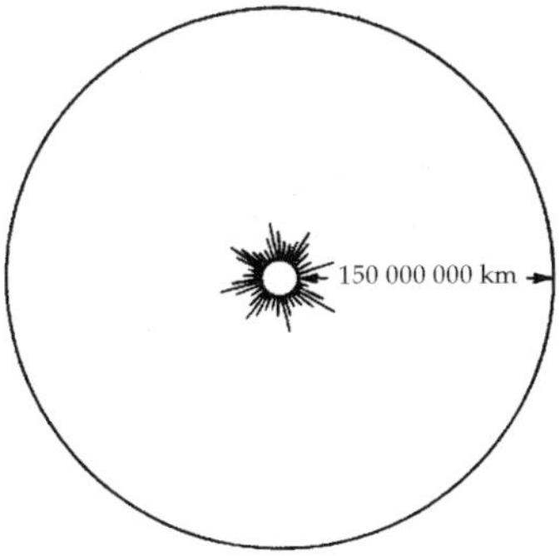

Figure 122. *Illustration du calcul de la température du Soleil.*

196 Généralement, on utilise l'expression « température de l'espace cosmique » sans en mesurer complètement le sens. On admet en effet que la température de l'espace est celle du zéro absolu soit – 273 °C ou 0 K, et que la plupart des corps s'y trouvant doivent avoir une température voisine.

Ces idées ne sont pas correctes. Il ne faut pas oublier qu'un espace complètement vide ne saurait avoir une quelconque température. L'expression « température de l'espace cosmique » est donc un raccourci littéraire, mais nécessite une analyse rigoureuse.

Que faut-il donc entendre par « température de l'espace cosmique » ?

C'est la température d'un corps noir idéal (voir les deux questions précédentes) protégé des rayons du Soleil et des planètes, c'est-à-dire uniquement chauffé par le faible rayonnement des étoiles. Suivant les approches que l'on utilisait avec cette définition de la température on obtenait des valeurs différentes. Poulie pensait que la valeur la plus probable était – 142 °C ; avec d'autres considérations, Frelikh a obtenu la valeur – 129 °C. Mais le résultat le plus fiable est donné à partir de mesures sur le rayonnement des étoiles et en utilisant la loi de Stefan-Boltzmann. Le calcul suit la même procédure que dans la question n° 195 pour la détermination de la température du Soleil.

On estime par des mesures que le rayonnement des étoiles de la moitié de la sphère céleste est cinq millions de fois moins important que le rayonnement du Soleil. Si la sphère céleste brillait comme le Soleil, le rayonnement du ciel serait

$$5 \times 10^6 \times \frac{187\ 000}{2} = 4{,}675 \times 10^{11}$$

fois plus grand que le rayonnement actuel des étoiles.

La Terre chauffée uniquement par le rayonnement des étoiles irradierait donc $4{,}675 \times 10^{11}$ fois moins d'énergie que le Soleil. Comme la température absolue est proportionnelle à la racine quatrième du rayonnement, la température de la Terre serait $\sqrt[4]{4{,}675 \times 10^{11}} \approx 827$ fois plus faible que la température à la surface du Soleil.

Nous savons que la température de la surface du Soleil vaut 6 000 K, donc la Terre chauffée uniquement par les étoiles aurait une température de $\frac{6\ 000}{827} = 7{,}25$ K, soit – 266 °C. La température de l'espace cosmique est donc de 7,25 K (Fig. 123) [1].

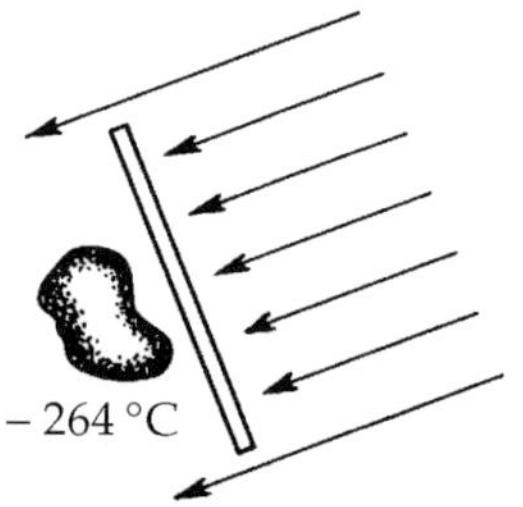

Figure 123. *Un corps placé dans l'espace à 150 millions de kilomètres du Soleil, caché de ses rayons, serait à une température de – 264 °C.*

La température de notre Terre est en moyenne de 290 K. On mesure l'importance du rayonnement solaire sur notre planète qui ne serait sinon qu'un caillou gelé dans l'espace. Il en est de même pour n'importe quel objet ne recevant pas la lumière du Soleil. Mais la température d'un corps dépend également de sa thermo-conductibilité, de sa forme et de sa distance au Soleil. Voici quelques exemples de température de corps soumis à différentes conditions :

1. Maintenant, on a pu mesurer directement la température de l'espace grâce aux engins spatiaux. La valeur trouvée tournant autour de 5 K, l'estimation fournie par nos calculs n'est donc pas si mal.

– Une bille métallique de 1 cm de diamètre conduit bien la chaleur ; placée à une distance de 150 millions de kilomètres du Soleil (la distance Terre-Soleil) elle aura une température d'environ + 12°C (Fig. 124).

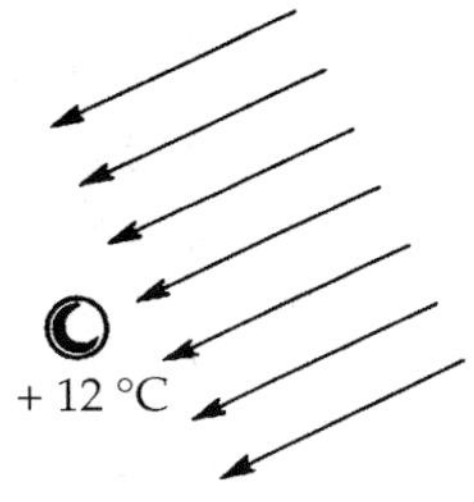

***Figure 124.** Une bille placée dans l'espace à 150 millions de kilomètres du Soleil, éclairée par ses rayons, serait à une température de + 12 °C.*

– Un long fil mince de section circulaire placé au même endroit perpendiculairement aux rayonnements du Soleil atteindra + 29 °C (Fig. 125). (Le même fil placé parallèlement aux rayons du Soleil aura une température nettement moindre.) N'importe quel corps de forme allongée mis face aux rayons du Soleil aura une température comprise entre + 12 et + 29 °C.

– Une mince plaque métallique placée perpendiculairement au rayonnement solaire et toujours placée à la même distance aura une température de + 77 °C (Fig. 126). Si la partie à l'ombre est claire et polie, tandis que la partie face au Soleil est mate et noire, alors la température pourra monter jusqu'à + 147 °C. En revanche, si dans ces conditions, on la retourne alors sa température ne sera plus que de – 38 °C.

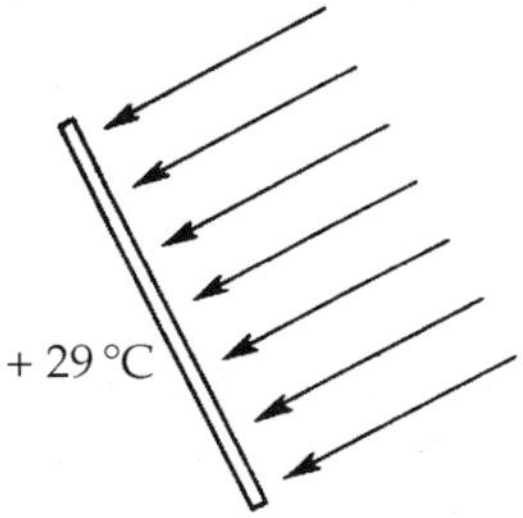

***Figure 125.** Un fil de fer fin placé dans les mêmes conditions, perpendiculairement aux rayons solaires chaufferait à + 29 °C.*

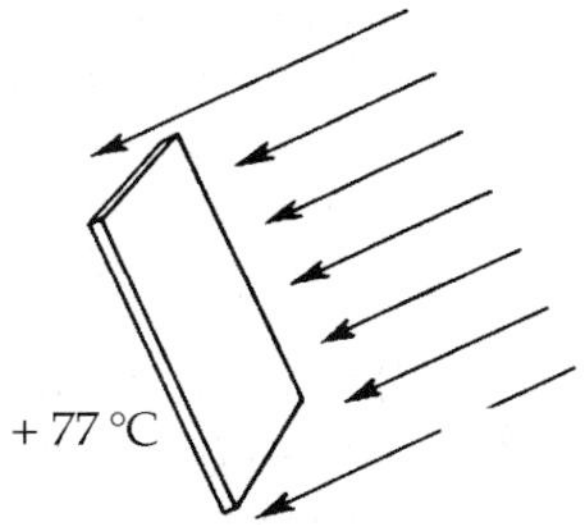

***Figure 126.** Une plaquette métallique dans les mêmes conditions chaufferait à + 77 °C.*

On peut se demander pourquoi cette même plaque sur Terre n'atteint jamais pareille température. C'est parce que sur Terre, cette plaque est entourée d'air et qu'ainsi la chaleur est dissipée par les courants d'air (convection). Sur la Lune où l'atmosphère est absente, la température de notre plaque serait la même que dans l'espace. Finalement, il peut faire chaud sur la Lune !

Notons également que les corps qui présentent une absorption sélective à certaines longueurs d'onde peuvent atteindre des températures très élevées. L'absorption sélective signifie que le corps n'absorbe pas tous les rayonnements (comme pour le corps noir idéal) mais uniquement les rayonnements de longueurs d'onde bien définies. L'astronome Charles Fabry[1] calcula qu'un corps n'absorbant que les rayons bleus ayant une longueur d'onde de 400 nm et placé à la distance de la Terre du Soleil aurait une température voisine de 2 000 °C. Un morceau de platine recouvert de cette substance fondrait sous le Soleil !

Le professeur Piccard (voir problèmes 93 et 94) avait peint la moitié de son aérostat en noir et l'autre moitié en blanc afin de pouvoir réguler la température interne de l'habitacle. Lors de sa première montée à une altitude de 16 km, la face noire de sa cabine resta bloquée du côté du Soleil à la suite d'un incident mécanique. Malgré un froid intense à l'extérieur (– 55 °C), Piccard eut très chaud. Ces estimations de température sont donc très importantes pour les voyages dans l'espace : choix des matériaux pour les engins et pour les cosmonautes, etc.

Le fait que la température des corps en présence du rayonnement du Soleil puisse être très différente de la température ambiante avait été vérifié par les participants de l'expédition vers le pôle Sud en 1928-1930. Bairde, un membre de l'expédition, écrit à ce sujet : « il est intéressant de noter que malgré la température habituelle très basse de l'air (généralement en dessous de – 18 °C), notre actinomètre (c'est un appareil de mesure du rayonnement solaire) indiquait parfois des températures voisines de 46 °C ». Cette propriété profite à des applications industrielles. Par exemple à Tachkent (capitale de l'Ouzbékistan), le géophysicien K.G. Trofimov installa un capteur solaire qui, sans l'aide d'aucun miroir ni lentille, pouvait atteindre la température de 200 °C. De même à Samarkand (autre ville d'Ouzbékistan), de l'eau était chauffée jusqu'à ébullition par le rayonnement solaire alors que la température de l'air en hiver[2] atteignait à peine – 14 °C.

---

1. Charles Fabry, physicien français (1867-1945).
2. Les applications utilisant directement le rayonnement solaire sont malheureusement encore peu développées. Citons tout de même les chauffe-eau solaires et le four solaire du CNRS dans les Pyrénées-Orientales à Font-Romeu-Odeillo-Via.

Sixième partie

Questions diverses

Questions 197 à 250

197 Le meilleur aimant

Y a-t-il un métal qui s'aimante mieux que le fer ?

Solution p. 211

198 Le partage de l'aiguille aimantée

Une aiguille aimantée est brisée en plusieurs morceaux. Lequel des morceaux obtenus sera le plus aimanté : ceux qui viennent du milieu de l'aiguille ou ceux qui viennent du bout ?

Solution p. 211

199 Le fer et le cuivre sur la balance

On place sur l'un des plateaux d'une balance très sensible un morceau de fer et on réalise l'équilibre en plaçant sur l'autre plateau une masse de cuivre (Fig. 127). En tenant compte du magnétisme terrestre, peut-on dire que le bout de fer et la masse de cuivre ont exactement la même masse ?

Solution p. 212

Figure 127. Illustration de la balance avec le morceau de fer et de cuivre.

200 L'attraction et la répulsion électriques et magnétiques

Une petite boule de sureau est attirée par une baguette. Est-ce que cela signifie que la baguette est électrisée ? Et si la boule est repoussée par la baguette ?
Une baguette de fer attire une aiguille d'acier. Est-ce que cela veut dire que la baguette est aimantée ? Et si l'aiguille est repoussée par la baguette ?

Solution p. 212

201 La capacité électrique du corps humain

Quelle est à peu près la capacité électrique du corps humain ?

Solution p. 213

202 La résistance des filaments

La résistance électrique du filament froid est différente de celle du filament chaud. Quelle est par exemple cette différence pour une ampoule à vide de 50 W ?

Solution p. 213

203 La conductivité du verre

Le verre peut-il conduire l'électricité ?

Solution p. 213

204 Les dégâts causés sur les ampoules par les extinctions répétées

Pour certaines sortes d'ampoules des extinctions trop répétées sont dangereuses. Pourquoi ?

Solution p. 213

205 La luminosité des ampoules électriques

Quelle est la luminosité créée par une ampoule électrique de 50 W ?

Solution p. 214

206 Le filament

Le filament de l'ampoule électrique, quand elle n'est pas sous tension, est si fin qu'on peut à peine le distinguer à l'œil nu (Fig. 128). Pourquoi s'épaissit-il quand il est chaud ?

Solution p. 214

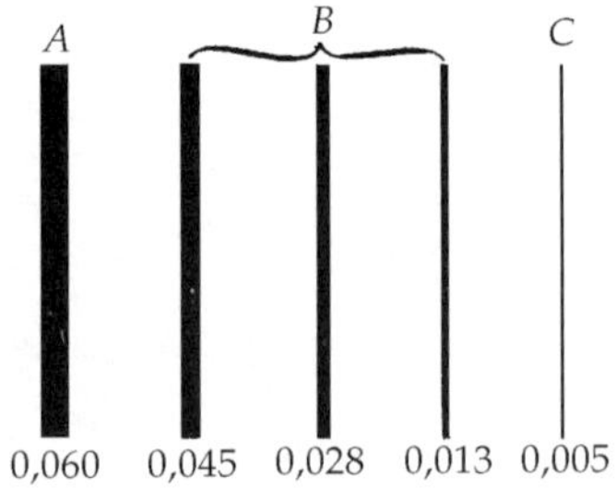

Figure 128. *Comparaison entre les épaisseurs d'un cheveu A, de filaments d'ampoule électrique froids et chauds B et d'un fil de toile d'araignée C.*

207 La longueur de l'éclair

Quelle est la longueur de l'éclair ?

Solution p. 215

208 Le courant mortel

Pour un homme, un courant d'intensité de 0,1 A est mortel. Le courant du circuit électrique d'une maison (les prises habituelles) est bien supérieur à 0,1 A. Comment se fait-il alors que l'on ne meure pas forcément quand « on prend le jus » ?

Solution p. 215

209 La vraie longueur d'une baguette

Une baguette a été mesurée deux fois : la première fois la mesure a donné 42,27 mm ; la deuxième fois 42,29 mm. Quelle est la vraie longueur de la baguette ?

Solution p. 215

210 L'eau plus solide que la pierre ?

Comment expliquez-vous le fait que « l'eau puisse entamer la pierre » ?
En effet, pour laisser la moindre trace à la surface d'une pierre, il faut pouvoir agir dessus avec un objet plus dur qu'elle. L'eau n'est pas plus dure que la pierre, pourtant elle arrive à entamer la pierre. Comment fait-elle ?

Solution p. 215

211 La nécessité du « Ho hisse » !

Pourquoi crie-t-on « Ho hisse ! » quand on travaille avec un bélier[1] manuel (Fig. 129).

À quels dangers s'exposeraient les ouvriers, s'ils travaillaient avec le bélier silencieusement ?

Solution p. 216

Figure 129. « Ho hisse » le bélier !

1. Le bélier est une masse métallique qu'on élève et qu'on laisse retomber sur des pieux pour les enfoncer (NdT).

212 Les deux villes

Voici une autre question du concours d'Edison (voir question n° 5) :

«Deux villes situées de part et d'autre d'un fleuve et distantes d'un mile (1,6 km) sont restées sans moyen de communication après une catastrophe naturelle. Comment rétabliriez-vous la communication entre ces deux villes sans utiliser l'électricité ?»

Solution p. 216

213 La bouteille au fond de l'océan

À une profondeur d'un kilomètre, au fond de l'océan, se trouve une bouteille. La capacité (le volume) de la bouteille a-t-elle changé sous la pression d'eau ?

Solution p. 216

214 Les barres d'Iogansen

Pour effectuer des mesures précises, on utilise en technologie des bouts d'acier appelés «barres d'Iogansen». Placés l'un à côté de l'autre, ces bouts d'acier (Fig. 130), bien qu'ils ne soient ni aimantés ni retenus par une fixation, tiennent ensemble très fermement.

Pourquoi à votre avis ?

Solution p. 217

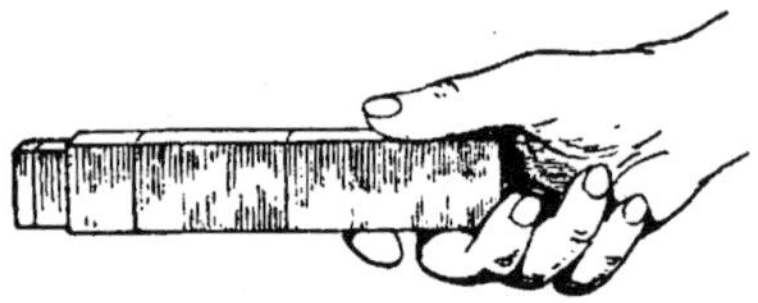

Figure 130. *Pourquoi ces bouts de métal tiennent-ils ensemble ?*

215 La bougie dans le bocal fermé

Voici la description d'une expérience extraite d'un journal pour enfants dont le but est de mettre en évidence la pression atmosphérique :

«On fixe une petite bougie allumée au fond d'un bocal en verre. On ferme ensuite le bocal avec un couvercle en ayant mis sous le couvercle un anneau en caoutchouc humidifié pour assurer l'étanchéité. La flamme faiblit et finit par s'éteindre. Essayez maintenant d'ouvrir la boîte : vous n'y arriverez pas sans effort.»

Figure 131. *Expérience de la bougie dans le bocal.*

«Le phénomène est facile à comprendre. La flamme consomme de l'oxygène, dont la quantité dans la boîte hermétiquement fermée est restreinte. Quand la flamme a brûlé tout son oxygène, elle meurt. Ce déficit en oxygène oblige l'air restant à prendre plus de place et à se dilater. Par rapport à l'extérieur, on a donc une sous-pression dans le bocal, ce qui maintient fermement le couvercle.»

Trouvez-vous cette explication juste ? *Solution p. 218*

216 La chronologie des échelles thermométriques

Quel est le thermomètre le plus vieux : le thermomètre de Celsius, de Fahrenheit ou de Réaumur ? *Solution p. 219*

217 Les inventeurs des thermomètres

De quelle nationalité étaient Celsius, Fahrenheit et Réaumur ? *Solution p. 219*

218 La masse de la Terre

Dans un livre de vulgarisation scientifique, on peut lire :
«En se basant sur quelques mesures, les scientifiques ont déterminé que la densité du globe terrestre est de 5,5 g/cm^3. Son volume est une grandeur connue car on connaît le diamètre de la Terre. En multipliant le volume par 5,5 on détermine ainsi la masse de la Terre.»

Pensez-vous que cela soit le bon moyen pour déterminer la masse de la Terre ? *Solution p. 219*

219 Le mouvement du système solaire

Que répondriez-vous à la question suivante :

«Les astronomes pensent que notre système solaire se déplace avec une vitesse d'environ 17 km/s dans la direction de la constellation de la Lire. Quels seraient les effets observés sur Terre si ce mouvement n'était pas uniforme, mais accéléré ou ralenti ?» *Solution p. 220*

220 Au sujet du vol vers la Lune

À la suite d'un rapport que j'ai fait sur les vols des fusées dans l'espace, un jeune astronome m'a fait la remarque suivante :
«Vous perdez de vue un phénomène remarquable, faisant du voyage vers la Lune en vaisseau une entreprise sans espoir. La masse de la fusée, en comparaison de la masse des corps spatiaux, est désespérément petite et les petites masses dans l'espace acquièrent rapidement des accéléra-

tions énormes, même soumises à de faibles forces que l'on aurait pu négliger dans d'autres conditions. Ici, l'attraction des planètes telles Vénus, Mars ou Jupiter bien qu'extrêmement faible va donner une accélération terrible à notre fusée. Celle-ci va être projetée à travers l'espace à des vitesses fantastiques en réponse à l'attraction de tous les corps même peu massifs qu'elle va rencontrer en chemin et ne pourra ainsi atteindre la Lune, mais errera à jamais dans l'espace. »

Solution p. 220

Quel est votre avis, lecteur ?

221 L'homme en apesanteur

Voilà encore une objection sur la possibilité d'accomplir des vols spatiaux. Un astronome, en lisant les conditions de survie de l'homme en apesanteur (dans le rapport « Les succès et les aboutissements de la Science et de la Technologie actuelle ») a dit la chose suivante :

« Notre organisme réagit très finement à tout changement de ce genre. Essayez donc de rester longtemps la tête en bas et les pieds en l'air. Il se produit alors des troubles de la circulation sanguine qui peuvent être très graves. Si les changements d'orientation sont si graves dans un milieu en pesanteur, qu'en sera-t-il en apesanteur ? »

Solution p. 221

Quel est votre avis sur la pertinence de cette remarque ?

222 La troisième loi de Kepler

La troisième loi de Kepler[1] est formulée de façon différente selon les manuels. Dans les uns on dit que les carrés des temps des révolutions planétaires et des comètes sont proportionnels aux cubes de leurs *distances moyennes* au Soleil. Dans les autres qu'ils sont proportionnels aux cubes des *demi-grand axes* de leurs orbites.

Solution p. 222

Laquelle des formulations est la bonne ?

223 Le mouvement perpétuel

Si les planètes tournaient autour du Soleil sur des orbites parfaitement circulaires, elles ne fourniraient certainement aucun travail mécanique, car elles ne devraient ni s'éloigner ni se rapprocher du Soleil. Il en est de même pour les orbites elliptiques comme c'est le cas pour la Terre. Il est vrai qu'en s'éloignant du Soleil la Terre perd de l'énergie, mais cette perte est complètement compensée quand celle-ci revient à

1. Johannes Kepler (1571-1630), astronome allemand. Il énonça les premières lois, dites lois de Kepler, à partir desquelles Newton put dégager le principe de l'attraction universelle.

son point de départ. Finalement la Terre ne consomme pas d'énergie lors de son mouvement autour du Soleil, et il doit donc durer infiniment.

Nous en concluons que la révolution est un bon exemple de mouvement perpétuel. Mais s'il en est ainsi, pourquoi la physique affirme-t-elle que ce dernier est impossible ?

Solution p. 222

224 L'organisme humain et la machine à chaleur

Donnez des arguments permettant de considérer l'organisme humain comme une machine à chaleur.

Solution p. 223

225 La luminosité des météores

Pourquoi les météores brillent-ils ?

Solution p. 224

226 Les brouillards dans les régions industrielles

Dans les régions industrielles, les brouillards se produisent plus souvent que dans les régions forestières ou les plantations environnantes (les brouillards de Londres sont devenus du folklore). Comment expliquez-vous ce phénomène ?

Solution p. 226

227 La poussière, la fumée et le brouillard

Quelle est la différence entre le brouillard, la fumée et la poussière ?

Solution p. 227

228 La vitesse de la molécule d'eau

Dans quelle condition les molécules d'eau se déplacent-elles le plus vite : dans la vapeur d'eau à 0 °C, dans l'eau liquide à 0 °C ou dans la glace à 0 °C ?

Solution p. 227

229 Le mouvement thermique à – 273 °C

Quelle est approximativement la vitesse du mouvement thermique des molécules d'hydrogène à – 273 °C ?

Solution p. 228

230 Le zéro absolu

Le zéro absolu est-il accessible ?

Solution p. 229

231 Le vide

Qu'est-ce que le vide ? existe-t-il ?

Solution p. 229

232 La température la plus grande

Existe-t-il une température maximale ?

Solution p. 230

233 Le dix millionième de gramme

Solution p. 233

Peut-on voir, à l'œil nu, un dix millionième de gramme ?

234 Le fantastique nombre d'Avogadro

La mole (ou molécule gramme) est la quantité de matière d'un système qui se compose d'autant de particules qu'il y a d'atomes dans 12 g de carbone ^{12}C. Ce nombre de particules est constant et s'appelle le nombre d'Avogadro[1]. Par exemple dans 2 g d'hydrogène ou 32 g d'oxygène, il y aura le même nombre de molécules (en plus pour les gaz, le volume occupé sera le même et vaut 22,4 litres, dans les conditions de pression et de température ordinaires). Ce nombre faramineux vaut 6×10^{23}, soit un 6 suivi de 23 zéros !

Imaginez qu'on ait une telle quantité, non pas de molécules, mais de têtes d'épingles. Vous souhaitez commander une boîte pour ranger ce tas d'épingles. Vous fixez la hauteur de votre boîte à 1 km. Quelles seront les dimensions approximatives de sa base ?

Solution p. 233

235 Le litre d'alcool dans l'océan

Si l'on verse un litre d'alcool dans l'océan, les molécules de celui-ci vont se répartir dans toute la masse de l'océan mondial si l'on attend suffisamment longtemps.

Combien faudra-t-il à peu près pomper de litres d'eau pour être sûr d'attraper au moins une molécule d'alcool ?

Solution p. 234

236 La distance entre les molécules

Combien de fois la distance moyenne entre les molécules d'hydrogène à 0 °C et sous une pression normale est-elle plus grande que le diamètre de la molécule elle-même ?

Solution p. 234

237 La masse d'un atome d'hydrogène et la masse de la Terre

Indiquez «à vue d'œil» la valeur approchée de x dans le rapport suivant :

Solution p. 235

$$\frac{\text{masse d'un atome d'hydrogène}}{x} = \frac{x}{\text{masse du globe terrestre}}$$

1. Amedeo *comte* Avogadro Di Quaregna (1776-1856), physicien italien.

238 La taille de la molécule

Quelle serait la taille approximative des molécules si tous les corps de la Terre augmentaient d'un facteur un million ?

Solution p. 235

239 L'électron et le Soleil

Quelle est la valeur approximative de x dans le rapport suivant :

$$\frac{\text{diamètre de l'électron}}{x} = \frac{x}{\text{diamètre du Soleil}}$$

Remarque : le «diamètre» de l'électron est une écriture un peu abusive car celui-ci n'est mesuré que par défaut.

Solution p. 235

240 La masse et l'énergie

Comment faut-il comprendre l'affirmation de la physique moderne selon laquelle «l'énergie a une masse» ?

Solution p. 235

241 La mécanique classique et la théorie de la relativité

Comment faut-il considérer la mécanique classique à la lumière de la nouvelle théorie de la relativité ? Reste-t-elle en vigueur ?

Solution p. 238

242 Le litre et le décimètre cube

Qu'est-ce qui est le plus grand : le litre ou le décimètre cube ?

Solution p. 241

243 Le poids du fil de la toile d'araignée

Combien pèserait un fil de toile d'araignée reliant la Terre à la Lune ?

Solution p. 241

244 Les bouteilles et les bateaux à vapeur

Deux bateaux se déplacent sur une rivière l'un vers l'autre avec des vitesses différentes. Au moment où ils se croisent, chaque bateau jette une bouteille à l'eau et continue sa route. Un quart d'heure plus tard, les deux bateaux font demi-tour et repartent sans changer leur vitesse vers leur bouteille. Lequel des deux bateaux (le plus rapide ou le plus lent) va retrouver sa bouteille le premier ?

Refaire ce problème si les bateaux se déplacent dans des directions opposées.

Solution p. 242

245 Encore un problème de balance

Une personne se tient debout sur une balance décimale, puis s'accroupit rapidement. Dans quel sens se déplace la plateforme (vers le haut ou vers le bas) lors de ce mouvement ?

Solution p. 242

246 Le saut en parachute à ouverture retardée

Le record du monde de chute libre fut battu en 1934 par un certain Evdokimov. Celui-ci chuta pendant 142 secondes et parcouru 7 900 m avant d'ouvrir son parachute. Beaucoup de personnes m'ont interpellé en me disant que cela n'était pas possible. En effet, d'après la loi de la chute des corps, il est facile de s'assurer que, pour parcourir 7 900 m, il n'aurait dû tomber que pendant 40 s et que donc, pour tomber pendant 142 s, il aurait dû parcourir plus de 100 km.

Comment résoudre cette contradiction ?

Solution p. 242

247 Les deux boules

On dispose de deux boules identiques. On place l'une d'elle sur une surface inclinée et l'autre à cheval entre deux rails. On incline la surface et les rails d'un même angle. Les deux boules commencent à rouler en partant d'une même hauteur. Laquelle des deux boules arrivera en bas la première ?

Solution p. 243

248 La chute sur-accélérée

Imaginez que sur une planche, pouvant coulisser verticalement entre deux supports, il y ait :

- une chaîne attachée aux deux bouts de la planche ;
- un pendule en position éloignée de l'équilibre ;
- un verre d'eau rempli, collé à la planche.

Qu'arrivera-t-il à ces objets si la planche est poussée vers le bas avec une accélération g_1, supérieure à celle de la chute libre g ?

Solution p. 244

249 La diffusion de la vie dans l'espace

Dans un manuel sur la « Base de la doctrine de l'évolution », on cite une théorie selon laquelle les molécules de la vie ont été poussées dans l'espace par les rayons de la lumière et on dit même que « Arrhenius[1] a calculé que pour déplacer les molécules sur la Terre depuis Mars, il faudrait vingt jours, et quatorze mois depuis Neptune ».

La citation est visiblement fausse. Pourquoi ?

Solution p. 244

1. Svante Arrhenius (1859-1927), physicien suédois, prix Nobel en 1903 pour sa théorie sur les ions.

250 Sur l'escalier roulant

L'escalier roulant d'une des stations du métro de Moscou monte du niveau de la station jusqu'à la sortie en 1 min 20 s. Si l'escalier roulant est arrêté, le passager met 4 minutes pour parcourir toutes les marches.

Combien de temps mettra-t-il pour monter s'il utilise l'escalier roulant lorsque celui-ci est en état de marche ?

Solution p. 245

Solutions 197 à 250

197 Il existe des alliages qui s'aimantent mieux que le fer dans les mêmes conditions. C'est le cas de l'alnico, un alliage composé de nickel (45 %), de cobalt (25 %) et de fer (30 %). L'alnico s'aimante deux fois mieux que le fer.

198 Comme la force de l'aimant diminue sensiblement lorsqu'on s'approche de son milieu, on peut penser que les morceaux provenant de cette zone seront moins bien aimantés. Cependant, cette hypothèse est contredite par l'expérience : on ne constate aucune différence sur la force de l'aimantation des différents morceaux.

Il n'est pas difficile d'en comprendre la raison si l'on s'imagine un grand aimant coupé en plusieurs petits morceaux (Fig. 132). Chaque morceau représente en soi un petit aimant avec son pôle Nord et son pôle Sud comme on peut le voir sur la figure. De plus pour chaque petit aimant, l'intensité des deux pôles doit être égale. Supposons que l'aimant *a* soit plus puissant que l'aimant *b* comme la logique voudrait nous le faire croire. Le pôle Nord de l'aimant *b* ne pourrait compenser le pôle Sud de l'aimant *a*. De même pour *c* par rapport à *d* jusqu'à *f* par rapport à *e*. Or il est évident que l'aimant *f* doit avoir la même intensité que l'aimant *a*. On a donc une contradiction. Conclusion, tous les petits aimants doivent avoir la même intensité s'ils ont la même taille.

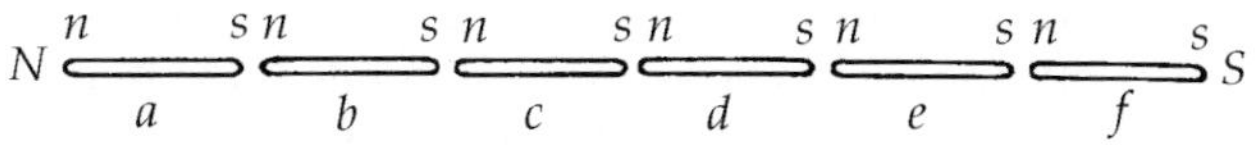

Figure 132. *Parmi tous les morceaux d'aimant, lequel est le plus aimanté ?*

199 « Le globe terrestre est un aimant géant ; ainsi le plateau contenant le morceau de fer doit être attiré par celui-ci alors que le plateau avec le cuivre ne le sera pas. Donc, la masse du morceau de cuivre doit être supérieure à celle du bout de fer pour compenser cet effet. »

En raisonnant ainsi, nous oublions la taille énorme de la Terre par rapport à celle du bout de fer. En effet, l'aimant ne fait pas qu'attirer le fer, il le repousse également. Si l'on approche le pôle Nord d'un aimant près d'un des bouts du morceau de fer, il va apparaître sur cette partie du bout de fer un petit pôle Sud, qui va être attiré par le Nord de l'aimant. Mais en même temps, il se crée de l'autre côté du bout de fer un pôle Nord qui, lui, est repoussé par le pôle Nord de l'aimant. De ces deux forces, attractive et répulsive, la première l'emporte car la distance entre le pôle Nord de l'aimant et le pôle Sud créé sur le bout de fer est plus courte que celle avec le pôle Nord du fer. Le pôle Sud de l'aimant exerce lui aussi sur le fer les deux actions contraires, mais plus faiblement, ainsi l'attraction est plus forte que la répulsion.

Il en est ainsi pour un aimant de taille normale. Mais pour l'aimant gigantesque qu'est la Terre, ce n'est pas la même chose. Le bout de fer sur la balance dans le champ magnétique terrestre obtient toujours ses deux pôles. Mais ici on ne peut pas dire qu'un des pôles de la Terre attire l'un des pôles du bout de fer plus que l'autre. La différence de distances est si minime qu'on ne voit aucune différence entre les actions des deux pôles. Que représente la distance entre les deux bouts du morceau de fer (quelques cm ou dm) par rapport à la distance entre les deux pôles de la Terre (plusieurs milliers de km) ? Ainsi le bout de fer sur la balance en équilibre a la même masse que celle du cuivre. La précision de la pesée n'est pas affectée par le magnétisme terrestre.

C'est pour la même raison qu'une aiguille métallique aimantée placée sur un bouchon flottant à la surface d'un verre d'eau ne va pas se mouvoir vers un des pôles terrestres, mais juste tourner pour s'orienter dans le sens des lignes de force du champ magnétique terrestre. Les deux forces égales, parallèles mais de directions opposées, agissent comme un couple de force et ne peuvent donc que faire tourner l'aiguille autour de son axe.

200 Le fait que la boule de sureau soit attirée par la baguette ne prouve pas forcément que la baguette est électrisée. Une baguette non électrisée attirera aussi une boule légère électrisée. Cette attraction ne prouve qu'une seule chose : il y a la boule ou la baguette qui est électrisée (ou les deux avec des charges opposées). En revanche, si la balle et la baguette se *repoussent*, on peut dire avec certitude que les deux corps sont électrisés. En effet deux corps électrisés ne peuvent se repousser que s'ils sont tous les deux chargés (ils ont en outre une charge de même signe positive ou négative).

Il en est de même pour les aimants : si la baguette de fer attire l'aiguille, on ne peut pas affirmer que la baguette est aimantée. Le fer non aimanté attire également l'aiguille, si celle-ci est aimantée. En revanche, s'ils se repoussent, c'est qu'ils sont tous les deux aimantés et que vous avez mis les pôles de même signe face à face. On peut donc préciser notre première réponse en disant que si, quelle que soit la face présentée, les corps s'attirent, alors l'un des deux est aimanté. On peut résumer les expériences précédentes dans un tableau où l'on considère deux objets 1 et 2 chargés (+, –) ou aimantés (+ = pôle Nord, – = pôle Sud).

	Cas 1	**Cas 2**	**Cas 3**	**Cas 4**	**Cas 5**
Objet 1	neutre	+ ou –	+	+	–
Objet 2	neutre	neutre	–	+	–
Résultat	Pas d'action	Attraction	Attraction	Répulsion	Répulsion

201 Quand un homme se place de telle manière que son corps ne soit pas en contact avec un conducteur qui touche le sol (s'il se place sur une chaise par exemple), sa capacité électrique est égale à « 30 centimètres ». Cela veut dire que la capacité électrique du corps humain est égale à celle d'un conducteur sphéroïde de 30 cm de rayon.

202 Alors que pour le filament de charbon, la résistance *diminue* avec l'augmentation de la température, dans le cas d'un filament en métal c'est le contraire qui se produit : la résistance *augmente* et assez fortement. Le filament brûlant de l'ampoule à vide de 50 W possède une résistance 12 à 16 fois plus importante que lorsqu'il est froid.

203 Le verre n'est pas toujours isolant : quand il est brûlant, il devient conducteur. Si l'on intercale, dans un circuit électrique alimentant une ampoule, un petit morceau d'un centimètre d'une baguette de verre et qu'on le chauffe avec un réchaud à alcool, alors quand le verre est suffisamment chaud l'ampoule s'allume, ce qui prouve que l'électricité est passée à travers le verre.

204 L'allumage et l'extinction trop répétés sont mauvais pour les ampoules à filament en wolfram (oxyde naturel de fer, de manganèse et de tungstène). Le métal absorbe quand il est froid les traces de gaz résiduelles dans l'ampoule après la mise sous vide. Quand le filament est chauffé, il libère le gaz, ce qui l'altère.

205 Historiquement, on appelait «demi-watt» une lampe électrique à atmosphère gazeuse qui consommait théoriquement 0,5 W par bougie. Ainsi, une lampe de ce type de 50 W devait donner une luminosité de 100 bougies. En fait, ce n'est absolument pas le cas.

La bougie n'est pas une unité très juste. On utilise maintenant la candela (cd) pour caractériser l'intensité d'une source lumineuse. Sa définition est un peu compliquée, mais correspond à peu près à l'intensité lumineuse d'une bougie de cire placée à un mètre de distance. Le flux lumineux est mesuré en lumen. Un lumen (lm) correspond au flux d'une source ponctuelle d'intensité un candela dans un angle solide d'un stéradian (la sphère totale vaut 4π stéradian). On peut ainsi comparer l'efficacité lumineuse de plusieurs sources :

Sources	**Efficacité (en lm/W)**
Bougie	0,1
Lampe à gaz	1,2
Lampe à incandescence	9,0
Lampe à mercure basse pression	25,0
Lampe halogène	34,0
Lampe à vapeur de sodium	150,0
Laser hélium-néon (He-Ne)	683,0

Ainsi, suivant l'ampoule que l'on considère, on aura une luminosité très différente pour une même puissance de 50 W. Par exemple, une lampe à incandescence de 50 W a une intensité lumineuse d'environ 36 candelas ($9 \times 50/4\pi$).

206 Il est vrai que les filaments nous apparaissent des dizaines de fois plus gros lorsqu'ils sont chauds que lorsqu'ils sont froids. Mais on ne peut pas imputer une si grande expansion du fil seulement à l'expansion thermique. Le coefficient d'expansion thermique des métaux est de l'ordre du cent millième ; ainsi l'agrandissement du diamètre lors de l'augmentation de la température jusqu'à 2 000 °C ne peut atteindre que quelques pourcent, ce qui est très faible.

En réalité le filament ne s'élargit donc que de quelques pourcent. L'agrandissement de quelques dizaines de fois que l'on remarque n'est qu'une illusion d'optique : c'est la conséquence de l'irradiation ; les surfaces blanches nous paraissant plus grandes qu'elles ne le sont en réalité. Plus un objet est clair, plus il nous semble grand. Comme la luminosité du filament brûlant est très grande, son agrandissement optique est très grand. Par exemple, un filament avec un diamètre de 0,03 mm nous apparaît comme ayant au moins 1 mm, c'est-à-dire un agrandissement de trente fois.

207 Peu de personnes connaissent la longueur réelle des éclairs. Elle se mesure non pas en mètres, mais en kilomètres. On a observé des cas où l'éclair atteignait 49 km de long.

208 L'intensité du courant dans le circuit électrique peut dépasser les 0,5 A. Mais seulement jusqu'au moment où le courant doit traverser le corps humain. La connexion à ce dernier diminue grandement l'intensité du courant car la résistance du corps humain est assez importante. Cette résistance varie d'une centaine à quelques dizaines de milliers d'ohms. L'introduction dans le circuit d'une aussi forte résistance diminue considérablement l'intensité du courant et le rend quasiment inoffensif à l'homme.

Il arrive même qu'une tension de 5 000 V ne fasse rien à un homme si celui-ci est placé dans de bonnes conditions. Mais il serait très imprudent de mettre les doigts dans une prise de courant domestique. En effet, la résistance du corps humain n'est pas constante : elle varie en fonction de nombreux paramètres non constants (moiteur, épaisseur de la peau, etc.). Ainsi, même une faible tension peut s'avérer très dangereuse. Il n'est pas possible de déterminer un voltage minimum au-delà duquel le courant serait dangereux.

209 Beaucoup de personnes se sont habituées à l'idée que la vraie longueur est la moyenne des mesures. Ainsi, on répond généralement avec assurance que la longueur réelle est :

$$\frac{42{,}27 + 42{,}29}{2} = 42{,}28 \text{ mm}$$

C'est faux : la longueur ainsi obtenue n'est que la longueur la plus probable de la baguette mais certainement pas sa valeur réelle. En fait, aussi précis que soient nos instruments de mesure, il est impossible de déterminer exactement la longueur de la baguette. Tout au plus, nous pouvons en donner une estimation avec une certaine précision. Ainsi, on peut dire que la baguette mesure 42,28 mm plus ou moins 0,01 mm. Avec un appareil de mesure plus précis, on obtiendra peut-être par exemple 42,283 ± 0,001 mm.

210 L'eau pure en tombant sur la pierre ne laisse aucune trace sur celle-ci. Peu importe combien de temps durera cette action, si l'eau est pure, la pierre ne sera pas entamée. Mais l'eau dans la nature contient toujours, en plus ou moins grande quantité, d'autres molécules (des sels minéraux, des acides par exemple), des particules solides (du sable), qui, elles, sont capables d'attaquer la pierre. Même sous forme de trace dans l'eau, ces agents agressifs usent patiemment la pierre au fil du temps. Ainsi avec le temps, des montagnes entières sont rongées sous l'action « de l'eau ».

211 Bien sûr, le « Ho hisse ! » permet d'assurer une cohésion entre les ouvriers. Il rythme le travail afin que les efforts de chacun soient synchronisés. Le rendement est ainsi meilleur et le travail avance plus vite. Un professeur a observé 4 ouvriers qui travaillaient avec un bélier d'une masse de 50 kg. Ils effectuaient 34 levers à une hauteur de 1,25 m par minute. Toutes les 260 s de travail, ils faisaient une pause de 260 s. La quantité moyenne de travail par minute ainsi fournie est :

$$50 \times 9{,}8 \times 1{,}25 \times \frac{34}{2} = 10\,412{,}5 \text{ J}$$

ce qui donne une puissance de : $\frac{10\,412{,}5}{60} \approx 173 \text{ W}$.

Travailler en silence avec un bélier est dangereux. En effet, les ouvriers doivent impérativement lâcher les cordes au même moment. Si l'un d'entre eux ne lâche pas la corde à temps, il risque d'être entraîné et de se fracasser sur le support en bois du bélier. La synchronisation est donc très importante et ne peut se faire en silence.

212 On peut proposer plusieurs solutions à ce problème qui, il faut bien le dire, est assez vaguement formulé par Edison. Si l'on parle de la possibilité de discuter, une solution très simple serait le télégraphe optique – une signalisation lumineuse – nocturne ou diurne. Si l'on parle de transports de cargaison, il serait possible de fabriquer un pont suspendu en envoyant sur l'autre rive une corde légère à l'aide d'un missile de calibre approprié.

213 Il est naturel de penser que la capacité de la bouteille ne changera pas, car la pression du liquide est la même sur les parois intérieures et extérieures de la bouteille. Cependant, cette conclusion est fausse : la bouteille se *comprimera* et sa capacité *diminuera*. Le lecteur comprendra les raisons d'une telle affirmation s'il suit le raisonnement suivant du célèbre physicien H.A. Lorentz[1] dans son *Cours de physique*. En observant la pression du gaz sur une boule creuse, il écrit :

1. Hendrik Antoon Lorentz (1853-1928), physicien hollandais, prix Nobel en 1902 pour sa théorie électronique de la matière.

«Il importe peu de quelle façon on exerce une pression sur les parois intérieures de la boule. Imaginons que pour exercer cette pression, nous introduisions dans la boule un noyau composé de la même matière qui s'emboîte si bien qu'il ne fasse plus qu'un avec les parois. Si maintenant on exerce sur la partie extérieure une pression p, alors tous les points de la boule vont subir une même pression : les parois vont être soumises de tous les côtés à la même pression. Toutes les parties du corps diminuent dans une proportion que l'on peut calculer avec le coefficient de compressibilité. Nous en venons à la conclusion suivante : si la boule creuse ou un récipient de forme quelconque est soumis à une pression p de l'intérieur et de l'extérieur, le volume de la cavité diminue d'autant qu'a diminué le volume du noyau de même matière remplissant la cavité, si nous le soumettions à la même pression.»

Faisons un calcul approximatif. Le volume du corps diminue sous l'action de la pression p :

$$\Delta V = V \frac{3(1-2k)}{E} p$$

où k est l'indice de dilatation et E le module d'élasticité.

Pour le verre, $k = 0{,}3$ et $E = 6 \times 10^{10}$ (unités SI). Ainsi dans le cas d'une bouteille en verre d'une capacité d'un litre soit 10^{-3} m^3, la diminution de la cavité dans la bouteille sous la pression d'une colonne d'eau de 1 000 m (10^7 N/m^2) est de :

$$10^{-3} \times 10^7 \times \frac{3(1-0{,}6)}{6 \times 10^{10}} = 0{,}2 \times 10^{-6}\text{m}^3 = 0{,}2 \text{ cm}^3$$

Ce fait paradoxal de la diminution de la capacité d'un récipient soumis à une pression égale à l'intérieur et à l'extérieur nous apparaît tellement bizarre que l'on a du mal à y croire, même après en avoir vu la démonstration.

214 Lors de l'invention des barres d'acier d'Ioganse n, on attribuait leur capacité à se tenir ensemble à la pression atmosphérique. On pensait qu'entre les deux surfaces parfaitement lisses mises l'une contre l'autre, il n'y avait pas d'air. On a dû abandonner cette idée lorsqu'on a pu mesurer la force nécessaire pour séparer les deux barres : on a estimé qu'il fallait une force de 3 à 6 kg/cm^2. La pression atmosphérique ne peut pas créer une telle force.

La véritable raison de cette résistance se trouve dans les forces moléculaires qui s'établissent entre les deux surfaces d'acier lorsqu'elles sont très proches l'une de l'autre, grâce aux traces d'humidité qui sont toujours présentes dans l'air. Les surfaces sont si bien polies que, quand elles sont placées côte à côte, la distance les séparant ne dépasse pas les 2 µm[1]. L'humidité présente agit alors comme une colle. Par exemple, des plaquettes d'une surface de 1 cm par 3,5 cm nécessitent une force d'environ 30 kg pour être séparées. Si les surfaces étaient absolument sèches, elles ne pourraient pas se coller l'une à l'autre.

215 L'explication de l'expérience est fausse. Pour chaque molécule d'oxygène consommée par la bougie, apparaît une molécule de dioxyde de carbone. Une même quantité de molécules gazeuses a toujours le même volume (loi d'Avogadro). Donc ce n'est pas la consommation de l'oxygène qui est responsable du phénomène observé.

La vraie raison de cet effet n'est pas chimique, mais physique. L'air à l'intérieur de la boîte se dilate à cause de son réchauffement lorsque la bougie brûle. Une partie du gaz dilaté va ainsi s'échapper à l'extérieur en soulevant le couvercle afin que les pressions intérieures et extérieures s'équilibrent. Quand la bougie manque d'oxygène et s'éteint, l'air dans le bocal se refroidit, sa pression diminue et le surplus de pression extérieure appuie sur le couvercle empêchant l'air de rentrer pour rétablir la pression. Le couvercle est bloqué.

Tout le monde connaît une variante de cette expérience, dans laquelle un verre contenant une feuille enflammée est renversé sur une assiette contenant un fond d'eau. On observe alors une aspiration de l'eau dans le verre : le niveau monte. Cette expérience est également souvent faussement expliquée par la consommation de l'oxygène. Il arrive même que certains disent que l'eau va monter jusqu'au cinquième de la hauteur du verre car l'air contient 20 % d'oxygène (1/5), ce qui est totalement faux et n'a jamais été observé.

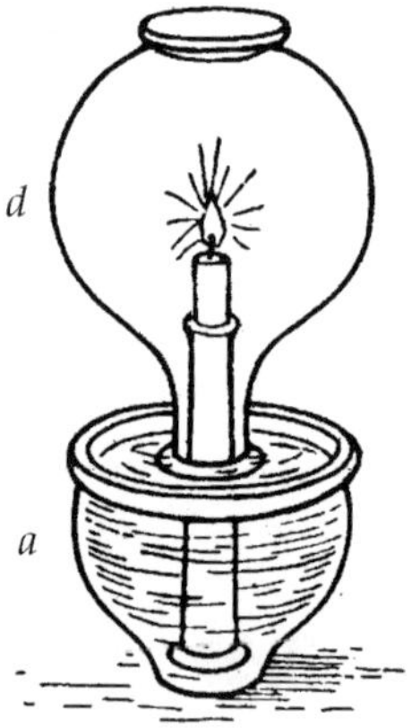

Figure 133. *Expérience de Philon avec la bougie.*

Il est regrettable de constater à quel point cette erreur est répandue alors que le philosophe grec Philon[2] en avait donné à l'époque une description correcte :

1. Les techniques modernes permettent maintenant d'obtenir des résultats encore meilleurs. En particulier dans le domaine de la microtechnologie, on est quasiment capable de travailler au niveau atomique (NdT).
2. Philon dit le Juif (vers 13 av. J.-C. / vers 54 ap. J.-C.), philosophe grec.

« Considérons le récipient *a* dans lequel se trouvent une bougie allumée et de l'eau (Fig. 133). Si l'on renverse un autre récipient *d* dessus, on voit tout de suite que l'eau commence à monter. Cela arrive car l'air de *d* est chassé sous l'action chauffante du feu. Le volume de l'eau qui monte est égal à celui de l'air chassé. »

216 Le premier thermomètre fut celui de Fahrenheit (début du XVIIIe siècle) puis vint celui de Réaumur (1730) et enfin celui de Celsius (1740).

217 Comme le thermomètre de Fahrenheit est répandu en Angleterre et en Amérique, et que celui de Celsius l'est en France, on pense souvent que Fahrenheit est anglais et que Celsius est français. Il n'en est rien :

Anders Celsius est un astronome et physicien suédois (1701-1744).

Daniel-Gabriel Fahrenheit est un physicien prussien (1686-1736).

René-Antoine Ferchault de Réaumur est un physicien et naturaliste français (1683-1757).

On constate que ces trois hommes ont vécu à la même époque et qu'ils pouvaient donc s'échanger le fruit de leur travail.

218 Dans de nombreux livres de vulgarisation scientifique (et parfois même dans les manuels) on peut justement rencontrer cette explication comme procédé pour déterminer la masse de la Terre : on détermine d'abord la densité moyenne de la Terre, puis on la multiplie par son volume et on obtient la masse totale de la Terre.

Mais comment a-t-on trouvé la densité moyenne de la Terre ? Il est en effet impossible de déterminer avec précision la densité des couches intérieures de la Terre. En réalité, la démarche de la recherche est l'inverse : on a d'abord déterminé la masse de la Terre puis avec sa masse et son volume, on a défini sa densité moyenne. La masse de la Terre est estimée par la même expérience qui consiste à connaître la force avec laquelle deux corps d'un gramme séparés d'un centimètre s'attirent. La loi d'attraction universelle nous dit que la force d'attraction de deux corps est directement proportionnelle au produit des masses et inversement proportionnelle au carré de la distance les séparant ($F \propto mM/r^2$). Sachant que la Terre, dont le centre est éloigné de 6 400 km, attire une masse de 1 kg avec une force de 9,8 N, on peut calculer la masse de la Terre sans en connaître sa densité moyenne.

Le calcul n'est pas compliqué. Deux masses de 1 kg séparées d'une distance de 1 m sont attirées par une force de $6{,}7 \times 10^{-11}$ N. Le coefficient de proportionnalité vaut donc $6{,}7 \times 10^{-11}$. La masse de la Terre est donc :

$$M = \frac{9{,}8 \cdot r^2}{6{,}7 \times 10^{-11}} = \frac{9{,}8 \times (6{,}4 \times 10^6)^2}{6{,}7 \times 10^{-11}} \approx 6 \times 10^{24} \text{kg}$$

Le volume de la sphère étant $4/3\pi r^3$, on peut retrouver la valeur de la densité moyenne :

$$d = \frac{M}{V} = \frac{6 \times 10^{24}}{4/3\pi\,(6{,}4 \times 10^6)^3} = 5\,464 \text{ kg/m}^3$$

Soit donc environ 5 tonnes et demie par mètre cube (rappelez-vous qu'un mètre cube d'eau pèse une tonne).

219 La réponse à cette intéressante question donnée par l'auteur est la suivante :

«En cas de mouvement accéléré, les corps apparaîtraient plus lourds du côté du globe qui est tourné vers la constellation de la Lire, et plus légers du côté opposé. En cas de mouvement ralenti, on aurait l'inverse.»

La réponse serait correcte si la force qui met en mouvement les corps célestes n'agissait pas sur les plus petits corps qui se trouvent sur eux. Mais nous connaissons la nature de cette force universelle qui met en mouvement tous les corps célestes et qui peut leur donner une accélération : cette force c'est la gravitation. Nous savons également qu'elle communique *à tous les corps* la même accélération. Les planètes et tout ce qui se trouve dessus se déplacent toujours avec la même vitesse, autrement dit se trouvent immobiles les uns par rapport aux autres. Donc aucun changement de poids des objets ne sera observé. En considérant les événements se passant sur Terre, on ne peut pas savoir si le mouvement de la Terre par rapport aux étoiles est accéléré ou uniforme ; on ne peut même pas savoir si elle est en mouvement de translation.

220 L'objection est tout à fait déraisonnée bien qu'elle puisse paraître assez convaincante. Il est incontestablement vrai que d'un point de vue astronomique, la masse de la fusée peut être considérée comme nulle. Mais en fait, on va voir que la masse de la fusée n'intervient même pas dans cette histoire. La force agissant entre la masse de la fusée m et celle de la planète M séparées d'une distance r est donnée par la relation suivante :

$$F = G\frac{mM}{r^2}$$

où G est la constante de gravitation universelle. L'accélération a acquise par la fusée sous l'action de la force F est :

$$a = \frac{F}{m} = G\frac{M}{r^2}$$

Nous voyons que l'accélération de notre fusée ne dépend plus de sa masse, mais uniquement de la masse du corps attirant (planète, Soleil). L'accélération que va acquérir la fusée sera donc la même qu'un corps massif comme la Terre. Or notre Terre n'est quasiment pas influencée par les autres planètes et il en sera de même pour notre fusée.

Ainsi, le pilote du vaisseau spatial pourra se diriger vers la Lune sans craindre l'attraction de Vénus, Mars ou Jupiter. L'alunissage de juillet 1969 en est la meilleure preuve[1].

221 La logique de cet argument est un bon exemple des généralisations et conclusions hâtives que l'on trouve souvent dans les discussions de café. En voilà un autre exemple dans un autre domaine que le lecteur n'aura pas de mal à analyser :

« *Sur l'utilisation de l'alcool.* Notre organisme réagit visiblement à tout excès par une bonne cuite. Essayez maintenant de boire un litre d'alcool pur ou un bon mélange d'alcool de votre choix. Les problèmes qui vous guettent alors risquent d'être très graves (coma éthylique et au pire la mort). Puisqu'il en est ainsi pour une dose trop forte d'alcool, il est impensable que l'on puisse continuer à en avaler ! »

La conclusion que l'on obtient par ce raisonnement est visiblement absurde. Ici cela ne fait aucun doute, mais suivant la formulation des arguments et les sujets traités il arrive que notre esprit s'égare. Souvent dans mes exposés sur les voyages dans l'espace, on m'a avancé cet argument pour en prouver l'impossibilité. Or, dire que l'homme mourra en apesanteur parce qu'il lui est impossible de rester longtemps la tête en bas sur Terre est complètement faux.

En réalité, le voyage de l'homme en apesanteur ne devrait lui faire aucun mal. Sans entrer dans les détails (le lecteur intéressé pourra les trouver dans mon livre *Voyages interplanétaires*), voilà au moins un argument le prouvant : il suffit de constater comment notre corps s'adapte immédiatement au changement de position couché-debout, alors que la pesanteur agit différemment[2].

1. En revanche, l'attraction des planètes est régulièrement utilisée pour « donner de l'élan » aux sondes spatiales. Les planètes (ainsi que le Soleil) jouent le rôle de fronde pour les sondes (NdT).
2. Évidemment, à l'époque de Perelman, les voyages dans l'espace étaient encore un rêve. Maintenant que nous avons assisté à cette expérience, nous savons que l'apesanteur ne tue pas, mais qu'elle entraîne, à la longue, de graves modifications du métabolisme, en particulier une fonte de la musculature et une fragilisation des os.

222 Les deux formes sont équivalentes : le demi-grand axe de l'orbite n'est rien d'autre que la distance moyenne de la planète au Soleil. Elle n'est pas seulement la moyenne de la distance la plus petite et de la plus grande, mais aussi de toutes les distances de la planète au Soleil durant toute sa trajectoire sur son orbite (Fig. 134). Si le Soleil se trouve au foyer F_1 et que la planète sur son orbite passe par les points a, b, c, d..., la distance moyenne de la planète au Soleil sera obtenue en ajoutant toutes les distances F_1a, F_1b, F_1c, F_1d... Il n'est ensuite pas difficile de prouver que le produit est égal au demi-grand axe.

En voici la preuve. Soit n le nombre de positions de la planète sur son orbite. Une propriété remarquable de l'ellipse est que la somme des distances F_1n et F_2n est une constante qui vaut $2\tilde{a}$ (F_2 est le deuxième foyer de l'ellipse et $\tilde{a}$ le demi-grand axe). Nous avons donc pour toutes les positions de la planète :

$$aF_1 + aF_2 = 2\tilde{a}$$
$$bF_1 + bF_2 = 2\tilde{a}$$
$$cF_1 + cF_2 = 2\tilde{a}$$

En additionnant membre à membre toutes ces égalités, on obtient :

$$(aF_1 + bF_1 + cF_1 + \ldots) + (aF_2 + bF_2 + cF_2 + \ldots) = 2n\tilde{a}$$

Lorsque n devient infiniment grand, vu la symétrie de l'ellipse, il est évident que les deux sommes entre parenthèses seront égales à une certaine valeur S. Cette valeur représente donc la somme de toutes les distances de la planète au foyer (le Soleil). Nous avons donc :

$$2S = 2n\tilde{a}$$

d'où : $$\frac{S}{n} = \tilde{a}$$

Mais $\frac{S}{n}$ est la distance moyenne entre la planète et le Soleil et $\tilde{a}$ le demi-grand axe de l'orbite. CQFD.

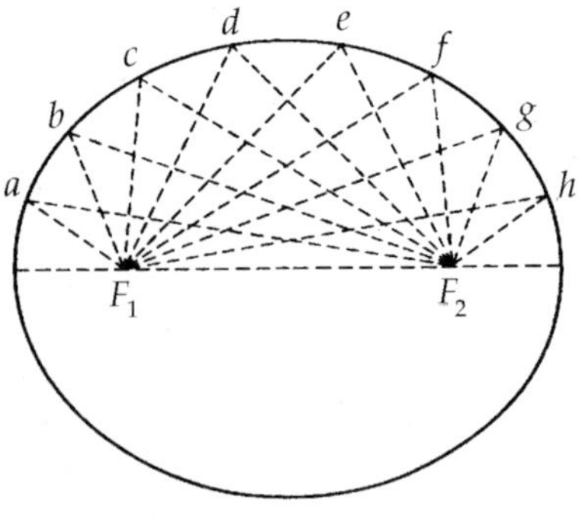

***Figure 134.** Comment trouver la distance moyenne entre la planète et le Soleil.*

223 La physique n'a jamais affirmé que le mouvement éternel était impossible. Elle conteste non pas la possibilité de l'existence d'un *mouvement* éternel, mais d'un *moteur* éternel. Le moteur éternel est un moteur capable de fonctionner éternellement en *fournissant un travail.*

L'existence d'un tel mécanisme contredirait la loi de conservation de l'énergie, car cette machine serait capable de produire une quantité infinie de travail et la quantité totale d'énergie dans l'Univers ne serait plus constante. La planète tournant autour du Soleil n'est pas un mécanisme de ce genre, car elle ne produit pas de travail. C'est un mouvement éternel dont l'existence n'est pas interdite par les lois de la physique.

La découverte des supraconducteurs (certains métaux à des températures très basses ainsi que des alliages à «haute température») dans lesquels l'électricité peut circuler indéfiniment ne contredit pas non plus les lois de la physique. En effet le courant circule sans perte, mais il ne fournit aucun travail. Si on lui fait effectuer un travail, il s'arrête.

Ainsi il n'existe pas (et c'est bien dommage !) une source d'énergie qui fournirait un travail illimité. Toutefois, rien n'interdit l'existence d'un mouvement perpétuel, bien qu'en pratique il soit irréalisable (même les planètes subissent un faible frottement dans l'espace).

224 Il n'y a aucun argument physique autorisant la comparaison de l'homme avec une machine thermique. L'idée très répandue qu'entre l'un et l'autre, il existe une analogie totale est une erreur inadmissible. Elle est basée sur une similitude trompeuse : les deux consomment du carburant (de la nourriture) qui produit de la chaleur en entrant en réaction avec l'oxygène. On en déduit alors abusivement que la chaleur animale est la source du mouvement de celui-ci, comme la chaleur de l'eau chaude est la source du mouvement de la machine à vapeur.

Cette analogie sur la source de l'énergie animale est en complet désaccord avec ce que les lois de la thermodynamique nous apprennent. Une observation précise démontre qu'il n'y a pas grand-chose en commun entre un organisme vivant et une machine thermique.

Montrons que, dans un organisme vivant, on ne suit pas le cycle classique de la machine thermique, à savoir : énergie (combustible = nourriture) $\rightarrow$ chaleur $\rightarrow$ travail. La thermodynamique établie que, pour que la chaleur puisse se transformer en travail, elle doit, *via* un agent moteur (gaz, vapeur d'eau), passer d'une source à haute température (la chaudière) vers une source à basse température (le réfrigérateur). La «chaleur utile» est donc celle qui passe d'une source à l'autre. On définit alors le rendement k de la machine par le rapport de la différence des températures des deux sources sur la température de la source chaude :

$$k = \frac{T_1 - T_2}{T_1}$$

T_1 est la température de la source chaude et T_2 celle de la source froide (en degré Kelvin).

Imaginons que le corps humain soit effectivement une machine thermique et voyons ce que nous donne l'application de cette formule. La température normale du corps humain est d'environ 37 °C. C'est certainement l'un des deux niveaux de température de fonctionnement de la machine. Donc 37° est soit le niveau le plus froid soit le niveau le plus chaud. Étudions dans les deux cas le résultat de la formule pour la température qui nous manque, sachant que le rendement du corps humain est de 0,3 soit 30 %.

Premier cas : 37 °C (310 K) est la température la plus haute T_1. Donc :

$$T_2 = T_1 - T_1 \times k = 310 - 310 \times 0{,}3 = 217 \text{ K}$$

soit $T_2 = -56$ °C. Cela signifie que, dans notre corps, il doit exister un endroit où il fait 56 degrés en dessous de zéro ! Donc la température de 37 °C ne peut pas être la valeur de la température la plus grande de notre « machine thermique vivante ». Cette température est donc la valeur la plus basse. Voyons cela.

Deuxième cas : 37 °C est la température la plus basse T_2. Donc (toujours avec $k = 30$ %) :

$$T_1 = \frac{T_2}{1-k} = \frac{310}{1-0{,}3} = 443 \text{ K}$$

soit $T_1 = 170$ °C. Ce coup-ci, il doit y avoir dans notre corps un endroit chauffé à 170 °C ! Comme aucun anatomiste n'a encore trouvé dans notre corps des endroits à – 56 °C ou à 170 °C il faut en conclure que notre hypothèse sur l'analogie entre la machine thermique et le corps humain est fausse. Le muscle n'est pas une machine thermique, son travail n'est pas fourni par la chaleur mais par des réactions chimiques et électriques. La chaleur qu'il dégage n'est, en fait, qu'une conséquence du résultat de son travail.

225 Je rappelle que le météore, avant d'entrer dans l'atmosphère terrestre, est un corps froid et incapable de briller par lui-même et qui ne commence à chauffer et à briller que lorsqu'il entre dans notre atmosphère. Il est certain qu'il ne brûle pas car aux hauteurs où il brille (plus de 100 km au-dessus de la surface de la Terre), l'air est extrêmement ténu et la présence d'oxygène est quasi nulle. Alors pourquoi le météore chauffe-t-il ? Réponse générale : il chauffe à cause de la friction avec l'air. Mais le météore ne se frotte pas à l'air, il entraîne les couches d'air environnantes avec lui.

Une explication paraissant scientifiquement plausible est la suivante : le météore chauffe parce que l'énergie de son mouvement perdue à cause de la résistance de l'air se transforme en chaleur. Ce point de vue est contredit par la théorie et par les faits. En effet, si l'énergie perdue du météore se transformait directement en chaleur, le météore devrait chauffer entièrement dans toute sa masse. En fait, on ne remarque qu'un réchauffement de la surface, l'intérieur du météore restant froid comme la glace.

Cette explication n'est pas possible non plus au niveau théorique. Le ralentissement du mouvement du corps ne doit pas forcement être accompagné par un réchauffement de celui-ci : l'énergie du mouvement peut se transformer en d'autres sortes d'énergies. Par exemple, un corps jeté en l'air voit sa vitesse ralentir sans pour autant s'échauffer : son énergie cinétique se transforme en énergie potentielle. Dans le cas du météore, la partie d'énergie qu'il a perdue crée des turbulences dans les couches d'air qui l'entourent. Le reste se transforme réellement en chaleur, mais comment ? La réponse à cette question n'est pas donnée par la solution ci-dessus. En réalité, le réchauffement du météore se produit de la façon suivante. D'abord, ce n'est pas le météore qui chauffe, mais l'air qu'il comprime devant lui dans sa chute précipitée dans l'atmosphère. L'air chauffé transmet ensuite sa chaleur à la couche supérieure du météore. L'air se réchauffe à la suite de la compression, de la même manière que dans certains briquets à air[1]. On dit que l'on a une compression *adiabatique* : l'air est comprimé si vite par le météore, que la chaleur ainsi créée n'a pas le temps de s'éparpiller vers l'extérieur.

Faisons un rapide calcul de la température que peut atteindre l'air ainsi échauffé. La physique nous dit que lors d'une compression adiabatique, nous avons la relation suivante :

$$T_f - T_i = T_i\,[(P_f / P_i)^{(k-1)/k} - 1]$$

Cette formule est une variante d'une formule que nous connaissions déjà (voir question n° 130) dans le cas d'une compression *adiabatique*. T_i est la température initiale, T_f la température finale, P_i et P_f les pressions initiale et finale. k est *l'exposant adiabatique*. Pour l'air, $k = 1{,}4$ et $(k - 1)/k \approx 0{,}29$. Pour faire le calcul, nous allons prendre $T_i = 200$ K (la température de l'air dans ses couches supérieures). Pour le rapport, on va considérer que l'atmosphère se comprime de

1. Le briquet pneumatique est constitué d'une cavité isolée dans laquelle l'air se retrouve comprimé à 10 % de son volume initial. La chaleur ainsi dégagée (jusqu'à 460 °C) enflamme la mèche (NdT).

$P_i = 10^{-6}$ atm à $P_f = 10^2$ atm soit $P_f/P_i = 10^8$. En mettant ces valeurs dans la formule, on obtient :

$$T_f = 200 \times (10^8)^{0,285} + 200 \approx 39\,000 \text{ K}$$

Ce résultat est évidemment approximatif, mais donne une bonne indication de la température atteinte par l'air.

Ainsi, l'air comprimé par le météore atteint quelques dizaines de milliers de degrés. Une estimation utilisant la luminosité des météores donne une valeur comprise entre 10 000 K et 30 000 K. En fait, lorsqu'on observe un météore, on ne le voit pas lui-même, car il peut être très petit (de la taille par exemple d'une noix ou d'un petit pois), mais l'air qu'il échauffe représente un volume des milliers de fois plus grand.

Il en est de même pour l'échauffement des balles et des obus d'artillerie. Ils compriment l'air devant eux et sont ainsi échauffés à de hautes températures. La seule différence est que la vitesse du météore est cinquante fois plus grande. En ce qui concerne la différence de pression de l'air près de la surface de la Terre et en l'altitude, il faut tenir compte du fait que la valeur du réchauffement ne dépend que du rapport entre les pressions initiale et finale et non de leur valeur absolue.

Il reste à expliquer pourquoi l'air comprimé s'échauffe. Regardons ce qui se passe pour l'air comprimé par le météore. Les molécules d'air heurtent la pierre qui se déplace vers elles et rebondissent avec un fort gain de vitesse par rapport à leurs vitesses initiales. Rappelez-vous ce que fait le joueur de tennis pour renvoyer la balle avec la plus grande vitesse possible : il n'attend pas passivement que la balle rebondisse sur sa raquette, mais au contraire frappe la balle, en essayant comme le disent les joueurs de tennis, de « mettre tout son poids dans la balle ». Chaque molécule rebondit sur le météore avançant comme une balle de tennis sur la raquette et récupère ainsi une partie de l'énergie du météore. L'augmentation de l'énergie cinétique des molécules est ce que nous appelons fort justement « l'augmentation de la température ».

226 La fréquence des brouillards dans les zones industrielles où l'air est saturé de poussières et de fumée trouve une explication élémentaire dans les lois de la physique moléculaire des liquides. On a déjà vu (voir question n° 150) que la pression de vapeur saturante près de la surface *concave* d'un liquide doit être plus faible que près d'une surface plane à température égale. De la même façon, la pression de vapeur saturante près de la surface *convexe* d'un liquide doit être plus grande que près d'une surface plane. Et cela car les molécules ont moins de mal à s'échapper du liquide qui a une surface convexe que d'un autre qui a une surface plane (à température égale). Que va-t-il arriver à la surface très convexe (c'est-à-dire qui a la forme d'une petite balle) de la goutte d'eau entrant dans cette atmosphère qui est saturée en vapeur d'eau ? Elle va s'évaporer, et si la goutte est assez petite, elle se transformera entièrement en vapeur même si l'espace était déjà saturé : il deviendra sursaturé.

Il est facile de voir la conclusion qui en découle : la vapeur ne peut se condenser en gouttes que si elle est sursaturée. Dans un espace moyennement chargé en vapeur d'eau, ses molécules ne peuvent pas se condenser en gouttes car ces dernières sont évidemment très petites et doivent tout de suite s'évaporer. Les choses se passent différemment si l'air contient en plus des poussières de fumée dont les tailles sont très petites mais nettement plus grandes que les molécules d'eau. En se condensant dessus, on obtient rapidement des grosses gouttes. Ces dernières n'ont plus la convexité nécessaire pour que l'eau puisse s'évaporer. On obtient ainsi un brouillard dense constitué de fines gouttes d'eau «sale». La quantité de ces poussières dans les zones industrielles est énorme. Alors que dans l'air au sommet des Alpes on n'en compte que quelques centaines par cm^3, dans l'air de Londres, on en compte 140 000, et à Glasgow près de 470 000.

227 Le brouillard, la fumée et la poussière se différencient par la consistance et la taille de leurs particules en suspension dans l'air (ou dans un autre gaz). Si elles sont solides, on a de la fumée ou de la poussière, si elles sont liquides, du brouillard. La poussière se différencie de la fumée par la taille de ses particules. Celles de la poussière sont plus grosses : leur diamètre est d'environ 0,01 à 0,001 cm. Les particules de fumée quant à elles peuvent avoir un diamètre de 10^{-7} cm ; cette valeur est atteinte par exemple par la fumée de tabac dont le diamètre des particules est seulement dix fois plus grand que celui de l'atome d'hydrogène (donc mille fois plus grand en volume). L'autre différence entre la fumée et la poussière, c'est que cette dernière tombe avec une vitesse croissante alors que la fumée tombe avec une vitesse constante si le diamètre de ses particules est supérieur à 10^{-5} cm et ne tombe pas du tout si leur diamètre est inférieur. Dans ce dernier cas, la vitesse du mouvement brownien de ces particules est plus grande que la vitesse de leur chute.

228 La vitesse du mouvement thermique des molécules de la matière concernée ne dépend pas de son état : liquide, solide ou gazeux. Ainsi les molécules de vapeur d'eau, d'eau liquide ou de glace se déplacent avec la même vitesse (plus précisément, elles ont la même énergie cinétique bien que les molécules de glace ne soient pas identiques aux molécules d'eau et de vapeur).

229 Sans doute allez-vous dire la chose suivante : «– 273 °C est la température du zéro absolu ; à cette température la vitesse de translation des molécules est nulle. Donc les molécules d'hydrogène (comme toutes les autres molécules) sont immobiles». La réponse est cependant fausse, car la température du zéro absolu est non pas de – 273 °C, mais de – 273,15 °C. Bien, mais ces 0,15 °C ont-ils une si grande influence ? En effet, car à ces températures-là, le mouvement des molécules doit être très faible, et un changement de 0,15 °C ne devrait pas y changer grand-chose.

On pourrait le croire, mais le calcul ne confirme pas cette idée. En fait, la vitesse des molécules diminue proportionnellement à la racine carrée de la température (mesurée en degré Kelvin). Ainsi, même à de très basses températures, les molécules se déplacent assez vite. Faisons les calculs nécessaires. La théorie cinétique des gaz nous apprend qu'à 0 °C (273 K), les molécules d'hydrogène se déplacent avec une vitesse moyenne de 1 843 m/s. À – 270 °C (3,15 K), la vitesse moyenne x est déterminée par la proportion :

$$\frac{x}{1\,843} = \frac{\sqrt{3{,}15}}{\sqrt{273{,}15}}$$

soit $x \approx 198$ m/s. Les molécules, dans un gaz aussi froid, vont plus vite que les balles d'un fusil (Fig. 135) ! À une température d'un quart de degré, la vitesse des molécules d'hydrogène est encore assez grande :

$$\frac{y}{1\,843} = \frac{\sqrt{0{,}25}}{\sqrt{273{,}15}}$$

soit $y \approx 56$ m/s (200 km/h), la vitesse d'un aéroplane. Maintenant revenons à la question posée : quelle est la vitesse des molécules d'hydrogène à – 273 °C soit à 0,15 K. Évaluons la proportion :

$$\frac{z}{1\,843} = \frac{\sqrt{0{,}15}}{\sqrt{273{,}15}}$$

soit $z \approx 43$ m/s (155 km/h), la vitesse d'un train. On ne peut donc pas dire qu'à – 273 °C, les particules d'hydrogène soient au repos !

Figure 135. *Comparaison entre les vitesses de déplacement d'une balle, d'un avion et d'un train avec la vitesse des molécules d'hydrogène à des températures voisines du zéro absolu.*

230 La course au zéro absolu est engagée dans de nombreux laboratoires de part le monde. Plus les techniques s'affinent et plus on tend vers cette température butoir. Ainsi on peut penser que l'obtention du zéro absolu n'est qu'une question de temps. Actuellement, on a réussi à refroidir des atomes de rubidium-87 (un groupe d'environ 2 000 atomes) à la température de 150 nK soit 150×10^{-9} K.

En fait, le zéro absolu est plutôt une valeur théorique, une limite que l'on ne pourra jamais atteindre mais toujours s'en approcher. C'est un peu comme la vitesse de la lumière : accélérer un corps à cette vitesse est impossible car plus on s'en approche et plus il faut d'énergie. À la limite, l'énergie de l'Univers n'y suffirait pas.

Cette impossibilité d'atteindre le zéro absolu est résumée dans le troisième principe de la thermodynamique ou le théorème thermique de Nernst[1]. L'exposé de ce principe sort des limites de ce livre, mais si vous souhaitez en savoir davantage vous pouvez consulter n'importe quel bon manuel de thermodynamique.

231 Il ne faut pas penser que l'on peut appeler «vide» un haut degré de raréfaction d'un gaz dans un récipient. On définit le vide rigoureusement en disant que celui-ci existe lorsque le libre parcours moyen des électrons dépasse les dimensions du récipient.

Expliquons cette définition. Les molécules du gaz lors de leur mouvement thermique se rencontrent des milliards de fois par seconde. Il existe cependant entre chaque choc une certaine distance : le libre parcours moyen. Nous trouvons la longueur moyenne de cette distance l

1. Walter Nernst (1864-1941), physicien et chimiste allemand. Inventeur d'une lampe électrique et auteur de nombreux travaux sur les basses températures, prix Nobel en 1920.

en divisant la vitesse moyenne des molécules v, c'est-à-dire la distance effectuée en moyenne par une molécule pendant une seconde, par le nombre N de collisions subies par cette molécule par seconde :

$$l = \frac{v}{N}$$

Par exemple, dans l'air à 0 °C la vitesse moyenne des molécules est égale approximativement à 500 m/s ou 500 000 mm/s. Le nombre de collisions N par seconde dans le cas d'une pression normale est de l'ordre de 5 milliards. Le libre parcours moyen est :

$$l = \frac{500\ 000}{5 \times 10^9} = 10^{-4}\text{mm}$$

(En réalité, la démarche est inverse : on trouve v et l de l'expérience, et on calcule N. Ici nous voulions simplement démontrer la dépendance entre les valeurs l, v et N.)

Si la pression du gaz est n fois plus petite que la normale, c'est-à-dire si le gaz est raréfié de n fois le nombre de molécules par unité de volume alors le nombre de collisions sera autant de fois plus petit (le libre parcours moyen est ainsi proportionnel à l'inverse de la pression).

Si l'on diminue la pression d'un million de fois, le libre parcours moyen des molécules d'air sera égal à :

$$10^{-4} \times 10^6 = 100 \text{ mm}$$

Dans une ampoule électrique dont le diamètre est inférieur à 10 cm, les molécules ne vont quasiment plus se cogner entre elles mais seulement contre les parois. On parle alors de « vide » pour désigner ce gaz particulier qui a des propriétés spécifiques.

Dans un récipient de plus grande taille (par exemple dans un tube de 1 m de long), on ne dira pas que l'on a le vide, car les molécules ont encore de grande chance de se rencontrer.

232 Si l'on cherche dans notre vie quotidienne, il existe peu d'objets qui ont une température extraordinairement élevée. À part le filament de l'ampoule qui dépasse les mille degrés, le reste est plutôt froid (Fig. 137).

On a vu dans la question n° 195 que la température de la surface du Soleil est d'environ 6 000 K, mais ce n'est rien, comparé aux températures infernales qui règnent en son centre : environ 15 millions de degrés. Notre Soleil est une petite étoile mais il existe dans l'Univers des monstres qui ont une centaine de masse solaire. Ces étoiles, dont la vie est très courte, atteignent plusieurs dizaines de millions de degrés en leurs centres.

Le record est sans nul doute détenu par les tout premiers instants du big-bang où la température atteignait 10^{32} degrés !

Finalement la majeure partie de la matière visible dans l'Univers est extrêmement chaude comparée à celle qui nous entoure. Il n'existe pas de température maximale, la seule limite étant l'énergie que peut fournir l'Univers tout entier.

Il est très difficile d'imaginer des températures pareilles, tellement elles sont élevées. Pour donner une idée de l'énergie que cela représente, considérons un petit cube d'un millimètre de côté, de matière ordinaire que l'on chauffe à la température de 50 millions de degrés. Hé bien ce petit cube pas plus grand qu'une tête d'épingle va rayonner une énergie de l'ordre de 3 billions (3×10^{12}) de watts ! Cela veut dire que tout ce qui se trouve à moins de 1 500 km va être grillé !

Les premières expériences d'obtention de haute température ont été menées dans les années 1920-1922 aux États-Unis. On déchargeait brusquement un condensateur électrique dans un fil électrique très fin. Le fil recevait environ 30 calories en un cent millième de seconde. On a alors estimé la température du fil entre 20 000 et 27 000 °C. Celui-ci brillait deux cents fois plus que le Soleil. Ces expériences sont très dangereuses car si de l'eau vient en contact avec le fil, celui-ci réagit violemment et désintègre littéralement l'ampoule en projetant, dans toutes les directions, des milliards de petits morceaux de verre (Fig. 136).

Figure 136. *Expérience sur l'obtention d'une température de 20 000 °C. L'expérimentateur est puissamment protégé par une tenue spéciale contre les risques d'une explosion.*

La physique a encore beaucoup à découvrir dans le domaine des hautes températures. En particulier, la fusion est un domaine de recherche très prometteur. En effet, lorsqu'on sera capable de contrôler cette réaction nucléaire, on disposera d'une source d'énergie quasi illimitée, absolument propre et sans danger. Pour ces expériences, on utilise un appareil appelé «Tokamak» (il y en a un à Cadarache au-dessus de Marseille). C'est un grand tore, comme une chambre à air, entouré

20 000 °C	Température atteinte en labo
 18 000 °	Température à la surface des étoiles les plus chaudes
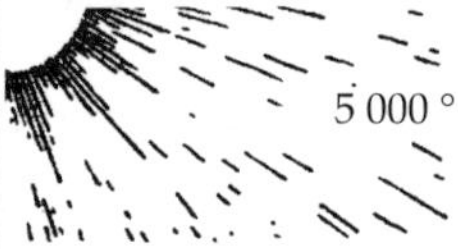 5 000 °	Température à la surface du Soleil
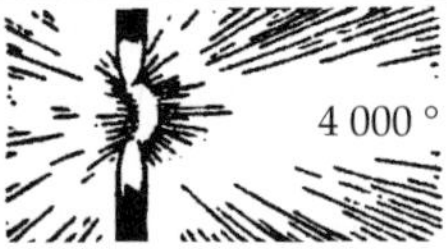 4 000 °	Température de la courbe de volt
 3 000 ° 1 800 ° 1 470 °	Fonte du wolfram Fonte du platine Fonte du nickel
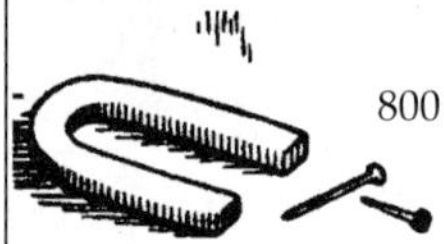 800 °	Perte des propriétés magnétiques
 525 °	Fer rouge
 100 °	Ébullition de l'eau
 0 °	Fonte de la glace
– 273 °C	Zéro absolu

Figure 137. *Exemple de corps avec leurs températures spécifiques.*

d'électro-aimants très puissants. On injecte dans ce tore de l'hydrogène que l'on chauffe avec des lasers jusqu'à atteindre l'état de plasma (une centaine de millions de degrés). Lorsque la fusion de l'hydrogène en hélium se produit, cela dégage une grande énergie. Il s'agit alors de récupérer cette énergie et d'entretenir la réaction.

233 Voir un dix millionième de gramme de matière paraît inconcevable, pourtant vous le voyez tous les jours et de nombreuses fois !

En effet, car le point typographique, ou celui que l'on trouve sur le « i », pèse environ un dix millionième de gramme. La pesée a été faite de la façon suivante : on a d'abord pesé une feuille de papier propre sur une balance extrêmement précise, puis on a mis un point d'encre sur la feuille et on l'a pesée à nouveau. La différence entre les deux valeurs obtenues est bien sûr la masse du point. Elle était égale à 0,000 000 13 g, ce qui est juste un peu plus qu'un dix millionième de gramme[1].

234 Il ne faut pas espérer placer cette caisse contenant le nombre d'Avogadro de têtes d'épingles sur la surface d'une ville. La superficie d'aucun pays d'Europe n'y suffirait ; la France serait submergée par cette couche de 1 km de têtes d'épingles (Fig. 138).

Cela paraît incroyable, aussi faisons le calcul pour nous en convaincre. Considérons qu'une tête d'épingle occupe un volume d'un millimètre cube. Exprimons maintenant 6×10^{23} mm^3 en km^3 :

$$\frac{6 \times 10^{23}}{10^{18}} = 6 \times 10^5 = 600\,000 \text{ km}^3$$

Avec une hauteur de 1 km, la surface au sol de ce cube sera donc de 600 000 km^2. La France, qui n'a qu'une superficie de 550 000 km^2, sera donc entièrement recouverte par le cube !

De même, la mer Caspienne qui n'a qu'une superficie de 440 000 km^2 sur une profondeur inférieure au kilomètre débordera si l'on essaie de vider notre cube d'épingles dedans.

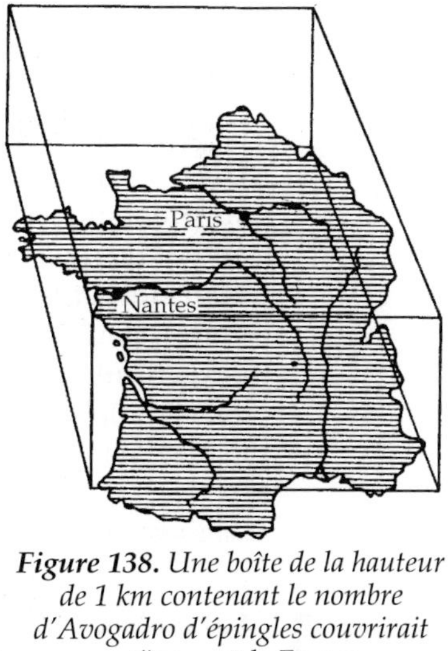

***Figure 138.** Une boîte de la hauteur de 1 km contenant le nombre d'Avogadro d'épingles couvrirait entièrement la France.*

1. Il est probable que l'on a du réitérer l'expérience un grand nombre de fois ou que l'on a placé plusieurs points sur une page pour obtenir un résultat aussi précis (NdT).

235 Ce calcul démontre combien est grand le nombre de molécules contenues dans un petit volume. Pour trouver la réponse, il faut comparer la quantité de molécules dans un litre d'alcool et la quantité de litres dans l'océan. Les deux chiffres sont énormes et on ne peut les imaginer sans faire les calculs.

La mole d'alcool éthylique contient comme toutes les moles de matière 6×10^{23} molécules (le nombre d'Avogadro). La masse de cette mole d'alcool (C_2H_6O) est de :

$$2 \times 12 + 6 \times 1 + 16 = 46 \text{ g}$$

Donc, dans un gramme d'alcool, il y a $\dfrac{6 \times 10^{23}}{46} = 1{,}3 \times 10^{22}$ molécules.

Un litre d'alcool d'une masse de 800 g contient donc :

$$1{,}3 \times 10^{22} \times 800 \approx 10^{25} \text{ molécules}$$

Maintenant, combien y a-t-il de litres d'eau dans tous les océans ? La surface occupée par les océans est d'environ $3{,}7 \times 10^8$ km^2. Si l'on considère que la profondeur moyenne est d'environ 4 km, on obtient un volume de $1{,}48 \times 10^9$ km^3 soit $1{,}48 \times 10^{21}$ litres. En divisant le nombre de molécules par litre d'alcool par le nombre de litres d'eau dans l'océan, on obtient 6 756. Cela signifie que si vous prélevez n'importe où dans l'océan un litre d'eau, vous y trouverez environ 7 000 molécules d'alcool. Dans chaque dé à coudre d'eau pris dans l'océan, on trouvera encore 7 molécules d'alcool !

Une autre comparaison intéressante et surprenante : une goutte d'eau contient autant de molécules que la mer Noire contient de petites gouttes (Fig. 139). Le lecteur peut s'assurer lui-même de l'exactitude de ce résultat en faisant un calcul semblable à celui qui a été utilisé dans le problème.

Figure 139. *Le nombre de molécules dans une goutte d'eau est égal au nombre de gouttes d'eau dans la mer Noire.*

236 Les molécules de gaz, même à une pression normale, sont séparées par des distances moyennes plus grandes que ce que l'on croit habituellement. La distance moyenne entre les molécules d'hydrogène à une température de 0 °C et sous une pression de 760 mm de mercure est de 30 μm (3×10^{-6} cm). Le diamètre de la molécule est de 2×10^{-8} cm. En divisant la première valeur par la seconde, on obtient 150.

Donc, les molécules dans notre gaz sont séparées par des distances 150 fois plus grandes que leur diamètre.

237 Comme la masse de l'atome d'hydrogène est de $1{,}7 \times 10^{-24}$ g, que la masse du globe terrestre est de 6×10^{27} g, la moyenne géométrique est de :

$$x = \sqrt{1{,}7 \times 10^{-24} \times 6 \times 10^{27}} \approx 100 \text{ g}$$

238 Avec un facteur d'agrandissement d'un million de fois, le haut de la tour Eiffel gratterait le sol lunaire ! La taille de l'homme serait de 1 700 km. Les souris atteindraient 100 km de long. Le corps d'une mouche mesurerait près de 7 km. L'épaisseur de chaque cheveu serait de 100 m. Les globules rouges dans notre sang auraient 7 m de diamètre. Quant aux molécules, elles seraient de la taille du point typographique de ce livre !

Il faut d'ailleurs remarquer que le meilleur microscope optique ne peut pas nous montrer des objets dont le diamètre est très inférieur au millième de millimètre[1].

239 Le diamètre du Soleil est $1{,}4 \times 10^{11}$ cm et celui de l'électron de l'ordre de 10^{-16} cm (c'est une limite supérieure donnée par les instruments). La moyenne géométrique cherchée est donc :

$$x = \sqrt{1{,}4 \times 10^{11} \times 10^{-16}} = 3{,}7 \times 10^{-3} \text{cm}$$

240 Le fait que l'énergie, tout comme la matière, ait une masse est maintenant une donnée incontestable de la physique. On ne constate pourtant pas qu'un corps plus chaud devient plus lourd. L'addition de l'énergie thermique n'augmente visiblement pas la masse d'un corps. En fait, le surplus de masse échappe à l'observation car celui-ci est très petit par rapport à la masse du corps non chauffé.

En effet, dans la vie courante, les masses auxquelles on a affaire sont assez grandes pour que l'on prenne conscience de leur pesanteur, mais les énergies que l'on côtoie sont trop faibles pour que l'on sente leur pesanteur.

Quelques applications chiffrées vont éclaircir ce propos. Considérons une machine à vapeur fournissant un travail de 2 200 kJ/s (3 000 chevaux-vapeur) soit près de 8 000 MW/h. Cette quantité de travail est

1. Les microscopes électroniques (on utilise des faisceaux d'électron à la place de la lumière) ont des résolutions mille fois meilleures (µm). Enfin le microscope à effet tunnel permet de « voir » les atomes (NdT).

énorme à première vue, mais ne «pèse» cependant que 0,1 mg ! Pour obtenir une énergie pesant 1 g, il faut fournir une quantité de travail de 90 billions (9×10^{13}) de joules.

Prenons un autre exemple. On dispose d'une piscine cubique de 6 m de côté, remplie d'eau à 0 °C (Fig. 140). Quelle est la quantité de chaleur nécessaire pour avoir de l'eau à 100 °C ? Pour cela, on utilise :

$$6^3 \times 1\,000 \times 100 = 2{,}16 \times 10^7 \text{ kcal}$$

Figure 140. *L'énergie fournie à 216 tonnes d'eau pour élever la température de 0 °C à 100 °C a une masse de 1 mg.*

Et, comme une calorie équivaut à 4,185 joules, l'énergie de la piscine augmente de 90 milliards de joules, ce qui correspond donc à une masse de 1 mg (puisqu'un billion vaut mille milliards). Il est évident que ce surplus de masse de 1 mg par rapport aux 216 tonnes d'eau est indécelable.

On comprend maintenant pourquoi le poids de l'énergie des objets qui nous entourent ne nous concerne pas dans la vie de tous les jours. Il est donc raisonnable de considérer que l'énergie n'a pas de masse.

En revanche, on ne peut plus négliger la masse de l'énergie quand les quantités mises en jeu sont énormes comme cela est le cas dans l'espace. Par exemple, le Soleil envoie dans l'espace une telle quantité d'énergie par radiation que sa perte de masse doit être mesurable. Faisons le calcul. La constante solaire vaut 1,9 kcal/min pour chaque mètre carré placé perpendiculairement au rayonnement. Cela correspond donc à 0,13 kJ/s. Pour comptabiliser la totalité de l'énergie envoyée par le Soleil, imaginons que celui-ci est entouré par une sphère dont le rayon est égal à la distance Terre-Soleil (150 millions de kilomètres). La surface de cette sphère vaut donc :

$$4\pi \times (150 \times 10^6)^2 \approx 28 \times 10^{16}\ \text{km}^2 = 28 \times 10^{22}\ \text{m}^2$$

Chaque mètre carré recevant 0,13 kJ, la surface totale doit ainsi recevoir :

$$0{,}13 \times 28 \times 10^{22} = 3{,}64 \times 10^{22}\ \text{kJ}$$

On a déjà dit que 90 milliards de kilojoules pèsent 1 g. Donc l'énergie irradiée par le Soleil en une seconde pèse :

$$\frac{3{,}64 \times 10^{22}}{9 \times 10^{9}} = 4 \times 10^{12}\,\text{g}$$

C'est-à-dire que chaque seconde, le Soleil perd en énergie environ 4 millions de tonnes !

C'est à peu près la masse de la pyramide de Khéops, une des plus lourdes constructions de l'Homme au monde. Pendant que vous lisez ces lignes, une bonne centaine de ces pyramides ont quitté par rayonnement la surface brûlante du Soleil (Fig. 141).

***Figure 141.** Illustration de la masse perdue par radiation, chaque seconde par le Soleil.*

Le Soleil perd ainsi constamment environ 30 millions de pyramides par an (Fig. 142). Une perte aussi grande ne menace-t-elle pas l'équilibre de notre système solaire ? Ne fausse-t-elle pas l'ordre qui s'y est installé ? Ne change-t-elle pas la trajectoire prévue des planètes ? La réponse est oui, des transformations ont lieu. Mais la masse du Soleil est si grande que les conséquences de cette perte indiquée sont imperceptibles à notre échelle de temps. On a calculé que l'orbite de la Terre doit s'allonger d'un centimètre par an. Un million d'années passeront et l'année ne se sera rallongée que de 4 secondes. Ainsi le changement est quasi inexistant.

Si l'on remonte le temps, on s'aperçoit que l'année était plus courte. Il faut également tenir compte qu'au début (il y a 4,6 milliards d'années) le Soleil était beaucoup plus chaud et donc qu'il perdait une masse plus importante. Ainsi, on a calculé qu'il y a 2 milliards d'années, si l'on suppose que le rayonnement était 1 000 fois plus important, l'année devait durer 325 jours, soit 40 jours de moins que maintenant. L'orbite de notre planète était plus courte.

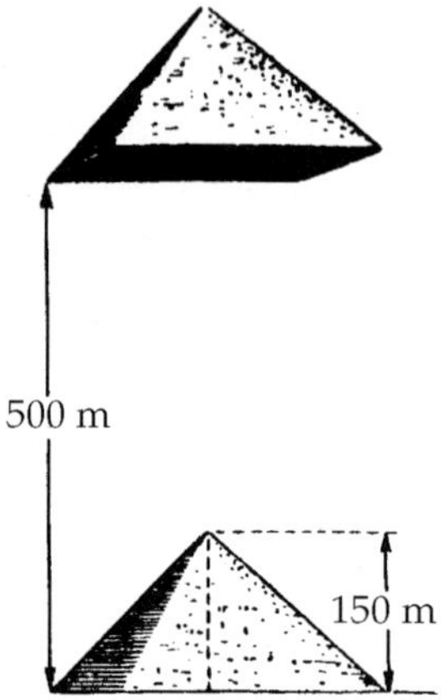

Figure 142. Illustration de la perte ridicule que représente une pyramide pour le Soleil. L'énergie nécessaire pour soulever la pyramide de Khéops de 500 m a une masse de 2,4 g.

241 Jusqu'à l'arrivée du principe de la relativité d'Einstein[1] dans la science, on pensait que les lois essentielles de l'ancienne mécanique étaient inébranlables malgré quelques imprécisions. Les personnes profanes en la matière qui ont entendu parler de cette révolution scientifique peuvent ainsi se demander si l'on ne doit pas reléguer aux oubliettes les lois de la mécanique de Galilée[2] et de Newton[3] qui servent encore de base dans de nombreuses applications.

Pourtant, les lois de l'ancienne mécanique figurent toujours en première place dans les manuels scolaires ainsi que dans toute la littérature technologique. Cela peut étonner et on peut se demander pourquoi ne pas remplacer les anciennes conceptions par les nouvelles. Par exemple, on continue d'utiliser l'addition des vitesses alors que la relativité nous dit que cette relation n'est pas correcte.

Examinons de plus près cet exemple afin de voir l'erreur que l'on commet en utilisant toujours l'ancienne relation. D'après cette loi, si une personne se déplace dans un train à la vitesse v_1 lui-même se

1. Albert Einstein (1879-1955), physicien allemand. Appliquant la théorie des quanta à l'énergie rayonnante, il aboutit au concept de photon. Créateur de la théorie de la relativité. Prix Nobel en 1921.
2. Galilée (dit Galileo Galilei), mathématicien, physicien et astronome italien (1564-1642). Il énonça le principe d'inertie et de composition des mouvements. Il imagina le thermomètre et construisit la première lunette astronomique. Déclaré hérétique par la Cour de Rome pour sa conception copernicienne du monde, il dut abjurer devant l'Inquisition en 1633 en prononçant sa célèbre réplique «*Eppur si muove*» («Et pourtant, elle se meut !» en parlant de la Terre).
3. Sir Isaac Newton (1642-1727), mathématicien, physicien, astronome et philosophe anglais. Découvreur des lois de la gravitation universelle (la pomme de Newton) et de la décomposition de la lumière.

déplaçant à la vitesse v, alors la personne se déplace par rapport au sol à une vitesse u qui est la somme des vitesses si la personne se déplace dans le sens du train, et la différence sinon :

$u = v + v_1$, si la personne se déplace dans le sens du train.

$u = v - v_1$, si la personne se déplace dans le sens contraire du train.

La théorie de la relativité a remplacé cette loi simple par une autre, plus complexe, dans laquelle u sera toujours inférieure à $v + v_1$. Regardons de combien est l'erreur lorsqu'on utilise l'ancienne loi. La nouvelle relation est donnée par la formule suivante :

$$u = \frac{v + v_1}{1 + \frac{vv_1}{c^2}}$$

où c représente la vitesse de la lumière qui vaut 300 000 km/s (en une seconde, la lumière fait 7 fois le tour de la Terre). La nouvelle formule ne se différencie de l'ancienne que par l'addition du terme $\frac{vv_1}{c^2}$ au dénominateur. Or ce terme est très petit pour les vitesses que l'on rencontre tous les jours. Par exemple, si l'on se déplace à 10 km/h dans le TGV lancé à 300 km/h, le rapport $\frac{vv_1}{c^2}$ vaut 2×10^{-15}. Autant dire que l'on peut l'omettre sans crainte et dire que l'on se déplace à 310 km/h par rapport à la voie.

Considérons un deuxième exemple avec une balle de fusil. Supposons que celle-ci ait une vitesse de 1 km/s. Si l'on prend $v = v_1 = 1$ km/s, on obtient :

Avec l'ancienne formule :

$$u = 1 + 1 = 2 \text{ km/s}$$

Avec la nouvelle formule :

$$u = \frac{1 + 1}{1 + \frac{1}{9 \times 10^{10}}} = 1{,}999\,999\,999\,977 \text{ km/s}$$

La différence existe bien, mais elle est tellement infime que l'on peut l'oublier. En fait, pour obtenir une différence notable entre les deux relations, il faut se déplacer à des fractions non négligeables de la vitesse de la lumière. Par exemple à 10 000 km/s, la différence est d'à peine 1 % ; pour avoir une différence de 20 %, il faut que les deux corps se déplacent à la moitié de la vitesse de la lumière.

Donc, on n'a pas de souci à se faire. On peut utiliser, la conscience tranquille, l'ancienne loi d'addition des vitesses et laisser la nouvelle aux physiciens théoriciens. Il n'y a finalement que dans les grands accélérateurs de particule que l'on est confronté à des objets se déplaçant à des vitesses nécessitant l'utilisation de la nouvelle loi.

Passons maintenant à la constance de la masse. La mécanique classique affirme qu'un corps à la même masse que celui-ci est en mouvement ou immobile. La mécanique d'Einstein affirme le contraire : la masse d'un corps n'est pas constante mais varie en fonction de sa vitesse. Lorsque vous vous déplacez en voiture, votre masse augmente !

La relation donnant la masse d'un objet se déplaçant à la vitesse v est la suivante :

$$m = \gamma m_0 \quad \text{où } \gamma = \sqrt{1 - \frac{v^2}{c^2}}^{\,-1}$$

où m_0 est la masse de l'objet au repos et c toujours la vitesse de la lumière. On constate dans cette formule que si l'on se déplace à la vitesse de la lumière, on a une masse infinie ! Pour se déplacer à la vitesse de la lumière, il faut donc avoir une masse au repos m_0 nulle comme c'est le cas pour le photon.

Si l'on fait le calcul pour la balle de fusil de l'exemple précédent, on obtient un supplément de masse de l'ordre de 5×10^{-12} de sa masse immobile ! Cette différence de masse est ridiculement faible et indécelable en pratique. Essayez de calculer votre surplus de poids lors d'un voyage dans le TGV à 360 km/h ; votre gain de poids sera d'environ $5{,}5 \times 10^{-14}$ de votre masse au repos !

Ainsi, là encore, on n'a pas de souci à se faire. On peut utiliser l'invariance de la masse sans conséquence désastreuse sur les résultats, étant donné qu'il est impossible de mesurer des différences de masse aussi faibles[1]. En fait, comme précédemment, cette loi ne concerne que des corps qui sont mus par une vitesse appréciable par rapport à la vitesse de la lumière. Il n'y a que les particules (l'électron par exemple) pour lesquelles on peut être amené à utiliser ces nouvelles relations.

Le principe de Lavoisier[2] devrait lui aussi être révisé. Ainsi 2 g d'hydrogène plus 16 g d'oxygène ne font pas exactement 18 g d'eau

1. Il est bien sûr impossible de peser un corps en mouvement avec une balance, c'est une entreprise irréalisable. La détermination de la masse dans ces cas-là doit être effectuée par des mesures indirectes.
2. Antoine-Laurent de Lavoisier (1743-1794), chimiste français. On lui doit la nomenclature chimique, la composition de l'air, le rôle de l'oxygène dans les combustions, l'énoncé de la loi de conservation de la masse.

mais un peu moins. Cependant comme, là aussi, la différence est insignifiante, elle peut sans crainte être ignorée.

Comme le lecteur l'aura sans doute remarqué, toutes ces nouvelles lois tournent autour de la vitesse de la lumière. On peut résumer les principes de cette nouvelle mécanique de la manière suivante :

1) Il est impossible de mesurer une vitesse absolue. On ne peut faire une mesure que par rapport à un repère : principe de relativité.
2) c (la vitesse de la lumière) est une constante indépendante du choix du repère.
3) c est la plus grande vitesse possible et est une valeur finie.

Ainsi dans la vie quotidienne, cette mécanique ne nous concerne pas car toutes nos vitesses sont bien trop faibles par rapport à la vitesse de la lumière. On pourrait faire un raisonnement analogue en ce qui concerne la mécanique quantique. Dans son cas, c'est la taille des objets qui joue le rôle de la vitesse c. Bien que fondamentales pour la structure de la matière, ces règles ne s'appliquent pas aux objets macroscopiques qui nous entourent. Cependant, beaucoup de nos progrès en microélectronique sont dus à notre connaissance de la structure atomique décrite par la mécanique quantique.

242 Non, un litre ne vaut pas un décimètre cube ! Ils sont en effet assez proches de par leur taille, mais pas égaux. Le litre légalisé du système de mesure n'a pas pour origine le décimètre cube, mais le kilogramme, et représente le volume d'un kilo d'eau pure à la température de sa densité maximale (4 °C). Ce volume dépasse le décimètre cube de 27 mm^3.

Ainsi le litre est un peu plus grand que le décimètre cube.

243 Il est très difficile de donner une réponse vraisemblable à cette question sans faire le calcul. Celui-ci n'est pas difficile : avec un diamètre du fil d'araignée de 0,000 5 cm et une densité de 1 g/cm^3, un kilomètre de fil doit donc peser :

$$\pi\left(\frac{0{,}000\ 5}{2}\right)^2 \times 100\ 000 \times 1 \approx 0{,}02 \text{ g}$$

La Lune se trouvant à une distance moyenne de 380 000 km, le fil aura donc une masse de :

$$0{,}02 \times 380\ 000 = 7\ 461 \text{ g}$$

Ainsi, le fil ne pèsera que 7,5 kg, ce qui montre combien le fil de l'araignée est un chef-d'œuvre de légèreté de la nature.

244 La réponse aux deux questions du problème est la même : les bateaux retrouveront leur bouteille en même temps. En résolvant ce problème, on doit tenir compte du fait que la rivière transporte les bouteilles et les bateaux avec une vitesse égale. Donc, le courant de la rivière ne change pas leur position relative. On peut donc dire que la vitesse du courant est égale à zéro et que l'on se trouve sur un lac avec de l'eau immobile. Dans ces conditions, chaque bateau arrivera à sa bouteille au bout d'un même temps, à savoir une demi-heure après l'avoir lâchée. Bien sûr, le bateau qui va le plus vite aura parcouru pendant ce temps une distance plus grande.

245 Il est faux de penser que la plate-forme ne bougera pas, car la masse du corps humain n'augmente pas lors de l'accroupissement. La force qui lors de l'accroupissement entraîne le corps vers le bas, tire les jambes vers le haut : la pression sur la plate-forme diminue et elle monte.

246 La contradiction s'explique de la façon suivante. La chute avec un parachute fermé n'est pas une chute «libre». En effet, il faut tenir compte de la résistance de l'air qui n'est pas une grandeur négligeable.

Essayons de retracer approximativement le véritable déroulement de la chute de ce parachutiste. Pour cela, on va utiliser dans les calculs la formule approximative suivante donnant la valeur f de la résistance de l'air, trouvée à partir de l'expérience dans des conditions similaires :

$$f = 0{,}3v^2 \text{ N}$$

où v est la vitesse de la chute en m/s. La résistance, comme on le voit, est proportionnelle au carré de la vitesse. Comme le parachutiste tombe avec une vitesse croissante, il arrive un moment où la force de la résistance de l'air est égale au poids de son corps. À partir de ce moment, la vitesse de la chute cessera de croître et restera constante jusqu'à la fin.

Pour un parachutiste équipé, d'une masse de 90 kg, la vitesse deviendra constante quand son poids de 900 N sera égal à $0{,}3v^2$:

$$0{,}3v^2 = 900$$

d'où $v \approx 55$ m/s.

Ainsi, le parachutiste tombe avec une vitesse croissante jusqu'à ce qu'il atteigne la vitesse de 55 m/s. C'est sa vitesse maximale, il ne pourra pas la dépasser (sauf en utilisant des combinaisons spéciales aérodynamiques). Déterminons maintenant (approximativement) combien de secondes faut-il au parachutiste pour atteindre cette vitesse maximale. Pour simplifier, on va considérer que la résistance de l'air est nulle jusqu'au moment où il atteint cette vitesse. Ainsi son accélération passera directement de la valeur de g à 0. Son accélération moyenne est par conséquent de :

$$\frac{9{,}8+0}{2} = 4{,}9 \text{ m/s}^2$$

Avec cette accélération, il atteindra sa vitesse limite de 55 m/s en :

$$\frac{55}{4{,}9} = 11{,}22 \text{ s}$$

Il a donc 12 secondes de chute accélérée. Pendant ce temps il parcourra une distance de :

$$D = \frac{1}{2}at^2 = \frac{1}{2}4{,}9 \times 12^2 = 352{,}8 \text{ m}$$

Il a donc parcouru environ 350 m en 12 s, moment où il a atteint sa vitesse limite de 55 m/s. Puis il a fait le reste du parcours avec cette vitesse uniforme. Le temps nécessaire pour parcourir ce trajet est de :

$$\frac{7\,900-350}{55} \approx 137 \text{ s}$$

Finalement, la durée totale de sa chute aura été de 137 + 12 = 149 s. On n'est pas trop loin de la valeur réelle de 142 s malgré la grande simplification du problème.

247 Avant tout il faut dire que la valeur initiale de l'énergie potentielle des deux boules est la même puisqu'elles ont la même masse et partent d'une même hauteur. Ensuite, il faut tenir compte que, pour la boule 2 se déplaçant entre les rails, le rayon de roulement est moindre que pour celle (boule 1) qui roule sur une planche ($r_2 < r_1$).

Pour la boule roulant sur la planche, on a, comme dans la question n° 44 :

$$ph = \frac{mv_1^2}{2} + \frac{K\omega_1^2}{2}$$

Pour la boule roulant entre les planches, on a :

$$ph = \frac{mv_2^2}{2} + \frac{K\omega_2^2}{2}$$

Or, on a les relations suivantes :

$$\omega_1 = \frac{v_1}{r_1} \text{ et } \omega_2 = \frac{v_2}{r_2}$$

d'où :

$$\frac{mv_1^2}{2} + \frac{Kv_1^2}{2r_1^2} = \frac{mv_2^2}{2} + \frac{Kv_2^2}{2r_2^2}$$

Après transformation, on obtient :

$$v_1^2\left(\frac{m}{2} + \frac{K}{2r_1^2}\right) = v_2^2\left(\frac{m}{2} + \frac{K}{2r_2^2}\right)$$

et le rapport :

$$\frac{v_1^2}{v_2^2} = \frac{\frac{m}{2} + \frac{K}{2r_2^2}}{\frac{m}{2} + \frac{K}{2r_1^2}}$$

Comme on sait que $r_2 < r_1$, on voit que le numérateur de la fraction de gauche est supérieur à son dénominateur, et donc que $v_1 > v_2$. La boule 1 sur la planche roule plus vite que la boule 2 placée entre les rails.

248 Lors de la chute sur-accélérée, tous les objets qui ne sont pas fixés directement à la planche vont essayer de chuter avec l'accélération de la pesanteur. Ainsi pour la chaîne, à part les deux maillons fixés à la planche, les autres au départ vont tomber plus lentement et la chaîne va se bomber vers le haut. Si l'on appelle g_1 la sur-accélération, on peut dire que la chaîne va tomber *vers le haut* avec une accélération $g_1 - g$.

Le pendule va se renverser complètement vers le haut et va effectuer des oscillations autour de cette nouvelle position d'équilibre verticale avec une période :

$$t = 2\pi\sqrt{\frac{l}{g_1 - g}}$$

où l est la longueur du pendule.

Enfin, comme le verre tombera plus vite que son contenu, l'eau se retrouvera hors du verre, au-dessus de lui. L'eau coulera du verre vers le *haut*.

249 Il est impossible que les rayons solaires puissent transporter quoi que ce soit de Mars ou de Neptune vers la Terre. En effet, le vent solaire est orienté vers l'extérieur du système solaire. D'ailleurs, dans son livre, Arrhenius dit le contraire de la citation :

« Imaginons que des molécules de la Vie s'échappent de la Terre pour ensemencer l'espace. Celles-ci seraient poussées par la pression du vent solaire… Ces molécules atteindraient l'orbite de Mars en vingt jours, celle de Jupiter en quatre-vingts jours et celle de Neptune en quatorze mois. »

Les chiffres sont les mêmes, l'auteur du manuel a visiblement inversé les directions.

250 En une seconde, l'escalier roulant déplace ses marches vers le haut de $\frac{1}{80}$ de sa hauteur alors que le passager se déplace de $\frac{1}{240}$ de cette même hauteur. Donc un passager montant les marches de l'escalier roulant en marche montera en une seconde de :

$$\frac{1}{80} + \frac{1}{240} = \frac{1}{60}$$

de la hauteur totale. Donc, la durée totale de la montée est de :

$$\frac{1}{\frac{1}{60}} = 60 \text{ s}$$

Le passager montera en une minute.

Lexique

Notations

Souvent, il est plus commode d'utiliser la notation «scientifique» pour écrire les grands nombres. Ainsi, au lieu d'écrire 1 000 000 000 pour un milliard, on préfère écrire 10^9, ce qui s'avère nettement plus court ! Le principe de cette écriture reste simple : on garde le premier chiffre, on met une virgule avant les suivants puis on multiplie par 10 exposant le nombre de chiffres moins un. Par exemple :

$$3\,400\,000 = 3{,}4 \times 10^6$$
$$85\,500\,000\,000 = 8{,}55 \times 10^{10}$$

Cette notation permet également d'écrire des nombres très petits, comme un millionième. Il suffit pour cela de procéder de la même manière que précédemment et de rajouter un signe moins dans l'exposant. Par exemple :

$$\text{un millième} = 0{,}001 = 10^{-3}$$
$$0{,}000\,032 = 3{,}2 \times 10^{-5}$$

Comment se font les calculs avec cette notation ? Très simplement ! L'addition et la soustraction exigeant des exposants égaux, on transforme, si nécessaire, un des nombres pour avoir les mêmes exposants. Par exemple :

$$3{,}4 \times 10^5 + 1{,}2 \times 10^5 = 4{,}6 \times 10^5$$
$$2{,}8 \times 10^3 + 5{,}6 \times 10^4 = 0{,}28 \times 10^4 + 5{,}6 \times 10^4 = 5{,}88 \times 10^4$$

Pour la multiplication, c'est encore plus simple : on multiplie les mantisses et on additionne les exposants. Par exemple, on obtient :

$$4{,}2 \times 10^5 \times 2 \times 10^2 = 8{,}4 \times 10^7$$
$$3{,}1 \times 10^{-6} \times 2{,}5 \times 10^2 = 7{,}75 \times 10^{-4}$$

La division en découle immédiatement en remarquant que diviser par un nombre revient à multiplier par son inverse. Ainsi, diviser par 10^2 revient à multiplier par 10^{-2}. Par exemple :

$$\frac{5{,}6 \times 10^5}{2 \times 10^2} = 2{,}8 \times 10^3$$

Prenez un papier, un crayon et une calculatrice et faites plusieurs exercices. Vous verrez que c'est très facile d'être scientifique !

Notions de base en mécanique

Vitesse et accélération

Tout le monde sait ce qu'est la vitesse ! C'est une distance parcourue durant une unité de temps donnée. L'unité légale est le mètre par seconde ($m.s^{-1}$ ou m/s). Ainsi, une voiture ayant une vitesse de 120 km/h parcourt une distance de 120 km si elle roule pendant une heure sans modifier son allure.

L'accélération est un accroissement de la vitesse pendant une unité de temps. La vitesse est alors une fonction du temps. L'unité légale est le mètre par seconde par seconde ($m.s^{-2}$ ou m/s^2). Un corps soumis à une accélération constante voit donc sa vitesse augmenter continuellement.

Force

La force est omniprésente en physique. On distingue deux grandes classes de force : celles qui sont dues à des actions de contact (choc, pression, etc.) et celles qui sont dues à des actions à distance (pesanteur, magnétisme, etc.). Dans tous les cas, une force est une action qui va modifier le corps qui la subit. Cela peut être son mouvement, sa forme, sa température, sa pression, etc. L'unité légale est le Newton (N). Dans les problèmes de dynamique, un Newton équivaut à la force nécessaire pour communiquer à une masse de 1 kg une accélération de 1 m/s^2. On appellera *force interne*, toutes les forces émanant du corps lui-même par opposition aux *forces externes* qu'il subit.

Masse et poids

Il est absolument nécessaire de bien distinguer ces deux notions. La masse représente une quantité de matière propre à un corps donné. Cette valeur est invariante quel que soit l'endroit où vous êtes et le mouvement que vous avez. Si votre masse est de 70 kg, vous aurez toujours cette même masse que vous vous trouviez sur Terre, au fond des océans, sur la Lune ou à l'autre bout de la galaxie. L'unité légale est le kilogramme (kg) et ses multiples : le gramme qui vaut un millième de kilogramme (10^{-3} kg) et la tonne qui correspond à mille kilogrammes (10^3 kg).

Le poids mesure l'action de la force de pesanteur sur une masse. Le poids étant une force, son unité légale est le Newton. Pour une masse donnée, le résultat diffère suivant l'endroit où l'on se trouve. Sur Terre, l'accélération de la pesanteur vaut environ 9,81 $m.s^{-2}$, que l'on approche par la valeur 10. Si votre masse est de 70 kg, vous pesez donc un poids de 700 N. En revanche sur la Lune, l'accélération de la pesanteur ne valant que 1,63 $m.s^{-2}$, votre poids ne serait que de 114 N. La balance calcule la masse à partir du poids. Donc par exemple, une balance précise indique une différence de poids entre le niveau de la mer et le sommet d'une montagne (c'est bien connu, on se sent plus léger en montagne !).

L'usage courant confond généralement ces deux notions. On dit qu'une personne a un poids de 70 kg (elle pèse 70 kg) alors que l'on devrait dire que sa *masse* est de 70 kg et son *poids* de 700 N environ.

Énergie

L'énergie est une notion certes intuitive, mais difficile à définir rigoureusement. C'est une quantité que possède un corps lui permettant d'agir sur lui-même ou sur son environnement. L'énergie revêt bien des formes. Depuis Einstein, on sait que la matière est elle-même énergie et constitue une source prodigieuse d'énergie. Les problèmes proposés dans ce livre distinguent essentiellement deux types d'énergie : l'une appelée *cinétique* et l'autre *potentielle*. La première s'acquiert lorsque le corps est en mouvement ; elle est facile à repérer car, dès qu'un corps a une vitesse, il a une énergie cinétique. L'énergie cinétique d'un corps s'exprime en fonction de sa vitesse de translation v et de sa masse m suivant la formule :

$$E_{cin} = \frac{1}{2} m v^2$$

L'énergie potentielle est plus difficile à cerner. Elle dépend de l'environnement du corps susceptible de le mettre en mouvement. L'exemple le plus simple est celui d'un corps de masse m se trouvant à une altitude h. Il ne bouge pas tant qu'on le tient, mais sitôt lâché, il tombe, transformant son énergie potentielle de pesanteur en énergie cinétique. Dans ce cas particulier, l'énergie potentielle s'écrit :

$$E_{pot} = \frac{1}{2} mgh$$

où $g = 9{,}81\ \mathrm{m.s^{-2}}$ est l'accélération de la pesanteur.

Il existe également d'autres types d'énergie, par exemple les énergies électrique, thermique, nucléaire, etc.

Centre de masse

Très utile en physique, le centre de masse permet de considérer dans les équations un corps quelconque de masse m comme un objet ponctuel muni de cette même masse. Pour illustrer ce concept, essayez de faire tenir un objet sur la pointe d'une épingle. Lorsque vous aurez obtenu l'équilibre, le centre de masse se trouvera dans le prolongement de l'aiguille (dans l'objet). Une propriété remarquable et fort utile de ce point est que sa position demeure insensible aux mouvements subis par le corps, même si celui-ci vient à éclater. En particulier, il ne peut pas être déplacé par des forces intérieures.

Les trois lois de Newton

Première loi – Tout objet au repos ou en état de mouvement rectiligne uniforme (sans accélération) conserve son mouvement tant qu'il n'est pas soumis à une force. Cette loi est également appelé loi (principe) d'inertie ou loi de conservation du mouvement.

Deuxième loi – La relation entre la force **F** appliquée à un corps de masse m et son accélération **a** s'écrit :

$$\mathbf{F} = m\mathbf{a}$$

C'est la relation fondamentale de la dynamique. Cas particulier : si $a = 0$, on retrouve la première loi.

Troisième loi – Tout corps soumis à une force exerce, en retour, une force de même intensité et de direction opposée (loi d'action-réaction).

Notions de thermodynamique

Les principes

Il y a trois principes fondamentaux en thermodynamique. Les deux premiers sont tirés de l'expérience.

Premier principe – Dans un système isolé, il y a conservation de l'énergie.

Deuxième principe – Dans un système isolé, l'entropie est soit constante soit en augmentation.

Troisième principe – Le zéro absolu est une limite que l'on ne peut atteindre.

Les conséquences des principes

Le premier principe nous dit que, si l'on fournit une quantité de chaleur à un système isolé, celui-ci pourra, en retour, fournir à l'extérieur un travail. La conséquence est l'impossibilité d'un mouvement perpétuel de premier type : aucune machine ne peut fournir un travail perpétuel sans utiliser une quantité d'énergie thermique équivalente.

Le deuxième principe précise dans quel sens les processus thermodynamiques se déroulent. En particulier, un système isolé ne passe jamais spontanément d'un état stable (probable) vers un état moins stable (moins probable). La conséquence est l'impossibilité d'un mouvement perpétuel de second type : aucune machine ne peut effectuer un travail en refroidissant un réservoir de chaleur.

Ce principe fait appel à la notion d'*entropie* du système. L'entropie exprime plusieurs aspects d'un système suivant la physique qui nous intéresse. Ainsi, on peut dire que l'entropie est une mesure du désordre d'un système, que l'entropie indique dans quel sens se déroule les transformations d'un système et que l'entropie mesure la quantité d'information contenue dans un système.

Quelques repères

1) Accélération de la pesanteur : $g = 9{,}81$ m.s^{-2}
2) 1 atm correspond à la pression exercée par une colonne d'eau de 10 m de haut reposant sur un centimètre carré. Donc 1 atm correspond à une force de pression de 10 N.
3) Zéro absolu = – 273,15 °C.

Bibliographie

Yakov PERELMAN, *Oh, les Maths !* Dunod, 1993, 400 pages.

Marc SÉGUIN et Benoît VILLENEUVE, *Astronomie et astrophysique*. Masson, 1995, 450 pages.

Jearl WALKER, *Le carnaval de la physique*. Dunod, 1990, 272 pages.

Fang LI ZHI et Li SHU XUAN, *La Naissance de l'Univers*. InterEditions, 1990, 256 pages.

Isaac AZIMOV, *L'univers de la science*. InterEditions, 1986, 944 pages.

Jean-Marc LÉVY-LEBLOND, *La physique en questions*. Mécanique, Vuibert, 1980, 135 pages.

Hans BREUER, *Atlas de la physique*. Le Livre de poche, 1997, 403 pages.

Timothy FERRIS, *Histoire du cosmos de l'Antiquité au big-bang*. Pluriel, 1992, 464 pages.

044587 - (VII) - (6) - CSB 80° - EDIC - API

Achevé d'imprimer sur les presses de
SNEL Grafics sa
rue Saint-Vincent 12 – B-4020 Liège
Tél +32(0)4 344 65 60 - Fax +32(0)4 341 48 41
avril 2005 – 34748

Dépôt légal : avril 2005 (suite du 1er tirage)
Dépôt légal de la 1re édition : 2e trimestre 2000

Imprimé en Belgique